普通高等教育"十二五"规划教材

基于STM32的嵌入式系统设计

刘　一　主　编

范君闯　白　娜　副主编

中国铁道出版社

CHINA RAILWAY PUBLISHING HOUSE

内容简介

本书介绍了以ARM Cortex-M3为内核的STM32F103增强型微控制器，深入讲解其硬件和软件设计方法。全书内容包括：ARM Cortex-M3内核结构，开发环境与最小系统，STM32固件库，时钟控制系统，向量中断控制器，系统定时器（SysTick），通用、复用及重映射I/O，外部中断输入，USART，SPI，通用定时器，ADC，看门狗等，并通过综合实例，详细讲解了嵌入式以太网串口服务器的设计。

本书适合作为普通高等院校嵌入式系统设计课程的教材，也可作为高校师生课程设计、毕业设计以及电子设计竞赛的指导教材。

图书在版编目（CIP）数据

基于STM32的嵌入式系统设计 / 刘一主编. — 北京：中国铁道出版社，2015.9（2018.7重印）
普通高等教育“十二五”规划教材
ISBN 978-7-113-20544-7

Ⅰ. ①基… Ⅱ. ①刘… Ⅲ. ①微控制器－系统设计－高等学校－教材 Ⅳ. ①TP332.3

中国版本图书馆CIP数据核字(2015)第173669号

书　　名：基于STM32的嵌入式系统设计
作　　者：刘　一　主编

策　　划：潘星泉　　读者热线：（010）63550836
责任编辑：潘星泉　彭立辉
封面设计：付　巍
封面制作：白　雪
责任校对：汤淑梅
责任印制：郭向伟

出版发行：中国铁道出版社（100054，北京市西城区右安门西街8号）
网　　址：http:// www.tdpress.com/51eds/
印　　刷：中国铁道出版社印刷厂
版　　次：2015年9月第1版　　2018年7月第2次印刷
开　　本：787mm×1 092mm　1/16　印张：16.75　字数：408千
书　　号：ISBN 978-7-113-20544-7
定　　价：43.00元

前言

STM32 系列微控制器是近年来迅速兴起的基于 ARM Cortex-M3 内核的高端 32 位微控制器的代表。其中，STM32F103 微控制器，工作频率为 72 MHz，内置高速存储器、丰富的增强型 I/O 端口和连接到两条 APB 总线的外设。优秀的性能、丰富的外设以及低廉的价格等优点，使其在工业控制、消费电子、汽车电子、安防监控等众多领域得到了广泛应用。本书就是基于 STM32F103 微控制器介绍嵌入式系统开发的。

对于初学者而言，特别是只有少数 8 位单片机开发经验的人来说，跨入 STM32 这扇大门，开发方式发生了较大的改变。这里的“改变”包括：开发环境的改变、开发工具的改变、工程结构的改变和调试手段的改变。学习 STM32 时，建议按如下几步进行：第一步，收集阅读资料，资料包括 STM32 书籍、官方的芯片文档和库函数文档。但是，不管看书籍还是文档，不要奢求一下都能理解、记住，只需理解基本内容，对复杂的内容有一个初步的印象，以后碰到问题的时候，知道需要哪方面的知识，然后查阅资料或上网找答案。第二步，选购一个例程比较丰富的开发板，不用买最贵的，只要有比较丰富的配套例程即可。按照例程，把开发板上的相关测试、操作步骤，都动手做一遍，以便熟悉开发软件的使用。先看例程的效果，再去读例程代码，理解为何这样写，不理解的地方查书、查资料。然后，参照资料开始改动例程，编译下载，查看效果是否达到自己的设想。STM32 的外设模块特别多，学习要有先后顺序与侧重点。GPIO、USART、TIMER、NVIC 和 ADC 是最常用的功能模块，要非常熟悉。其他的如 USB、DMA 等较难理解的模块可以在以后用到的时候再深入学习。

关于是学习基于寄存器编程还是基于库函数编程这个问题，笔者的看法是先学习基于库函数的编程更容易。可能有很多同学停留在对 8 位单片机的认识上，认为代码里看不到对寄存器的直接设置，很不安心。这个观念要转变，其实大家当初在学习 C 语言的时候，哪里看到寄存器了？我们要理解掌握 C 语言的精髓，包括结构体、枚举和函数调用等，这些是官方库函数的基础，其中定义了大量的结构体数据类型和枚举数据类型，提供了大量具有某个功能的函数。我们要知道这个函数的功能，如何调用，参数是什么，返回值是什么。

基于以上认识，我们编写本书主要是给大家提供一本入门的参考资料。本书提供了大部分功能模块的寄存器说明、主要的库函数说明和使用此功能模块的配置步骤；每个模块都提供了一个基于库函数的简单实例和一个基于寄存器的实例。这些实例都是两个复杂应用——基于STM32的智能充电器和基于STM32的智能家居的部分功能。最后一章提供了几个复杂的应用实例。我们的设想是：通过对配置步骤和实例的学习，使读者快速掌握使用库函数编写代码的方法；通过查阅本书能够找到大部分寄存器和库函数的使用说明。本书的读者需要具有一定的C语言、单片机基础。

本书由刘一（广东技术师范学院）任主编，范君阔、白娜（哈尔滨石油学院）任副主编。具体编写分工如下：刘一编写第5章～第8章、第10章～第14章；范君阔编写第1章～第3章；白娜编写第4章和第9章。

本书适合作为普通高等院校嵌入式系统设计课程的教材，也可作为高校师生课程设计、毕业设计以及电子设计竞赛的培训和指导教材，还可作为嵌入式开发人员的参考书。

由于时间仓促，编者水平有限，书中疏漏与不妥之处在所难免，恳请专家和读者批评指正。

编　者

2015年4月

CONTENTS

目录

第 1 章　ARM Cortex-M3 内核结构

本章简单介绍了 ARM Cortex-M3 的内核，Cortex-M3（简称 CM3）处理器的结构，存储器系统存储器映射。

1.1　ARM Cortex-M3 内核简介

ARM 内核自推出以后，就迅速占领了全球相当大的市场份额，和以往传统的单片机内核相比，ARM 内核的以下特点使其在单片机内核领域得以迅速发展：

（1）Thumb-2 指令集架构（ISA）的子集，包含所有基本的 16 位和 32 位 Thumb-2 指令。

（2）哈佛处理器架构，在加载/存储数据的同时能够执行指令取指，周期大大缩短，执行效率更加高效。

（3）带分支预测的三级流水线。

（4）运算能力强，具有单时钟周期硬件 32 位乘法、除法。

（5）硬件除法。

（6）Thumb 状态和调试状态。

（7）处理模式和线程模式。

（8）ISR 的低延迟进入和退出。

（9）可中断-可继续（Interruptible-Continued）的 LDM/STM、PUSH/POP。

（10）支持 ARMv6 类型 BE8/LE。

（11）支持 ARMv6 非对齐访问。

为了增强和扩展指令系统的能力，ARM 内核同时支持 ARM 指令和 Thumb 指令，ARM 指令状态下，指令长度是 32 位；Thumb 指令状态下指令长度是 16 位；而且，两种指令状态可以动态切换；Thumb 指令是 ARM 指令的一个子集，使用 Thumb 指令对于缩减代码容量起到了很好的作用。

1.2　处理器的组件

图 1.1 所示为 Cortex-M3 处理器的结构，在 Cortex-M3 内核的单片机的开发应用中，各种外围设备（简称外设）都需要进行时钟配置，时钟配置会涉及 APB 总线的问题，在一些对时间要求比较高的算法中，也会涉及指令总线和数据总线速度的问题，总线时钟频率越高，系统处理速度越快。下面解析一下各种总线及其作用。

首先，先简单介绍一下 AHB 总线和 APB 总线：AHB（Advanced High Performance Bus）即高性能高级总线，一般速度最快；APB（Advanced Peripheral Bus）即高级外围总线，一般通过转换桥桥挂在 AHB 总线上，速度一般低于 AHB 总线。处理器的取指。运算等一般都是挂在 AHB 总线上，保证速度最快；GPIO、ADC 等外设一般挂在 APB 总线上。

I-Code 总线：I 指的就是指令 Instruction，I-Code 就是 32 位指令总线，每次取 32 位指令，所以在 Thumb 状态下，一次可以取 2 条指令。

D-Code 总线：D 指的就是数据 Data，D-Code 就是数据总线，同样也是 32 位宽度；尽管在开发中可以使用非 4 字节对齐方式，但是在数据总线取数据时一定是 4 字节对齐，因此，32 位的数据变量在处理过程中更加高效。

系统总线：负责指令和数据的传送，也是 32 位宽度。外部私有外设总线：这是一条基于 APB 总线的 32 位宽度总线，负责外设之间的访问。

调试端口总线：作为调试端口，方便用户开发调试。

在实际开发应用中，我们比较关心的是 AHB 和 APB，各种总线接口基本都直接或者间接挂接在这两条总线上。通俗地讲，AHB 总线的时钟速率决定了处理器指令处理速度，APB 决定了外设交互的速度。

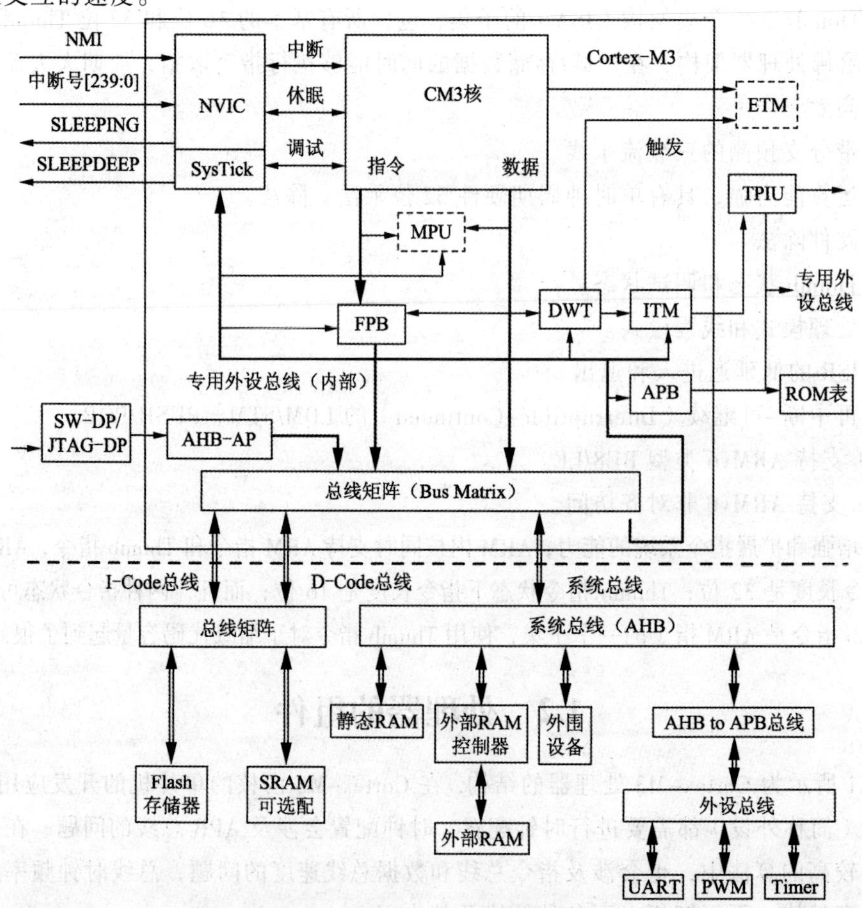

图 1.1 Cortex-M3 处理器的结构

MPU 和 ETM 并不是在所有的 M3 内核中都存在，这两个不是必需组件。图 1.1 中各项缩略语的说明如表 1.1 所示。

表 1.1 缩略语说明

缩　写	含　义
NVIC	嵌套向量中断控制器
SysTick Timer	系统时钟，用于提供时基，多为操作系统所使用
MPU	存储器保护单元（可选）
Bus Matrix	内部的 AHB 总线矩阵
AHB to APB 总线	AHB 到 APB 的总线桥
SW - DP/JTAG - DP	JTAG 调试端口
AHB - AP	AHB 访问端口，串行线/SWJ 接口的命令转换成 AHB 数据传送
ETM	嵌入式跟踪宏单元（可选），调试用。用于处理指令跟踪
DWT	数据观察点及跟踪单元，调试用。这是一个处理数据观察点功能的模块
ITM	指令跟踪宏单元
TPIU	跟踪单元的接口单元。所有跟踪单元发出的调试信息都要先送给它，再转发给外部跟踪捕获硬件
FPB	Flash 地址重载及断点单元
ROM 表	配置信息表

1.3 存储器系统

Cortex-M3 采用了固定的存储映射结构，如图 1.2 所示。Cortex-M3 的地址空间是 4 GB，程序可以在代码区，内部 SRAM 区以及外部 RAM 区中执行。但是因为指令总线与数据总线是分开的，最理想的是把程序放到代码区，从而使取指和数据访问各自使用自己的总线。

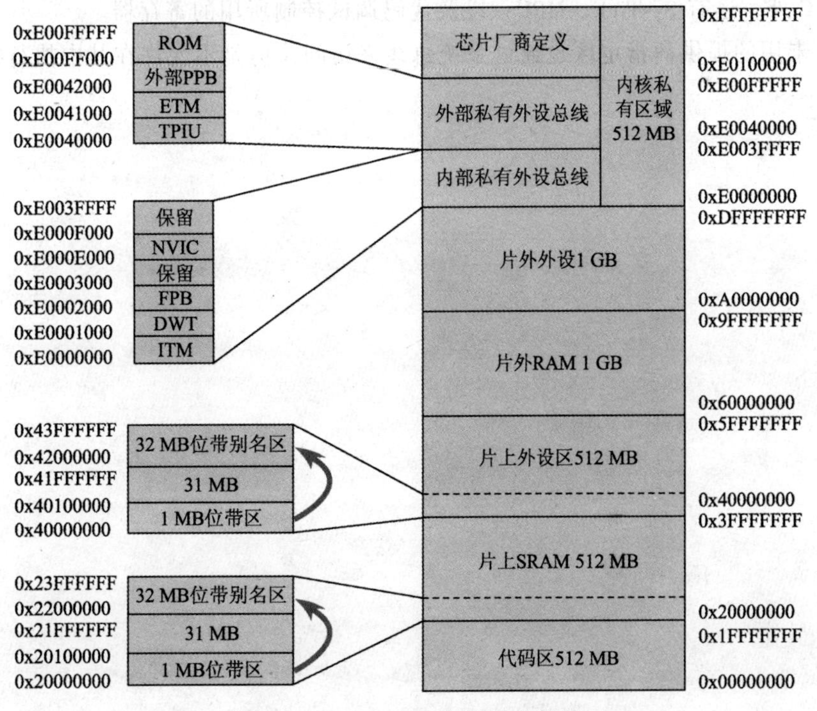

图 1.2 Cortex-M3 存储器映射图

内部 SRAM 区的大小是 512MB，用于让芯片制造商连接片上的 SRAM，这个区通过系统总线来访问。在这个区的下部，有一个 1 MB 的区间，被称为“位带区”。该位带区还有一个对应的 32 MB 的“位带别名区”，容纳了 8×2^{20} 个“位变量”（8051 的只有 128 个位变量），位带区对应的是最低的 1 MB 地址范围，而位带别名区中的每个字对应位带区的一个比特。位带操作只适用于数据访问，不适用于取指。通过位带的功能，可以把多个布尔型数据打包在单一的字中，且依然可以从位带别名区中，像访问普通内存一样使用它们。位带别名区中的访问操作是原子的，消灭了传统的“读—改—写”三步。

片上外设区对应 512 MB 的空间，芯片上所有与外围设备相关的寄存器都位于该区域。这个区中也有一条 32 MB 的位带别名区，以便于快捷地访问外设寄存器，用法与内部 SRAM 区中的位带相同。例如，可以方便地访问各种控制位和状态位。要注意的是，片上外设区内不允许执行指令。通常半导体厂商就是修改此区域的片上外设，来达到各具特色的、个性化的设备。

还有两个 1 GB 的范围，分别用于连接外部 RAM 和外围设备，它们之中没有位带。两者的区别在于外部 RAM 区允许执行指令，而外围设备区则不允许。最后，还剩下 512 MB 的区域，包括了系统级组件、内部私有外设总线、外部私有外设总线，以及由厂商定义的系统外设。

私有外设总线有两条：AHB 私有外设总线，只用于 CM3 内部的 AHB 外设，它们是：NVIC、FPB、DWT 和 ITM。APB 私有外设总线，既用于 CM3 内部的 APB 设备，也用于外围设备（这里的“外围”是对内核而言）。CM3 允许器件制造商再添加一些片上 APB 外设到 APB 私有总线上，它们通过 APB 接口来访问。NVIC 所处的区域叫作“系统控制空间（SCS）”，在 SCS 中除了 NVIC 外，还有 SysTick、MPU，以及代码调试控制所用的寄存器。

最后，未用的提供商指定区也通过系统总线来访问，但是不允许在其中执行指令。

第2章　开发环境与最小系统

本章首先介绍开发CM3芯片需要的系统平台和编译软件，编写、编译和调试的方法与相关设置。然后，介绍STM32芯片工作所需要的最小硬件电路组成。

2.1　开 发 环 境

系统平台及开发软件如下：

（1）系统平台：Windows XP、Windows 7。

（2）开发软件：MDK-ARM（Keil 4.0以上）。

Keil是ARM公司旗下的编译器，其软件操作方式简单，功能齐全，后续的软件升级有保障，而且有Keil C51开发经历的读者朋友可以更快上手；它支持CM3系列所有的芯片，同时也支持众多厂商的其他集成电路（IC），在单片机编程方面可以说是领军性的编译器；其他的诸如IAR等也是十分成熟的单片机编译器。

一般情况下，我们会使用集成开发环境（IDE）做以下事情：

（1）编写程序代码。

（2）编译程序。

（3）烧写程序。

（4）调试程序，包括查看变量、内存、寄存器、时间跟踪分析，甚至可以调用虚拟打印窗和虚拟逻辑分析仪用以显示程序输出。

（5）输出需要的文件，如Hex、Bin、Lib等。

2.1.1　新建工程和添加源代码

新建工程和增加代码的步骤如下：

（1）创建工程。进入Keil 4.0系统界面后，选择Project→New μ Vision Project命令（见图2.1），然后输入工程名称，选择路径，进行保存。

（2）增加一个组（Group），如图2.2所示。增加Group的作用是将工程中不同功能模块的代码文件分类排放，代码控制起来更加方便。

（3）向app Group内添加文件，如图2.3所示。

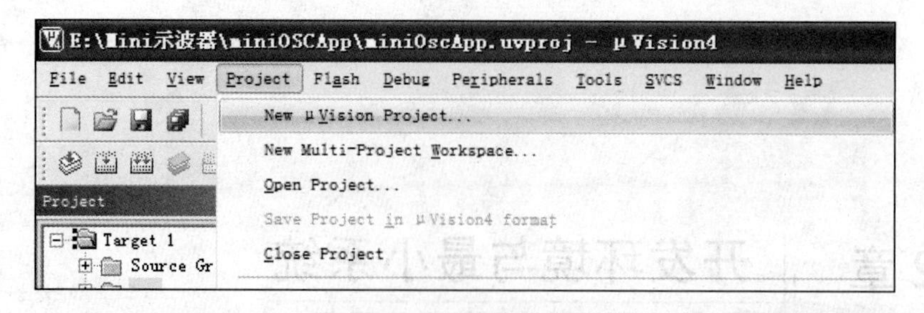

图 2.1　Keil 下新建工程

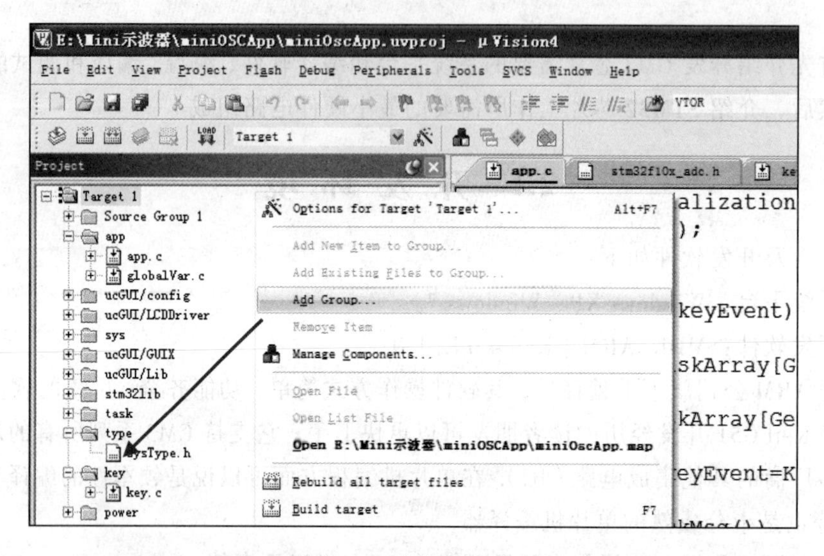

图 2.2　增加 Group

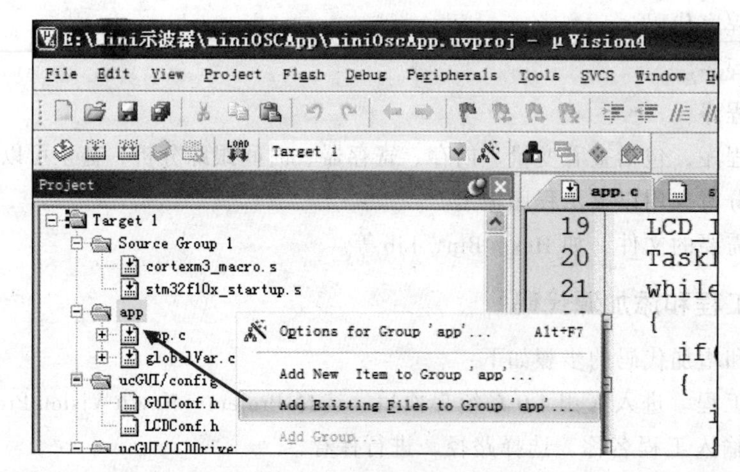

图 2.3　向 Group 内添加文件

2.1.2　设置工程

设置工程的步骤如下：

（1）单击图 2.4 所示按钮，或者从 Project 菜单进入设置界面。

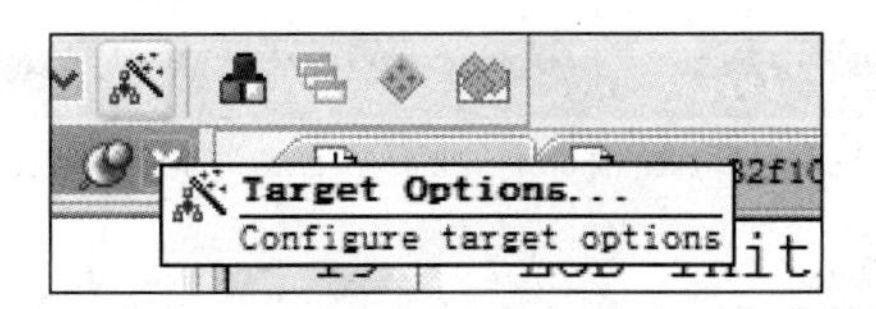

图 2.4　进入工程设置

（2）在 Device 选项卡下选择芯片，如图 2.5 所示。

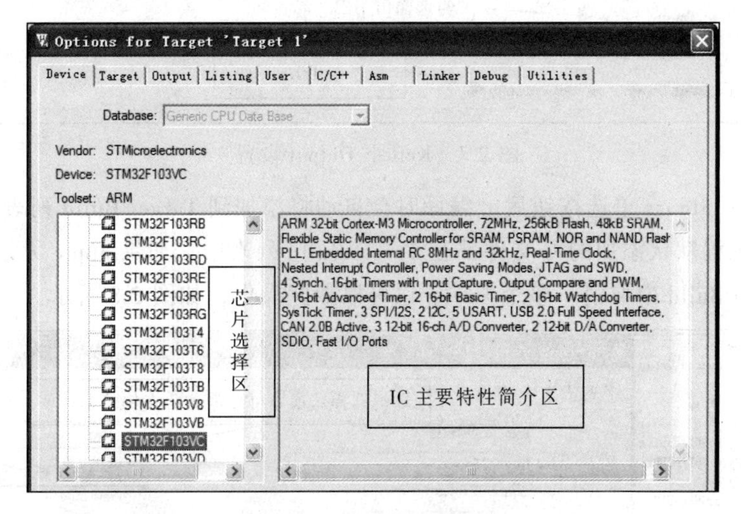

图 2.5　设置 Device 选项卡

（3）设置 Target 选项卡中相应选项，如图 2.6 所示。

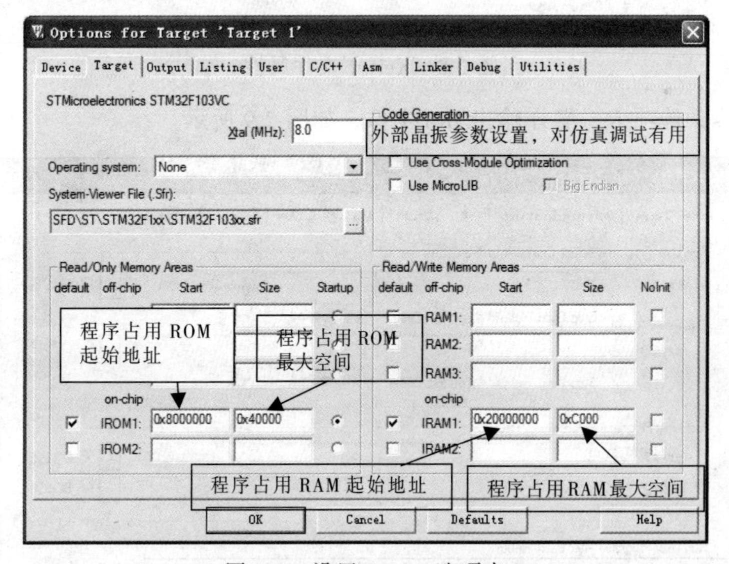

图 2.6　设置 Target 选项卡

程序占用 ROM 是指程序编译后的代码容量；程序占用 RAM 是指程序运行期间各种变量所使用的“内存”。

（4）设置 Output 中相关选项，如图 2.7 所示。

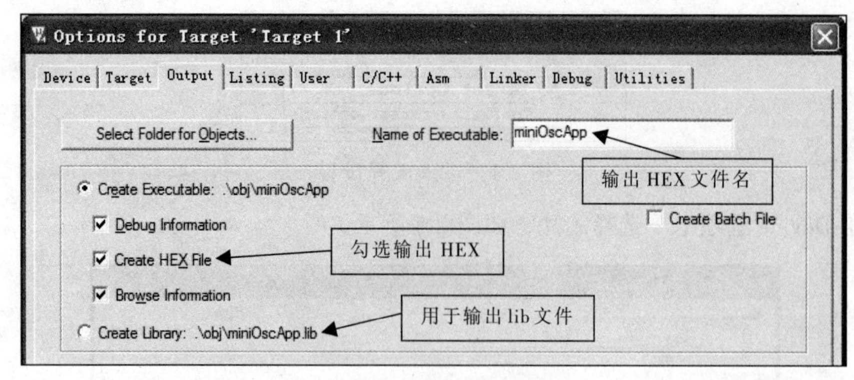

图 2.7 Keil 下 Output 设置

选中 Create Library 单选按钮后，编译时会自动将添加到 Target Build 列表的 C 文件编译到一个库中；工程默认添加的 C 文件都在 Target Build 列表中；如果 app.c 无须编译到库内，可将其从 Target Build 中取消，整个 Group 也可以如此操作，如图 2.8 所示。

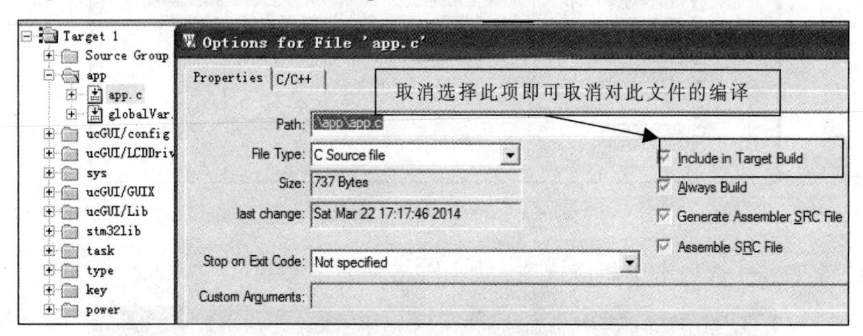

图 2.8 Keil 下文件属性

（5）设置 User 选项卡，编译输出 Bin 文件，如图 2.9 所示。

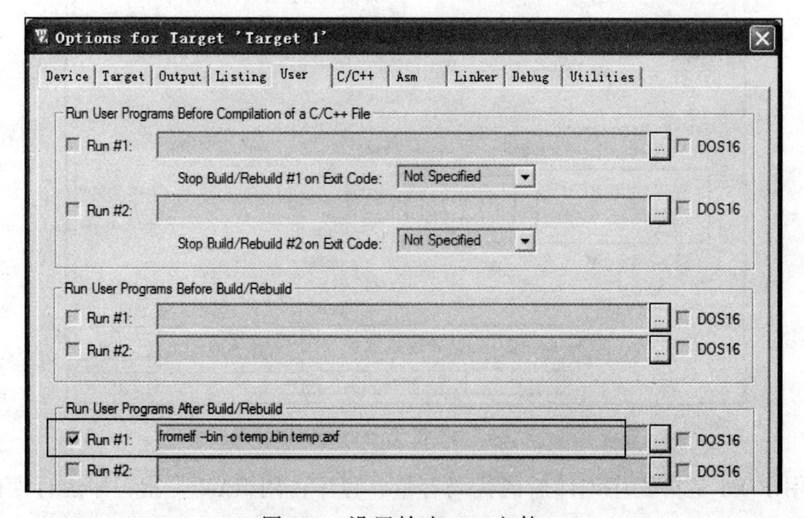

图 2.9 设置输出 Bin 文件

有时，在开发过程中需要编译出 Bin 文件而不是 Hex 文件，要编译出 Bin 文件就要手动写入指令来控制编译器执行生成 Bin。指令格式如下：

```
Fromelf -bin -o ×××.bin ×××.axf
```

其中，×××.axf 对应工程中此文件的实际名称；×××.bin 为要生成的 bin 文件名称；同时要选中 Run #1 复选框。

（6）如图 2.10、图 2.11 所示，添加文件夹路径后，写程序时就可以直接写入#include "key.h"，编译器会自动在已经包含的文件夹内搜索文件，不用再指出其绝对路径或者相对路径，程序书写更加方便；添加文件夹以后，Keil 默认使用文件夹在工程内的相对路径，如.\GUI\LCDDriver，读者也可以手动设定为绝对路径；但是，绝对路径在工程文件夹目录改变后会出现文件无法找到的现象，编译出错；建议使用软件自动生成的相对路径，使用相对路径时，即使工程文件夹目录改变，也仍然能再找到源文件。

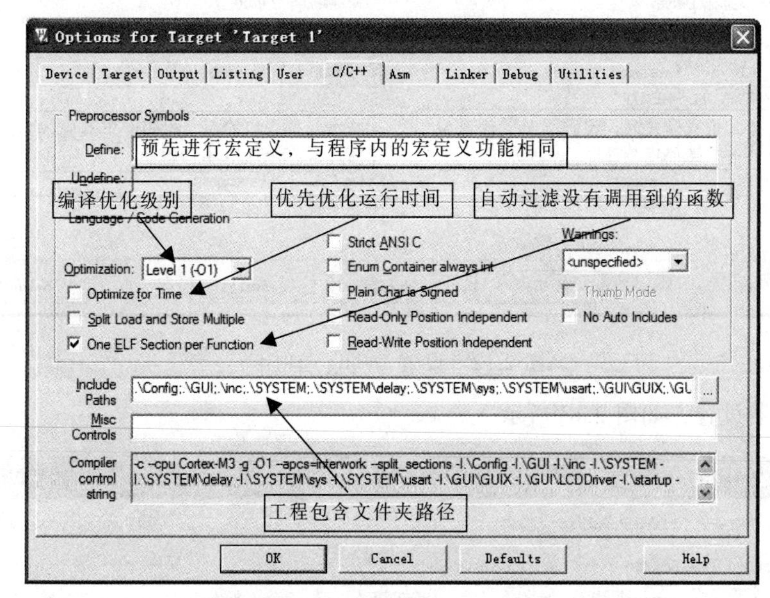

图 2.10　设置 C/C++选项卡

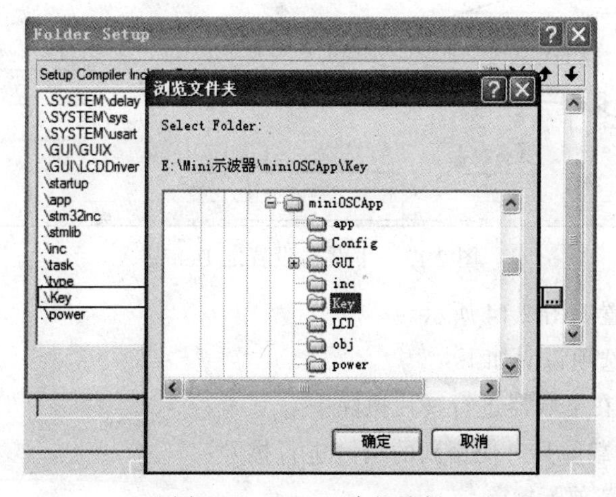

图 2.11　C/C++路径选择

（7）设置 Debug 选项卡，如图 2.12 所示。

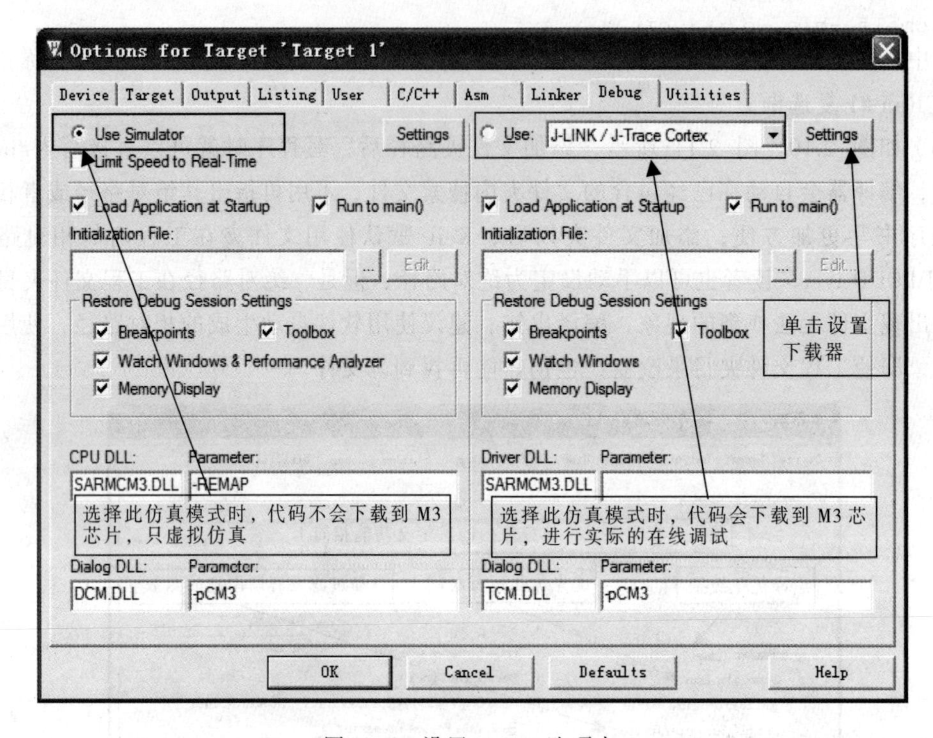

图 2.12　设置 Debug 选项卡

（8）下载器设置，如图 2.13 所示。

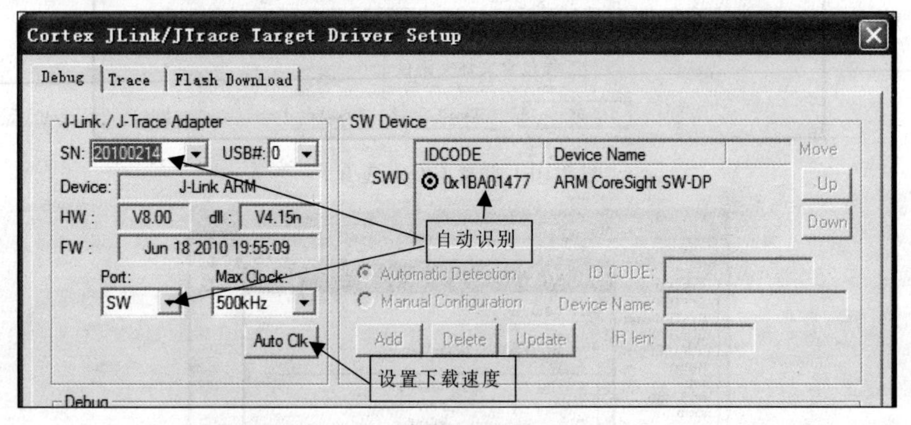

图 2.13　下载器设置之 Debug

（9）下载过程设置如图 2.14 所示。

下载过程涉及的选项说明如下：

Erase Full Chip：在下载器进行整片擦除。

Erase Sectors：下载前只对使用到的扇区进行擦除。

Do not Erase：下载前不擦除。

Program：下载。

Verify：校验。

Reset and Run：下载结束后自动重启芯片使芯片开始运行。

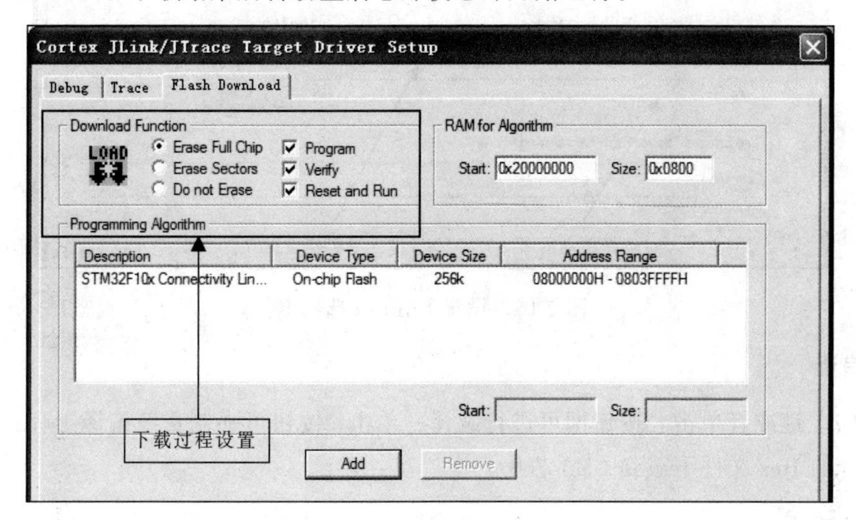

图 2.14　下载过程设置

单击图 2.14 中的 Add 按钮，添加下载目标芯片；如果使用的是 stm32f103x4 或 stm32f103x6 系列，则选择 STM32F10x Low-density Flash；如果使用的是 stm32f103x8 或 stm32f103xb 系列，则选择 STM32F10x Med-density Flash；如果使用的是 stm32f103xc、stm32f103xd 或 stm32f103xe 系列，则选择 STM32F10X High-density Flash，如图 2.15 所示。这里的 High、Med、Low 分别对应了 stm32 中各种型号中的大、中、小容量 Flash 的型号。

Add Flash Programming Algorithm

Description	Device Type	Device Size
SN32F700 32kB User ROM	On-chip Flash	32k
SN32F710 16kB User ROM	On-chip Flash	16k
SN32F720 8kB User ROM	On-chip Flash	8k
STM32F05x Flash	On-chip Flash	64k
STM32F0xx Flash Options	On-chip Flash	16
STM32F10x XL-density Flash	On-chip Flash	1M
STM32F10x Med-density Flash	On-chip Flash	128k
STM32F10x Low-density Flash	On-chip Flash	16k
STM32F10x High-density Flash	On-chip Flash	512k
STM32F10x Connectivity Lin...	On-chip Flash	256k
STM32F10x M25P64 SPI Fla...	Ext. Flash SPI	8M
STM32F10x Flash Options	On-chip Flash	16
STM32F2xx Flash	On-chip Flash	1M
STM32F2xx Flash Options	On-chip Flash	16
STM32F2xx Flash OTP	On-chip Flash	528
STM32F3xx Flash	On-chip Flash	256k

Add　Cancel

图 2.15　添加下载目标芯片

（10）设置 Utilities 选项卡，如图 2.16 所示。

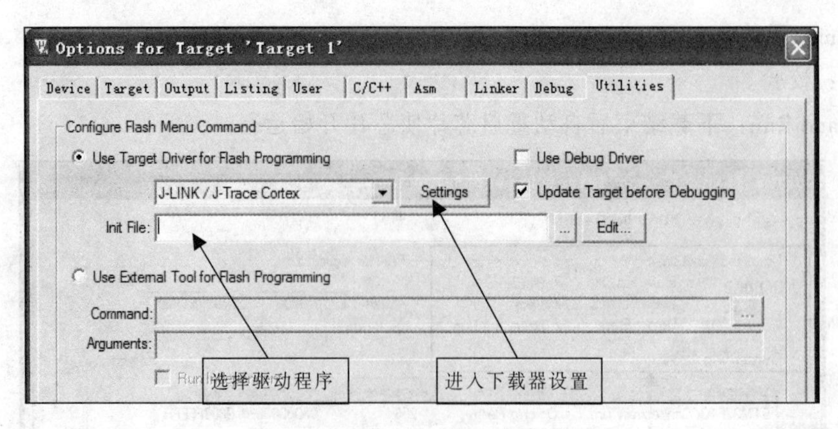

图 2.16　设置 Utilities 选项卡

2.1.3　编译

按【F7】键或者单击按钮即可进行编译；单击按钮可强制重新编译工程；单击按钮可将编译的 Hex 文件下载到 CM3 芯片。

2.1.4　调试

1. 进入调试模式

按【Ctrl+F5】组合键或者单击按钮即可进入调试模式，在选择在线调试时，程序会下载到 CM3 芯片进行实际仿真调试；进入调试模式后，界面多出调试工具栏：其中上面分别有 Reset（复位）、Run（全速运行）、Step（单步进入函数内部）、Step Over（单步越过函数）、Step Out（单步跳出函数）等图标，如图 2.17 所示。

（1）Run：全速运行按钮，其作用是使程序全速运行。

（2）Step：单步调试按钮，如果当前语句是一个函数调用（任何形式的调用），则按下此按钮进入该函数，但只运行一句 C 代码。

（3）Step Over：单步越过，无论当前是任何功能的语句，单击此按钮后都会执行至下一条语句。

（4）Step Out：单步跳出函数，如果当前处于某函数内部，则单击此按钮运行至该函数退出后的第一条语句。

观察窗口可以用来观察寄存器状态、变量值、运行时间等，读者可以根据需要选择观察窗口。

2. 使用断点

断点用来观察程序在运行到指定位置时各种变量或者寄存器的状态；要插入断点只需将鼠标移动到指定行，单击边框即可，可以将光标移到指定行后，按【F9】键进行插入或者删除断点；设置断点后按【F5】键全速执行程序，程序运行到断点处后就会停到断点处。插入或删除断点的方法如图 2.18 所示。

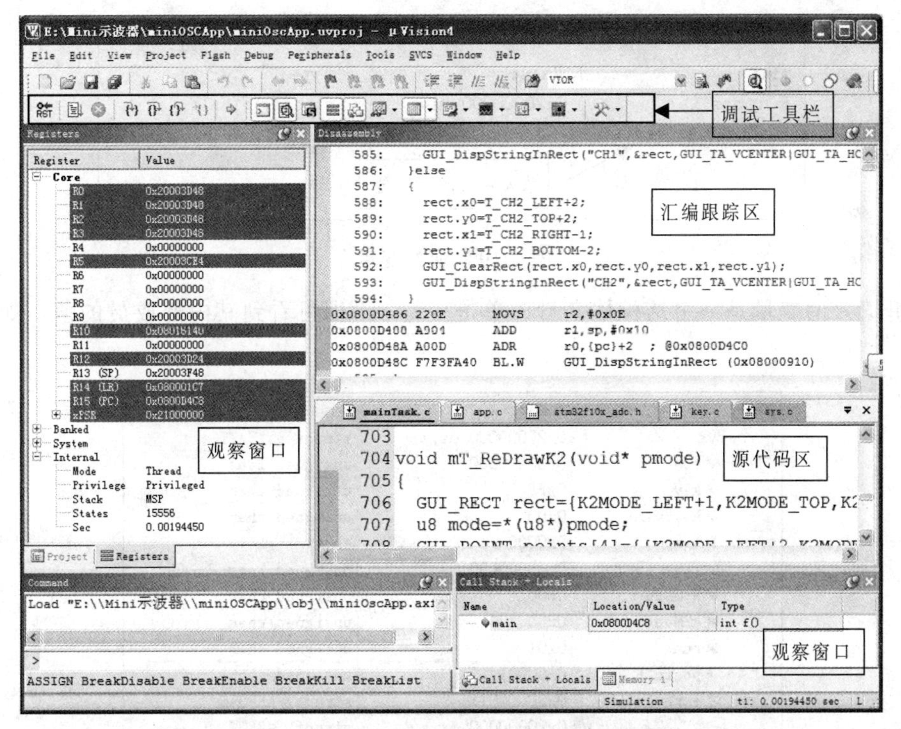

图 2.17　仿真调试面板

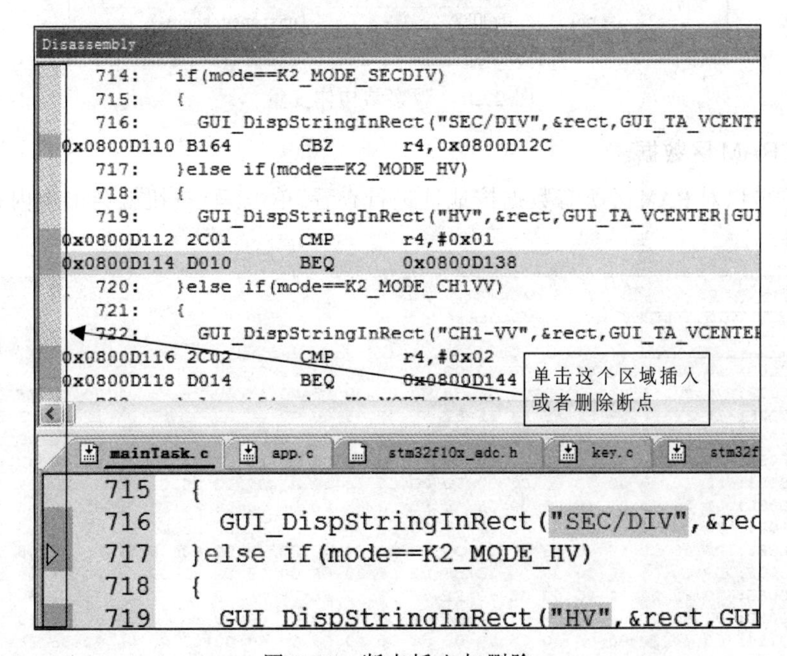

图 2.18　断点插入与删除

3. 查看变量值

在 Keil 调试模式下，可以对变量的值进行跟踪观察，单击按钮选择一个或者两个查看（Watch），就会出现一个观察窗口，如图 2.19 所示。

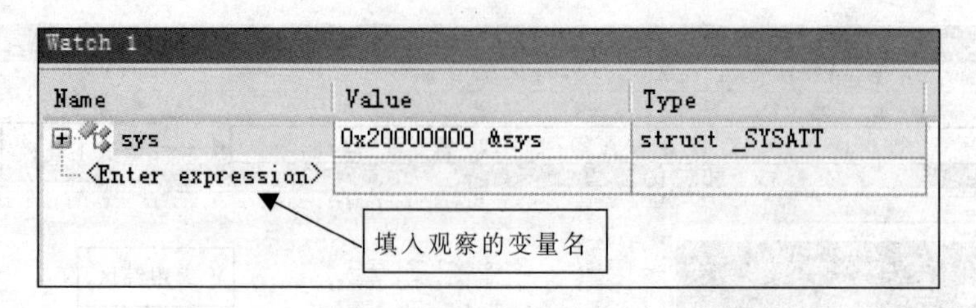

图 2.19 观察变量

这里填入的变量是一个结构体变量，单击变量 sys 即可看到其内部成员的值，如图 2.20 所示。

Name	Value	Type
sys	0x20000000 &sys	struct _SYSATT
com	0x00000000	unsigned long
key	0xFF ' '	unsigned char
keyEvent	0x00	unsigned char
temp	0x0000	short
time	0x00000000	unsigned long
k1Mode	0x00	unsigned char
k2Mode	0x00	unsigned char
run	0x01	unsigned char
posIn4K	0x0000	unsigned short
arrow	0x20000011	struct _ARROWS
t	0x20000000 &sys	struct _ARROW
color	0x00000000	unsigned long
colo...	0x00FF	unsigned short
y	0x00	unsigned char

图 2.20 观察结构体变量

4．查看 RAM 区数据

在 Keil 下可以对 RAM 区所有数据按地址进行查看，单击按钮就会出现内存观察窗口，如图 2.21 所示。

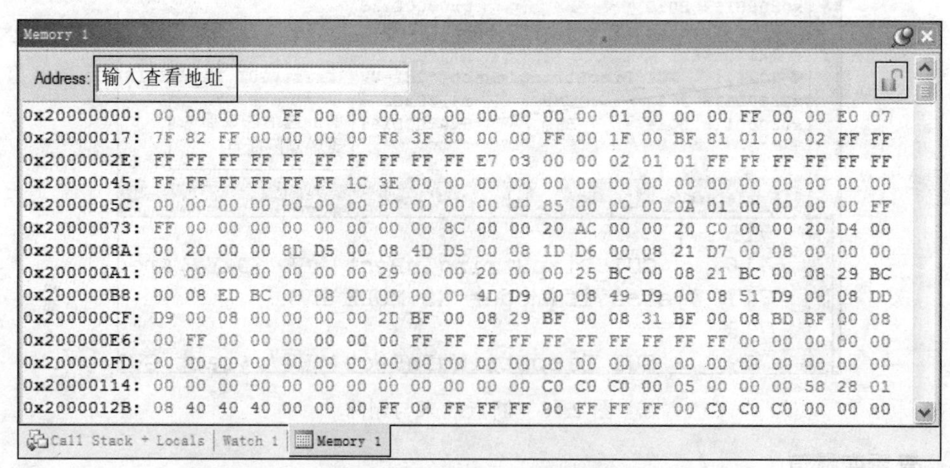

图 2.21 查看 RAM 区数据

此功能可以方便数据块的查看，如 USB 数据缓冲区内的数据查看等。

2.2　最小系统与启动选择

最小系统也就是能够使程序正常运行的最小电路，STM32F103 系列芯片的最小系统原理图如图 2.22 所示。

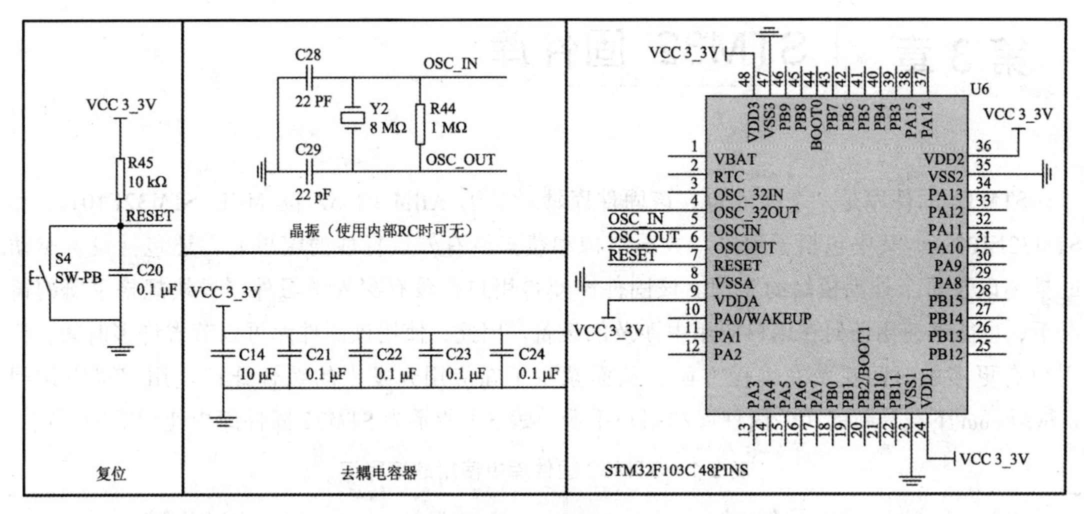

图 2.22　STM32F103 最小系统原理图

（1）复位电路：复位按键根据需要可以省去。

（2）晶振部分：为了使时钟信号更加稳定，晶振需并联一个 1~10 MΩ 的电阻，增加阻抗匹配，省去该电阻可能会出现晶振不起振的现象。当使用内部 RC 振荡源为系统提供时钟信号时，此部分可以省去。

（3）去耦电容：VSSA 和 VCCA 接 10 μF 和 0.1 μF 电容器，VSS1 和 VCC1、VSS2 和 VCC2、VSS3 和 VCC3 间接 0.1 μF 电容器。

另外，仿真调试电路可根据需要进行添加。

如果用到了实时时钟和备用寄存器，为了在主电源 VCC 断电情况下，需要外接 VBAT。在使用模拟数字转换器（ADC）功能时，ADC 含有独立的外接电压参考源，需要为 ADC 模块外接精准的参考电源，一般外接到 3.3 V 稳压管输出端。

CM3 芯片在应用中，一般要并联一个稳压二极管，防止外部电压接入错误导致芯片击穿。

CM3 芯片有 BOOT0 和 BOOT1 引脚，这两个引脚用于控制 CM3 启动时从何处开始启动程序。其控制方式如表 2.1 所示。

表 2.1　引脚及启动模式

启动模式选择引脚		启动模式	说明
BOOT0	BOOT1		
0	X	主闪存	主闪存被选为启动区域
1	0	系统存储器	系统存储器被选为启动区域
1	1	内置 SRAM	内置 SRAM 被选为启动区域

第 3 章　STM32 固件库

STM32 固件库是一个固件包，该固件库针对基于 ARM 的 32 位 MCU STM32F101xx 和 STM32F103xx。其中包括了程序、数据结构和覆盖所有外设特性的宏单元，还包括设备驱动的描述以及每个外围模块的实例。该固件库使得用户在没有深入学习外围模块规格手册的情况下，也能够使用任何在用户应用中涉及的设备。因此，使用该固件库可以节省许多时间，让用户有更多的时间花费在编程方面，从而减少了在应用开发中的综合开销。用户可以访问 www.st.com 下载最新的相关固件库和用户手册。表 3.1 所示为 STM32 固件库中使用的缩写词。

表 3.1　STM32 固件库中使用的缩写词

缩　　写	代表的外设	缩　　写	代表的外设
ADC	模拟/数字转换器	NVIC	嵌套向量中断控制器
BKP	备份寄存器	PWR	电源控制
CAN	控制器区域网络	RCC	复位和时钟控制器
DMA	DMA 控制器	RTC	实时时钟
EXTI	外部中断控制器	SPI	串行外设接口
FLASH	Flash 存储器	SysTick	系统 Tick 定时器
GPIO	通用 I/O	TIM	通用定时器
I2C	Inter-integrated 电路	TIM1	先进的控制定时器
IWDG	独立看门狗	USART	通用同步异步接收传送器
WWDG	窗口看门狗		

3.1　STM32 固件库的定义规则

3.1.1　固件库命名规则

该固件库使用以下命名规则：

（1）PPP 表示外围模块的缩写，例如 ADC。

（2）系统文件名和源/头文件名以“stm32f10x_”的形式表示，例如 stm32f10x_conf.h。

（3）在单一文件中使用的常量在该文件中定义。在多个文件中使用的常量定义在头文件中。所有常量都以大写字母表示。

（4）寄存器当作常量看待，同样以大写字母表示。多数情况下，在 STM32F10x 参考手册中使用相同的缩写。

（5）外围模块功能函数的名字，需要有相应的外围模块缩写加下画线这样的前缀。每个单词的首字母需要大写，例如 SPI_SendData()。在一个函数名中，只允许有一条下画线，用来区分外围模块缩写和剩下的函数名。

（6）使用 PPP_InitTypeDef()中指定的参数初始化 PPP 外围模块的函数，被命名为 PPP_Init()，例如 TIM_Init()。

（7）复位 PPP 外围模块寄存器为默认值的函数，命名为 PPP_DeInit()，例如 TIM_DeInit()。

（8）将 PPP_InitTypeDef()结构体每个成员设置为复位值的函数，命名为 PPP_StructInit()，例如 USART_StructInit()。

（9）用来使能或者禁止指定的 PPP 外围模块的函数，命名为 PPP_Cmd()，例如 SPI_Cmd()。

（10）用来使能或者禁止指定 PPP 外围模块的某个中断资源的函数，命名为 PPP_ITConfig()，例如 RCC_ITConfig()。

（11）用来使能或者禁止指定 PPP 外围模块的 DMA 接口的函数，命名为 PPP_DMAConfig()，例如 TIM1_DMAConfig()。

（12）用来设置某个外围模块的函数，总是以字符串'Config'结尾，例如 GPIO_PinRemapConfig()。

（13）用来检验指定 PPP 的标志是否被置位或清零的函数，命名为 PPP_GetFlagStatus()，例如 I2C_GetFlagStatus()。

（14）用来清除某个 PPP 的标志的函数，命名为 PPP_ClearFlag()，例如 I2C_ClearFlag()。

（15）用来检验指定 PPP 的中断是否发生的函数，命名为 PPP_GetITStatus()，例如 I2C_GetITStatus()。

（16）用来清除某个 PPP 中断挂起位的函数，命名为 PPP_ClearITPendingBit()，例如 I2C_ClearITPendingBit()。

3.1.2　代码标准

该章节描述在固件库中的代码标准。

1．变量

在头文件 stm32f10x_type.h 中定义了 18 种具体的变量类型，其类型和大小都是固定的。

```
typedef signed long s32;
typedef signed short s16;
typedef signed char s8;
typedef volatile signed long vs32;
typedef volatile signed short vs16;
typedef volatile signed char vs8;
typedef unsigned long u32;
typedef unsigned short u16;
typedef unsigned char u8;
typedef unsigned long const uc32;                /* 只读 */
typedef unsigned short const uc16;               /* 只读 */
```

```
typedef unsigned char const uc8;                        /* 只读 */
typedef volatile unsigned long vu32;
typedef volatile unsigned short vu16;
typedef volatile unsigned char vu8;
typedef volatile unsigned long const vuc32;             /* 只读 */
typedef volatile unsigned short const vuc16;            /* 只读 */
typedef volatile unsigned char const vuc8;              /* 只读 */
```

2. 布尔(Bool)类型

布尔类型在头文件 stm32f10x_type.h 中定义：

```
typedef enum
{
  FALSE=0,
  TRUE=!FALSE
} bool;
```

3. 标志状态(FlagStatus)类型

标志状态类型在头文件 stm32f10x_type.h 中定义。该类型只可以被赋予以下两个值：SET 或者 RESET。

```
typedef enum
{
   RESET=0,
   SET=!RESET
} FlagStatus;
```

4. 功能状态(FunctionalState)类型

功能状态类型在头文件 stm32f10x_type.h 中定义。该类型只可以被赋予以下两个值：ENABLE 或者 DISABLE。

```
typedef enum
{
   DISABLE=0,
   ENABLE=!DISABLE
} FunctionalState;
```

5. 错误状态(FunctionalState)类型

错误状态类型在头文件 stm32f10x_type.h 中定义。该类型只可以被赋予以下两个值：SUCCESS 或者 ERROR。

```
typedef enum
{
   ERROR=0,
   SUCCESS=!ER
} ErrorStatus;
```

6. 外围模块

指向外围模块的指针，可以用来访问外围模块控制寄存器。此类型指针指向的数据结构代表了外围模块控制寄存器的映射。

stm32f10x_map.h 包括了所有外围模块结构的定义。下面的实例给出了 SPI 寄存器结构的声明：

```
/*------------------ Serial Peripheral Interface ----------------*/
typedef struct
{
  vu16 CR1;
  u16 RESERVED0;
  vu16 CR2;
  u16 RESERVED1;
  vu16 SR;
  u16 RESERVED2;
  vu16 DR;
  u16 RESERVED3;
  vu16 CRCPR;
  u16 RESERVED4;
  vu16 RXCRCR;
  u16 RESERVED5;
  vu16 TXCRCR;
  u16 RESERVED6;
} SPI_TypeDef;
```

每个外围模块的寄存器名字是该寄存器的缩写，用大写表示。RESERVEDi（i 是一个整数，作为保留域的下标）表示保留域。

所有的外围模块在 stm32f10x_map.h 中声明。下面的实例给出了 SPI 外围模块的声明：

```
#ifndef EXT
#Define EXT extern
#endif
...
#define PERIPH_BASE((u32)0x40000000)
#definc ΛPB1PERIPH_BASEPERΙPH_BASE
#define APB2PERIPH_BASE(PERIPH_BASE + 0x10000)
...
/* SPI2 基本地址定义*/
#define SPI2_BASE(APB1PERIPH_BASE + 0x3800)
...
/* SPI2 外设声明*/
#ifndef DEBUG
...
#ifdef _SPI2
   #define SPI2((SPI_TypeDef *) SPI2_BASE)
#endif /*_SPI2 */
...
#else /* DEBUG */
...
#ifdef _SPI2
   EXT SPI_TypeDef*SPI2;
#endif /*_SPI2 */
...
#endif /* DEBUG */
```

定义标签_SPI，用来在应用程序中引入 SPI 外围模块库。

定义 label_SPIn，用来访问 SPIn 的外围模块寄存器。例如，要想访问_SPI2 外围模块寄存器，必须在头文件 stm32f10x_conf.h 中定义_SPI2 标签。_SPI 和_SPIn 标签定义在头文件 stm32f10x_conf.h 中，如下：

```
#define _SPI
#define _SPI1
#define _SPI2
```

每个外围模块都有若干个专用寄存器，它们拥有不同的标志。每个外围模块都有专用结构体来定义各自的寄存器。标志的缩写需用大写字符，并且以“PPP_FLAG_”开头。标志在头文件 stm32f10x_ppp.h 中定义，适用于每个外围模块。

为了进入调试模式，必须在头文件 stm32f10x_conf.h 中定义标签 DEBUG。这样就构造了一个指向 SRAM 中外围模块结构体的指针，从而使调试变得更简单，并且所有寄存器设置可以通过转储一个外围变量来实现。在以上两种情况下，SPI2 是一个指向 SPI2 外围模块首地址的指针。

DEGUB 变量定义在头文件 stm32f10x_conf.h 中，定义方法如下：

```
#define DEBUG
```

调试模式在源文件 stm32f10x_lib.c 中初始化：

```
#ifdef DEBUG
void debug(void)
{
   ...
   #ifdef _SPI2
     SPI2=(SPI_TypeDef *) SPI2_BASE;
   #endif   /*_SPI2 */
     ...
}
#endif        /* DEBUG*/
```

注：

（1）当选择调试模式时，assert 宏定义被扩展，并且在固件库代码中运行时检测被使能。

（2）调试模式增加了代码大小，降低了代码性能。因此，推荐仅在调试应用程序时使用该模式，并在最终应用程序代码中去掉。

3.2 STM32 库的层次结构

3.2.1 固件包

该固件库在一个单独的压缩包中提供。解压该压缩包会产生一个文件夹。例如，STM32F10xFWLib\FWLib，它包含了如下子文件夹：

1. 示例（Examples）文件夹

Examples 文件夹中包括每个外围模块的子文件夹，子文件夹中提供了运行一个关于如何使用该外设的典型示例所需的最小文件集：

（1）readme.txt：简短的文本文件，描述该示例以及如何使之工作。

（2）stm32f10x_conf.h：头文件，配置所使用的外围模块，并且包括各种 DEFINE 语句。

（3）stm32f10x_it.c：源文件，包括中断处理函数（如果某个功能没有使用，对应的函数可是空的）。

（4）stm32f10x_it.h：头文件，包括所有中断处理函数的原型。

（5）main.c：示例代码。

注：所有的示例都独立于软件工具链。

2. 库（Library）文件夹

Library 文件夹包括子目录和构成库核心的文件。inc 子文件夹包括固件库头文件。它们不需要用户修改：

（1）stm32f10x_type.h：在所有其他文件中使用的普通数据类型和枚举。

（2）stm32f10x_map.h：外围模块内存映射和寄存器数据结构。

（3）stm32f10x_lib.h：主头文件，引用了所有其他头文件。

（4）stm32f10x_ppp.h（每个外围模块对应一个头文件）：函数原型、数据结构和枚举。

（5）cortexm3_macro.h：cortexm3_macro.s 的头文件。

src 子文件夹包括固件库源文件。它们不需要用户修改：

（1）stm32f10x_ppp.c（每个外围模块对应一个源文件）：每个外围模块的函数体。

（2）stm32f10x_lib.c：所有外围模块指针初始化。

注：所有库文件都是用 Strict ANSI-C 编写，并且独立于软件工具链。

3. 工程（Project）文件夹

Porject 文件夹包括一个标准的模板工程，该工程编译所有库文件和所有用于创建一个新工程所必需的用户可修改文件：

（1）stm32f10x_conf.h：配置头文件，包括所有外围模块的默认定义。

（2）stm32f10x_it.c：源文件，包括中断处理函数（在这个模板中，函数体是空的）。

（3）stm32f10x_it.h：头文件，包括所有中断处理函数原型。

（4）main.c：主函数体。

3.2.2 固件库文件

固件库的架构和文件包含关系显示在表 3.2 中。每个外围模块都有一个源程序文件，stm32f10x_ppp.c，一个头文件和 stm32f10x_ppp.h。stm32f10x_ppp.c 文件包括了使用 PPP 外围模块所需要的全部固件函数。一个单独的内存映射文件 stm32f10x_map.h，提供给所有的外围模块。它包含了调试和发布两种模式下所有的寄存器声明。

表 3.2 固件库文件

文件名	描述
stm32f10x_conf.h	参数配置文件。它要求用户在运行应用程序之前对它进行修改，定义需要与库进行交互的参数。用户可以使用模板使能或者禁能外围模块，并且可以改变外部石英振荡器的数值。该文件还可以在编译固件库之前决定使用调试或者发布模式。stm32f10x_conf.h 是唯一一个必须用户修改的文件，它用来在运行任何应用程序之前，详细说明连接固件库的参数设置

续表

文 件 名	描 述
main.c	主示例函数体
stm32f10x_it.h	头文件，包括所有中断处理函数原型
stm32f10x_it.c	外围模块中断处理函数文件。用户可以引入在应用程序中需要使用的中断处理函数。如果有多个中断请求映射到同一个中断向量，该函数采用轮循外围中断标志的方式来确认中断源。这些函数的名字在固件库中提供
stm32f10x_lib.h	头文件，包括所有外围模块的头文件。这是唯一一个需要在用户应用程序中引用的文件，它作为库的接口
stm32f10x_lib.c	调试模式初始化文件，它包括变量指针的定义。每个指针指向相应外围模块的首地址和当调试模式使能时被调用的函数的定义。该函数初始化已定义的指针
stm32f10x_map.h	该文件实现用于调试、释放模式的内存映射和寄存器物理地址定义。它提供给所有的外围模块
stm32f10x_type.h	普通声明文件，包括所有外围驱动程序使用的普通类型和常量
stm32f10x_ppp.c	PPP 外围模块驱动程序源代码文件，用 C 语言编写
stm32f10x_ppp.h	PPP 外围模块的头文件，包括 PPP 外围模块函数的定义和在这些函数中使用的变量的定义
cortexm3_macro.h	cortexm3_macro.s 的头文件
cortexm3_macro.s	专用的 Cortex-M3 指令的指令封装

3.3 STM32 库的使用

STM32 库提供了各种资源的使用接口，在本节中将以一个通用输入/输出（GPIO）的例子描述在具体应用中如何使用 STM32 库函数进行编程。

在这个示例中将实现利用按键 1（连接到 PB7）控制 LED1（连接到 PB9），每按键一次，LED1 闪烁一次。本示例可在 STM32F103 开发板上调试运行。我们将使用 Keil μVision4 作为开发环境。

使用固件库建立示例应用的过程如下：

（1）使用 Keil 建立一个工程，取名 GPIO。

（2）添加一个新的源文件 main.c，并且按照如下添加代码，其中主体实现在函数 main()中。

```
#include "stm32f10x_lib.h"
GPIO_InitTypeDef GPIO_InitStructure;
ErrorStatus HSEStartUpStatus;
void RCC_Configuration(void);
void NVIC_Configuration(void);
//延时函数
void Delay(vu32 nCount);
int main(void)
{
#ifdef DEBUG
   debug();
```

```
#endif
   /* 配置系统时钟 */
   RCC_Configuration();
   /* 配置嵌套中断向量*/
   NVIC_Configuration();
   /* 配置通用输入输出端口*/
   GPIO_InitStructure.GPIO_Pin=GPIO_Pin_9;          //LED1
   GPIO_InitStructure.GPIO_Mode=GPIO_Mode_Out_PP;
   GPIO_InitStructure.GPIO_Speed=GPIO_Speed_50MHz ;
   GPIO_Init(GPIOB, &GPIO_InitStructure);
   GPIO_InitStructure.GPIO_Pin=GPIO_Pin_7;          //按键 1
   GPIO_InitStructure.GPIO_Mode=GPIO_Mode_IPU;
   GPIO_Init(GPIOB, &GPIO_InitStructure);
while(1)
{
    if(!GPIO_ReadInputDataBit(GPIOB, GPIO_Pin_7))//查询按键 1 是否按下
    {
        GPIO_WriteBit(GPIOB, GPIO_Pin_9, (BitAction)(1));
        Delay(1000000);
        GPIO_WriteBit(GPIOB, GPIO_Pin_9, (BitAction)(0));
    }
  }
}
void RCC_Configuration(void)
 {
/* RCC 系统复位 */
RCC_DeInit();
/* 使能 HSE */
RCC_HSEConfig(RCC_HSE_ON);
/* 等待 HSE 准备好 */
HSEStartUpStatus=RCC_WaitForHSEStartUp();
if(HSEStartUpStatus==SUCCESS)
{
   /* HCLK=SYSCLK */
   RCC_HCLKConfig(RCC_SYSCLK_Div1);
   /* PCLK2=HCLK/2 */
   RCC_PCLK2Config(RCC_HCLK_Div2);
   /* PCLK1=HCLK/4 */
   RCC_PCLK1Config(RCC_HCLK_Div4);
   /* Flash 2 wait state */
   FLASH_SetLatency(FLASH_Latency_2);
   /* Enable Prefetch Buffer */
   FLASH_PrefetchBufferCmd(FLASH_PrefetchBuffer_Enable);
   /* PLLCLK=8MHz*6=48 MHz */
   RCC_PLLConfig(RCC_PLLSource_HSE_Div1, RCC_PLLMul_6);
   /* 使能 PLL */
   RCC_PLLCmd(ENABLE);
   /*等待 PLL 准备好 */
```

```
    while(RCC_GetFlagStatus(RCC_FLAG_PLLRDY)==RESET)
    {
    }
    /* 设置 PLL 作为系统时钟源 */
    RCC_SYSCLKConfig(RCC_SYSCLKSource_PLLCLK);
    /* 等待 PLL 作为系统时钟源*/
    while(RCC_GetSYSCLKSource()!=0x08)
    {
    }
  }
```

使能外设时钟，GPIOA、GPIOB 和 SPI1 时钟使能：

```
RCC_APB2PeriphClockCmd( RCC_APB2Periph_GPIOB);
}
void NVIC_Configuration(void)
{
    #ifdef VECT_TAB_RAM
      /* 设置中断向量表基地址为 0x20000000 */

      NVIC_SetVectorTable(NVIC_VectTab_RAM, 0x0);
    #else /* VECT_TAB_FLASH */
      /*设置中断向量表基地址为 0x08000000 */
      NVIC_SetVectorTable(NVIC_VectTab_FLASH, 0x0);
    #endif
}
void Delay(vu32 nCount)
{
  for(; nCount!=0; nCount--);
}
#ifdef DEBUG
void assert_failed(u8* file, u32 line)
{
      /*用户可以添加自己的执行情况报告的文件名和行号
            ex: printf("Wrong parameters value: file %s on line %d\r\n", file,
       line) */
      /*无限循环*/
    while (1)
    {
    }
}
#endif
```

（3）在上面的代码中，调用了很多没有定义的函数，这些函数就出自固件库。有两种方式引入固件库：一种是使用外设源文件，可以将外设源文件加入到工程中一起编译；另外一种方式是通过调用 STM32F10xD.lib 或者 STM32F10xR.lib 文件。STM32F10xD.lib 用于 Debug（包括调试信息）模式，STM32F10xR.lib 在 Release（不包含调试信息）模式下使用。

（4）加入库文件之后就能正确编译工程并且在开发板上运行。

3.4 位带操作

在 Cortex-M3 存储器映射中包括两个位操作区，分别位于 SRAM 和片上外设存储区的最低 1MB 空间中。这两个位带中的地址除了可以像普通的 RAM 一样使用外，还都有自己的“位带别名区”，位带别名区把每个比特膨胀成一个 32 位的字形成位地址。当通过位带别名区访问这些字时，就可以达到访问原始比特的目的，其对应关系如图 3.1 所示。

位地址与位别名对应关系如下：

（1）对于 SRAM 位带区的某个位：

Aliasaddr=0x22000000+((A-0x20000000)×8+n)×4

=0x22000000+(A-0x20000000)×32+n×4

（2）对于片上外设位带区的某个位：

Aliasaddr=0x42000000+((A-0x40000000)×8+n)×4

=0x42000000+(A-0x40000000)×32+n×4

在上述表达式中，A 表示要操作的位所在的字节地址，n（0≤n≤7）表示位序号。

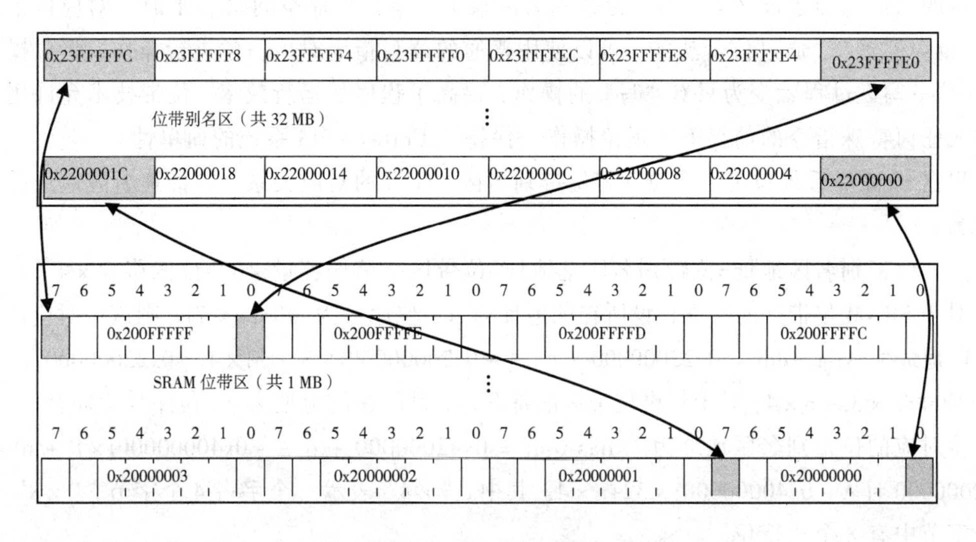

图 3.1 位操作对应关系

51 单片机可以简单地将 P1 口的第 2 位独立操作：P1.2=0;P1.2=1 就是这样把 P1 口的第三个引脚（BIT2）置 0 或置 1。现在 STM32 的位段、位带别名区就为了实现这样的功能。对象可以是 SRAM、I/O 外设空间，实现对这些地方的某一位的操作。在寻址空间（32 位地址是 4 GB）另一地方，取个别名区空间，从此地址开始处，每一个字（32 bit）就对应 SRAM 或 I/O 的一位。这样，1MB SRAM 就可以有 32 MB 的对应别名区空间，就是 1 位膨胀到 32 位（1bit 变为 1 个字）。对这个别名区空间开始的某一字进行操作，置 0 或置 1，就等于它映射的 SRAM 或 I/O 相应的某地址的某一位的操作。

在 STM32 的内部存储器中设计了两个“位带区”，位于这两个区域内的变量可以通过“位带”技术实现位操作。这两个位带区是“SRAM位带区”和“外设位带区”，分别位于STM32内部的SRAM区和外设存储区的低1 MB空间，SRAM位带区的地址范围为0x20000000～0x200FFFFF，外设位带区的地址范围为0x40000000～0x400FFFFF。与此对应，STM32还设置了两个“位带别名区”，分别是“SRAM位带别名区”和“外设位带别名区”，每个位带别名区大小为32 MB，SRAM位带别名区的地址范围为0x22000000～0x23FFFFFF，外设位带别名区的地址范围为0x40000000～0x43FFFFFF。

位带操作实质是进行一种内存映射，系统将位带区的存储单元按“位”映射到对应位带别名区的“字”(32位)上，相当于为位带区的每一“位”绑定了一个位带别名区的“字”。按“字”访问位带别名区的存储单元时，就可以达到访问位带区“位”的效果。通俗地说，也就是为位带区的“位”取了别名，使位带区的存储单元既具有真实地址，又具有等效的别名地址，通过别名地址访问位的效果等同于通过位的真实地址访问。位带别名区的“字”只有最低位(LSB)有效，其他位均无效。

通过位带技术映射存储空间之后，编写程序时可以轻易快捷地实现位操作。位带区存储单元的“位”对应位带别名区的“字”，当对位带别名区某个“字”存储空间赋值0时，对应位带区的“位”即会被清0；当对位带别名区某个“字”存储空间赋值1时，对应位带区的“位”也会被置1。通过位带功能，可以使用普通的读写指令对单一位进行操作，将位操作的“读—改—写”过程就变为只有“写”的操作，提高了程序的运行效率。位带技术允许用户在不加入任何特殊指令的前提下实现位操作，保持了Cortex－M3系统的简单性。

根据STM32系统位带区“位”与位带别名区“字”的对应关系，位带别名区地址的计算方法为：

位带别名区地址=位带别名区基地址+位带区字节偏移量×32+位偏移量×4

对于SRAM位带区的数据，设所在的地址为A，位序号为n(0≤n≤7)，则该位对应的位带别名区地址为:AliasAddr = 0x22000000 + ((A－0x20000000)×8 + n)×4 = 0x22000000 + (A－0x20000000)×32+ n×4；对于外设位带区的寄存器，设所在的地址为A，位序号为n(0≤n≤7)，则该位对应的位带别名区地址为: AliasAddr = 0x42000000 + ((A－0x40000000)×8 + n)×4 = 0x42000000 +(A－0x40000000)×32+n×4。其中，“×4”表示一个字占4个字节；“×8”表示一个字节中有8个比特位。

在STM32系统的程序设计中，主要使用C语言进行编程。目前，C语言的编译器不直接支持位带操作，编译器无法使用不同地址来访问同一块内存，也未定义对位带别名区的访问只有最低位(LSB) 有效。因此，在C语言中应用位带技术还需要特殊的方法，最简单的做法就是使用宏对内存读写操作进行封装。

SRAM位带别名区的访问方法如下：

对于位于SRAM位带区的数据，可以根据SRAM位带别名区的地址公式，通过计算出对应的位带别名区地址，并使用赋值语句对该地址的存储单元进行读写，实现对数据的位操作。例如，将位于SRAM区地址0x20000004的32位无符号整型变量最高位(第31位)置1，其他位数据不变。通常的做法是使用语句

```
( * ( volatile unsignedint * ) ( 0x20000004) ) |=( unsigned int) 1<<31;
```

该语句为复合语句，需要执行“读—改—写”的操作，程序执行效率低。若使用位带技术，根据STM32开发手册查询出SRAM位带区基地址为0x20000000，SRAM位带别名区基地址为0x22000000，根据位带别名区地址公式计算出该变量最高位对应的位带别名区地址为AliasAddr = 0x22000000 + (0x20000004 - 0x20000000) × 32 + 31 × 4 = 0x220000FC 使用简单的赋值语句(* (volatile unsigned int *)(0x220000FC)) = 1；即可达到置位的目的，无须使用复合语句。在 C 语言程序设计中使用位带技术时，需要访问的存储器单元变量必须采用 volatile 来定义。因为C语言编译器并不知道由于位带技术的使用，对于位带区的同一个位有两个不同的地址，通过使用关键字 volatile 使得编译器每次都如实地把数值读取写入存储器，而不会出于优化的考虑使用数据的复本，避免出现错误。

为增强程序的可读性，可以使用带参数的宏来封装位带操作：

```
#define SRAM_BB_BASE  ((uint32_t)0x22000000)  //宏定义 SRAM 位带区基地址
#define SRAM_BASE  ((uint32_t)0x20000000)     //宏定义 SRAM 位带别名区基地址
/*!< SRAM 基地址在这个 bit-band 区域 */
#define PERIPH_BASE  ((uint32_t)0x40000000)

//I/O 端口操作宏定义
#define BITBAND(addr,bitnum)((addr&0xF0000000)+0x2000000+((addr &0xFFFFF)
  <<5)+(bitnum<<2))
#define MEM_ADDR(addr)*((volatile unsigned long*)(addr))
#define BIT_ADDR(addr, bitnum)   MEM_ADDR(BITBAND(addr, bitnum))
#define BITSRAM( A, N, S) (*( volatile unsignedint*) ( SRAM_BB_BASE+( (A)
  - SRAM_BASE)*32+(N)*4)=(S) )
```

其中，addr 为要写入数据的 SRAM 区地址，bitnum 为要写入位的编号(0 ~ 31)，S 是要写入的数值(0 或 1)。封装后位操作的使用类似于函数调用，不易出错，使用更加方便。

```
#define PAout(n)  BIT_ADDR(GPIOA_ODR_Addr,n) //输出则为 PAout 为 A 口引脚输出
//I/O 端口地址映射
#define GPIOA_ODR_Addr    (GPIOA_BASE+12) //0x4001080C
#define GPIOB_ODR_Addr    (GPIOB_BASE+12) //0x40010C0C
#define GPIOC_ODR_Addr    (GPIOC_BASE+12) //0x4001100C
#define GPIOD_ODR_Addr    (GPIOD_BASE+12) //0x4001140C
#define GPIOE_ODR_Addr    (GPIOE_BASE+12) //0x4001180C
#define GPIOF_ODR_Addr    (GPIOF_BASE+12) //0x40011A0C
#define GPIOG_ODR_Addr    (GPIOG_BASE+12) //0x40011E0C

#define GPIOA_IDR_Addr    (GPIOA_BASE+8) //0x40010808
#define GPIOB_IDR_Addr    (GPIOB_BASE+8) //0x40010C08
#define GPIOC_IDR_Addr    (GPIOC_BASE+8) //0x40011008
#define GPIOD_IDR_Addr    (GPIOD_BASE+8) //0x40011408
#define GPIOE_IDR_Addr    (GPIOE_BASE+8) //0x40011808
#define GPIOF_IDR_Addr    (GPIOF_BASE+8) //0x40011A08
#define GPIOG_IDR_Addr    (GPIOG_BASE+8) //0x40011E08

//I/O 端口操作,只对单一的 I/O 端口,确保 n 的值小于 16
#define PAout(n)    BIT_ADDR(GPIOA_ODR_Addr,n)  //输出
```

```
#define PAin(n)     BIT_ADDR(GPIOA_IDR_Addr,n)  //输入

#define PBout(n)    BIT_ADDR(GPIOB_ODR_Addr,n)  //输出
#define PBin(n)     BIT_ADDR(GPIOB_IDR_Addr,n)  //输入

#define PCout(n)    BIT_ADDR(GPIOC_ODR_Addr,n)  //输出
#define PCin(n)     BIT_ADDR(GPIOC_IDR_Addr,n)  //输入

#define PDout(n)    BIT_ADDR(GPIOD_ODR_Addr,n)  //输出
#define PDin(n)     BIT_ADDR(GPIOD_IDR_Addr,n)  //输入

#define PEout(n)    BIT_ADDR(GPIOE_ODR_Addr,n)  //输出
#define PEin(n)     BIT_ADDR(GPIOE_IDR_Addr,n)  //输入

#define PFout(n)    BIT_ADDR(GPIOF_ODR_Addr,n)  //输出
#define PFin(n)     BIT_ADDR(GPIOF_IDR_Addr,n)  //输入

#define PGout(n)    BIT_ADDR(GPIOG_ODR_Addr,n)  //输出
#define PGin(n)     BIT_ADDR(GPIOG_IDR_Addr,n)  //输入

#endif
```

在STM32系统中引入位带技术，在保持STM32系统简洁的基础上，减少了代码占用空间，提高了程序的执行效率，主要体现在以下几方面：

（1）便于控制I/O口的单个引脚，为使用串行器件提供了很大的便利。

（2）简化了位的判断问题，对编写使用硬件I/O密集的底层程序和大范围地使用位标志位的程序十分有利。

（3）在多任务系统中实现共享资源在任务间的“互锁”访问，避免出现紊乱的现象。

下面通过实例来说明位带技术在I/O端口单个引脚控制方面的优势。GPIO（General Purpose Input Output）是STM32的输入/输出接口，设STM32的GPIOA口的最低位(第0位)接水位传感器，最高位(第15位)接水泵控制系统，要求程序读取GPIOA口第0位信息。若为1说明已到达规定水位，关闭水泵，第15位清零；若为0则说明水位较低，开启水泵，第15位置1。编写程序对GPIOA口的控制，可以采用多种方法：

① 寄存器法：读取GPIOA口寄存器ODR的第0位进行判断，然后设置ODR第15位的电平，语句如下：

```
if ( GPIOA->ODR&0x00000001 == 1 ) GPIOA->ODR&=~ ( 1 << 15);
else GPIOA->ODR|=1 <<15;
```

此方法直接控制寄存器，编译后代码占用空间小，程序执行效率高，但需要编程者熟悉STM32系统的各种寄存器的用法，程序的可读性和可维护性都较差。

② 库函数法：调用库函数读取GPIOA端口的第0位信息，然后控制第15位的电平，语句如下：

```
if ( GPIO_ReadInputDataBit ( GPIOA,GPIO _Pin_0) ==1) GPIO_ResetBits( GPIOA,
   GPIO_Pin_15);
```

```
else GPIO_SetBits( GPIOA, GPIO_Pin_15);
```

此方法需要调用库函数控制 I/O 端口，编译后代码占用空间大，程序执行效率较低，但经过函数的封装，程序的可读性和可维护性高，易于阅读，是编程者常用的方法。

③ 位带法：通过宏封装位带的使用方法，达到直接控制 I/O 端口单个引脚的目的。语句如下：

```
if(PAin(0)==1) PAout(15)=0;
else  PAout(15)=1;
```

此方法通过位带技术实现位操作，编译后代码占用空间小，程序执行效率高，可读性和可维护性都较好，但是程序的健壮性和移植性较差。

第 4 章　时钟控制系统

本章介绍 STM32 芯片的时钟系统，STM32 有多个时钟源。芯片的各个外设都可以选择开启时钟或者关闭时钟，这里的开启和关闭指的就是是否给外设低通时钟，对于不用的外设，一般关闭掉对应外设的时钟，以降低功耗。

4.1　时　钟　源

时钟源的 M3 芯片就如同人的心脏。不同的是，M3 芯片有多种时钟源可以选择。M3 芯片内核以及外设的运转全靠时钟源提供最初的时钟信号。独立看门狗（把关定时器）由另外独立的时钟源提供。

图 4.1 所示为时钟源电路图。

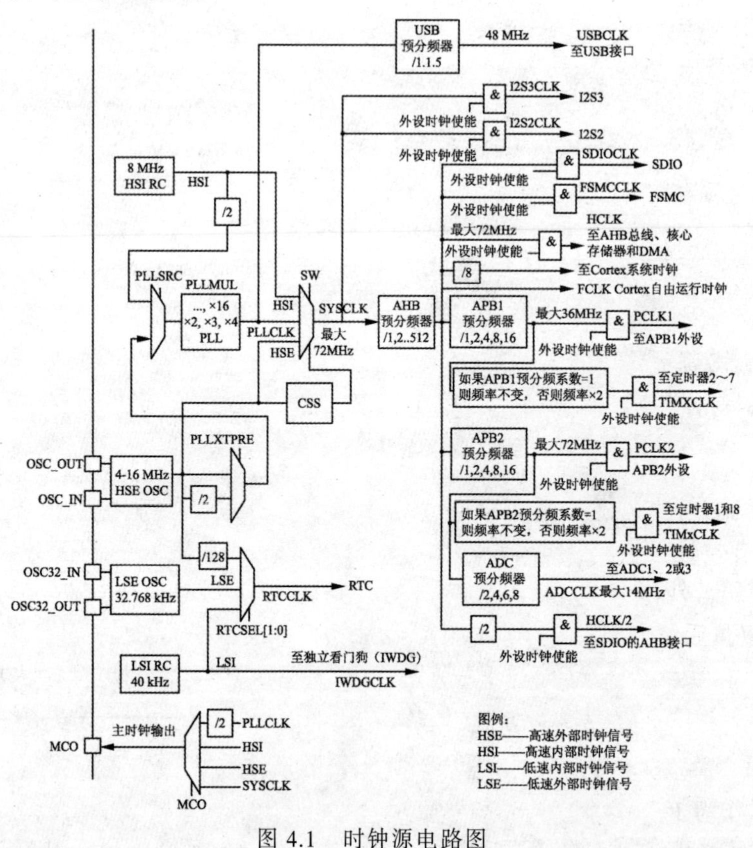

图 4.1　时钟源电路图

1. 外部时钟源（HSE）

HSE 的英文全称为 High Speed External Clock Signal，外部时钟源就是我们经常看到的晶振或者外部 RC 振荡器；使用外部晶振作为时钟源的一个特点是时钟信号比较精准。M3 支持的外部精准频率为 4～16 MHz。

2. 内部时钟源（HSI）

HSI 的英文全称为 High Speed Internal Clock Signal，M3 芯片的内部时钟源也可以提供和外部晶振时钟源相当频率的时钟源，但是在精确度方面就远不如外部时钟源，因为内部 HSI 是用 RC 振荡作为时钟源，RC 振荡的频率误差较大，在开发时涉及对时间要求精度高的 USART、USB 等时，一般采用外部晶振。系统复位后默认使用的时钟源就是 HSI。

3. 倍频器（锁相环）PLL

PLL 的专业术语是锁相环，但是它的功能主要是倍频和锁频，为了让读者更加容易理解，这里从功能角度称之为倍频器。

由于 HSE 和 HSI 的时钟频率只有几兆赫，远达不到 72 MHz，PLL 的作用就是倍频，将 HSE 和 HSI 输出的时钟倍频到设定的频率，当使用 USB 接口时，PLL 必须倍频到 48 MHz 或者 72 MHz，有兴趣的读者可以自己多研究 USB 这部分。

4. 实时时钟源（LSE）

实时时钟是给 M3 的实时时钟系统 RTC 模块提供时钟源的，必须是 32.768 kHz，如果开发时没有用到 RTC 功能，此时钟可以忽略。

5. 低功耗时钟源（LSI）

低功耗时钟源主要是在系统进入休眠模式时使用，是 M3 芯片内部集成的一个 40 kHz 左右的 RC 振荡源，为独立看门狗和自动唤醒单元提供时钟。

从以上介绍可以看出，时钟源包括 HSE、LSE、HSI、LSI。HSE 和 HSI 都是高速的，负责给系统提供时钟源；LSE 和 LSI 都是低速的，负责给部分外设提供时钟源，或者是在低功耗时使用。HSE 和 LSE 都是外部提供时钟源，一般使用晶振；HSI 和 LSI 都是内部 RC 振荡时钟源；PLL 只是负责对时钟源进行倍频处理后给系统提供时钟，而其自身并不能直接产生时钟信号。

4.2　时钟控制系统 RCC 寄存器

M3 芯片不仅需要对系统时钟进行设定，当用到外设时，也需要对外设进行时钟的配置，包括外设时钟的打开、外设时钟分频系数的设定等；时钟系统的严格控制铸就了 M3 低功耗的特点。

M3 芯片复位后，默认使用 HSI 作为系统时钟源；在系统上电复位时，系统时钟配置流程如下：选择 HSE 或者 HSI 作为时钟源；等待 HSE 或者 HSI 时钟准备就绪后（也就是时钟稳定后），配置 AHB、APB1 和 APB2 的分频系数；设置 PLL 的 PLLMUL 位控制倍频系数；选择 PLL 时钟源(设置 RCC_CFGR 的 PLLSRC 位，0 时选择 HSI 的 2 分频作为 PLL 的输入时钟，1 时选择 HSE 作为 PLL 的输入时钟)；设置 FLASH 读取延时周期；设置 RCC_CR 的 PLLON 位启动 PLL；查询 RCC_CR 的 PLLRDY 位等待 PLL 就绪；将 RCC_CFGR 的 SW 位设定 PLL

作为系统时钟；查询RCC_CRGR的SWS位等待PLL设为系统时钟成功。

当使用了外设时，也需要通过配置RCC的时钟使能寄存器来使能相应外设的时钟；RCC涉及的寄存器十分多，读者没有必要把每一个寄存器都硬背下来，只需了解以后，在使用时能够根据要实现的功能查出要配置的寄存器即可。RCC的各种时钟控制寄存器详细用法如下：

（1）时钟控制寄存器RCC_CR偏移地址：0x00；复位值：0x0000 xx83。各位的使用情况及相关说明如表4.1所示。

表4.1 RCC_CR各位的使用情况及相关说明

31	30	29	28	27	26	25	24	23	22	21	20	19	18	17	16
保留						PLLRDY	PLLON	保留				CSSON	HSEBYP	HSERDY	HSEON
						R	RW					RW	RW	R	RW
15	14	13	12	11	10	9	8	7	6	5	4	3	2	1	0
HSICAL[7:0]								HSITRIM[4:0]					保留	HSIRDY	HSION
R	R	R	R	R	R	R	R	RW	RW	RW	RW	RW		R	RW

位	说明
位31:26	保　留
位25	PLLRDY：PLL时钟就绪标志。 PLL锁定后由硬件置1。0：PLL未锁定； 1：PLL锁定
位24	PLLON：PLL使能。 由软件置1或清零。0：PLL关闭；1：PLL使能。 当进入待机和停止模式时，该位由硬件清零。当PLL时钟被用作或被选择将要作为系统时钟时，该位不能被清零
位23:20	保留，始终读为0
位19	CSSON：时钟安全系统使能。 由软件置1或清零以使能时钟监测器。 0：时钟监测器关闭；1：如果外部4～16 MHz振荡器就绪，时钟监测器开启
位18	HSEBYP：外部高速时钟旁路。 0：外部4～16 MHz振荡器没有旁路；1：外部4～16 MHz外部晶体振荡器被旁路。 在调试模式下由软件置1或清零来旁路外部晶体振荡器。只有在外部4～16 MHz振荡器关闭的情况下，才能写入该位
位17	HSERDY：外部高速时钟就绪标志。 0：外部4～16 MHz振荡器没有就绪；1：外部4～16 MHz振荡器就绪。 由硬件置1来指示外部4～16 MHz振荡器已经稳定。在HSEON位清零后，该位需要6个外部4～25 MHz振荡器周期清零
位16	HSEON：外部高速时钟使能。 由软件置1或清零。0：HSE振荡器关闭；1：HSE振荡器开启。 当进入待机和停止模式时，该位由硬件清零，关闭4～16 MHz外部振荡器。当外部4～16 MHz振荡器被用作或被选择将要作为系统时钟时，该位不能被清零
位15:8	HSICAL[7:0]：内部高速时钟校准。 在系统启动时，这些位被自动初始化
位7:3	HSITRIM[4:0]：内部高速时钟调整。 由软件写入来调整内部高速时钟，它们被叠加在HSICAL[5:0]数值上。 这些位在HSICAL[7:0]的基础上，让用户可以输入一个调整数值，根据电压和温度的变化调整内部HSIRC振荡器的频率。默认数值为16，可以把HSI调整到8×（1±0.01）MHz；每步HSICAL的变化调整约40 kHz
位2	保留，始终读为0

续表

位 31:26	保　　留
位 1	HSIRDY：内部高速时钟就绪标志。 0：内部 8 MHz 振荡器没有就绪；1：内部 8MHz 振荡器就绪。 由硬件置 1 来指示内部 8 MHz 振荡器已经稳定。在 HSION 位清零后，该位需要 6 个内部 8MHz 振荡器周期清零
位 0	HSION：内部高速时钟使能。 由软件置 1 或清零。0：内部 8 MHz 振荡器关闭；1：内部 8MHz 振荡器开启。 当从待机和停止模式返回或用作系统时钟的外部 4～16 MHz 振荡器发生故障时，该位由硬件置 1 来启动内部 8 MHz 的 RC 振荡器。当内部 8 MHz 振荡器被直接或间接地用作或被选择将要作为系统时钟时，该位不能被清零

（2）时钟配置寄存器 RCC_CFGR 偏移地址：0x04；复位值：0x0000 0000。各位使用情况及相关说明如表 4.2 所示。

表 4.2　RCC_CFGR 各位相关说明及使用情况

31	30	29	28	27	26	25	24	23	22	21	20	19	18	17	16
保留					MCO[2:0]			保留	USB PRE	PLLMUL[3:0]				PLLX TPRE	PLL SRC
					RW	RW	RW		RW	RW	RW	RW	RW	RW	RW
15	14	13	12	11	10	9	8	7	6	5	4	3	2	1	0
ADCPRE[1:0]		PPRE2[2:0]			PPRE1[2:0]			HPRE[3:0]				SWS[1:0]		SW[1:0]	
RW	RW	RW	RW	RW	RW	RW	RW	RW	RW	RW	RW	R	R	RW	RW

位 31:27	保留，始终读为 0
位 26:24	MCO：微控制器时钟输出，由软件置 1 或清零。 0xx：没有时钟输出；100：系统时钟(SYSCLK)输出；101：内部 RC 振荡器时钟(HSI)输出。 110：外部振荡器时钟(HSE)输出；111：PLL 时钟 2 分频后输出。 注意：该时钟输出在启动和切换 MCO 时钟源时可能会被截断。 在系统时钟作为输出至 MCO 引脚时，请保证输出时钟频率不超过 50 MHz (I/O 口最高频率)
位 23	保留
位 22	USBPRE：USB 预分频。 0：PLL 时钟 1.5 倍分频作为 USB 时钟；1：PLL 时钟直接作为 USB 时钟。 由软件置 1 或清 0 来产生 48 MHz 的 USB 时钟。在 RCC_APB1ENR 寄存器中使能 USB 时钟之前，必须保证该位已经有效。如果 USB 时钟被使能，该位不能被清零
位 21:18	PLLMUL：PLL 倍频系数。 由软件设置来确定 PLL 倍频系数。只有在 PLL 关闭的情况下才可被写入。 建议 PLL 的输出频率不超过 72MHz。 0000：PLL 2 倍频输出；1000：PLL 10 倍频输出；0001：PLL 3 倍频输出。 1001：PLL 11 倍频输出；0010：PLL 4 倍频输出；1010：PLL 12 倍频输出。 0011：PLL 5 倍频输出；1011：PLL 13 倍频输出；0100：PLL 6 倍频输出。 1100：PLL 14 倍频输出；0101：PLL 7 倍频输出；1101：PLL 15 倍频输出。 0110：PLL 8 倍频输出；1110：PLL 16 倍频输出；0111：PLL 9 倍频输出。 1111：PLL 16 倍频输出
位 17	PLLXTPRE：HSE 分频器作为 PLL 输入。 0：HSE 不分频 1：HSE 2 分频。 由软件置 1 或清 0 来分频 HSE 后作为 PLL 输入时钟，只能在关闭 PLL 时才能写入此位

续表

位 16	PLLSRC：PLL 输入时钟源。 0：HSI 振荡器时钟经 2 分频后作为 PLL 输入时钟；1：HSE 时钟作为 PLL 输入时钟。 由软件置 1 或清 0 来选择 PLL 输入时钟源。只能在关闭 PLL 时才能写入此位
位 15:14	ADCPRE[1:0]：ADC 预分频。 由软件置 1 或清 0 来确定 ADC 时钟频率。 00：PCLK2 2 分频后作为 ADC 时钟；01：PCLK2 4 分频后作为 ADC 时钟。 10：PCLK2 6 分频后作为 ADC 时钟；11：PCLK2 8 分频后作为 ADC 时钟
位 13:11	PPRE2[2:0]：高速 APB 预分频(APB2)。 由软件置 1 或清 0 来控制高速 APB2 时钟(PCLK2)的预分频系数。 0xx：HCLK 不分频；100：HCLK 2 分频；101：HCLK 4 分频。 110：HCLK 8 分频；111：HCLK 16 分频
位 10:8	PPRE1[2:0]：低速 APB 预分频(APB1)。 由软件置 1 或清 0 来控制低速 APB1 时钟(PCLK1)的预分频系数。 0xx：HCLK 不分频；100：HCLK 2 分频；101：HCLK 4 分频。 10：HCLK 8 分频；111：HCLK 16 分频。 注意：软件必须保证 APB1 时钟频率不超过 36 MHz
位 7:4	HPRE[3:0]：AHB 预分频。 由软件置 1 或清 0 来控制 AHB 时钟的预分频系数。 0xxx：SYSCLK 不分频；1000：SYSCLK 2 分频 1100：SYSCLK 64 分频。 1001：SYSCLK 4 分频；1101：SYSCLK 128 分频；1010：SYSCLK 8 分频。 1110：SYSCLK 256 分频；1011：SYSCLK 16 分频；1111：SYSCLK 512 分频。 注意：当 AHB 时钟的预分频系数大于 1 时，必须开启预取缓冲器
位 3:2	SWS[1:0]：系统时钟切换状态。 由硬件置 1 或清 0 来指示哪一个时钟源被作为系统时钟。 00：HSI 作为系统时钟；01：HSE 作为系统时钟；10：PLL 输出作为系统时钟；11：不可用
位 1:0	SW[1:0]：系统时钟切换。 由软件置 1 或清 0 来选择系统时钟源。 00：HSI 作为系统时钟；01：HSE 作为系统时钟；10：PLL 输出作为系统时钟；11：不可用。 在从停止或待机模式中返回时或直接或间接作为系统时钟的 HSE 出现故障时，由硬件强制选择 HSI 作为系统时钟(如果时钟安全系统已经启动)

（3）时钟中断寄存器 RCC_CIR 偏移地址：0x08；复位值：0x0000 0000。各位使用情况及相关说明如表 4.3 所示。

表 4.3 RCC_CIR 各位使用情况及相关说明

31	30	29	28	27	26	25	24	23	22	21	20	19	18	17	16
保留								CSSC	保留		PLLRDYC	HSERDYC	HSIRDYC	LSERDYC	LSIRDYC
								W			W	W	W	W	W
15	14	13	12	11	10	9	8	7	6	5	4	3	2	1	0
保留			PLLRDYIE	HSERDYIE	HSIRDYIE	LSERDYIE	LSIRDYIE	CSSF	保留		PLLRDYF	HSERDYF	HSIRDYF	LSERDYF	LSIRDYF
			RW	RW	RW	RW	RW	R			R	R	R	R	R

位 31:24	保留，始终读为 0
位 23	CSSC：清除时钟安全系统中断，由软件置 1 来清除 CSSF 安全系统中断标志位 CSSF。 0：无作用；1：清除 CSSF 安全系统中断标志位
位 22:21	保留，始终读为 0
位 20	PLLRDYC：清除 PLL 就绪中断，由软件置 1 来清除 PLL 就绪中断标志位 PLLRDYF。 0：无作用；1：清除 PLL 就绪中断标志位 PLLRDYF
位 19	HSERDYC：清除 HSE 就绪中断，由软件置 1 来清除 HSE 就绪中断标志位 HSERDYF。 0：无作用；1：清除 HSE 就绪中断标志位 HSERDYF
位 18	HSIRDYC：清除 HSI 就绪中断，由软件置 1 来清除 HSI 就绪中断标志位 HSIRDYF。 0：无作用；1：清除 HSI 就绪中断标志位 HSIRDYF
位 17	LSERDYC：清除 LSE 就绪中断，由软件置 1 来清除 LSE 就绪中断标志位 LSERDYF。 0：无作用；1：清除 LSE 就绪中断标志位 LSERDYF
位 16	LSIRDYC：清除 LSI 就绪中断，由软件置 1 来清除 LSI 就绪中断标志位 LSIRDYF。 0：无作用；1：清除 LSI 就绪中断标志位 LSIRDYF
位 15:13	保留，始终读为 0
位 12	PLLRDYIE：PLL 就绪中断使能，由软件置 1 或清 0 来使能或关闭 PLL 就绪中断。 0：PLL 就绪中断关闭；1：PLL 就绪中断使能
位 11	HSERDYIE：HSE 就绪中断使能。 由软件置 1 或清 0 来使能或关闭外部 4～16 MHz 振荡器就绪中断。 0：HSE 就绪中断关闭；1：HSE 就绪中断使能
位 10	HSIRDYIE：HSI 就绪中断使能。 由软件置 1 或清 0 来使能或关闭内部 8 MHz RC 振荡器就绪中断。 0：HSI 就绪中断关闭；1：HSI 就绪中断使能
位 9	LSERDYIE：LSE 就绪中断使能。 由软件置 1 或清 0 来使能或关闭外部 32 kHz RC 振荡器就绪中断。 0：LSE 就绪中断关闭；1：LSE 就绪中断使能
位 8	LSIRDYIE：LSI 就绪中断使能。 由软件置 1 或清 0 来使能或关闭内部 40 kHz RC 振荡器就绪中断。 0：LSI 就绪中断关闭；1：LSI 就绪中断使能
位 7	CSSF：时钟安全系统中断标志。 在外部 4～16 MHz 振荡器时钟出现故障时，由硬件置 1。由软件通过置 1CSSC 位来清除。 0：无 HSE 时钟失效产生的安全系统中断；1：HSE 时钟失效导致了时钟安全系统中断
位 6:5	保留，始终读为 0
位 4	PLLRDYF：PLL 就绪中断标志。 在 PLL 就绪且 PLLRDYIE 位被置 1 时，由硬件置 1。由软件通过置 1 PLLRDYC 位来清除。 0：无 PLL 上锁产生的时钟就绪中断；1：PLL 上锁导致时钟就绪中断
位 3	HSERDYF：HSE 就绪中断标志，在外部低速时钟就绪且 HSERDYIE 位被置 1 时，由硬件置 1。 由软件通过置“1”HSERDYC 位来清除。 0：无外部 4～16 MHz 振荡器产生的时钟就绪中断；1：外部 4～16 MHz 振荡器导致时钟就绪中断
位 2	HSIRDYF：HSI 就绪中断标志，在内部高速时钟就绪且 HSIRDYIE 位被置 1 时，由硬件置 1。 由软件通过置“1”HSIRDYC 位来清除。 0：无内部 8MHz RC 振荡器产生的时钟就绪中断；1：内部 8 MHz RC 振荡器导致时钟就绪中断

续表

位 1	LSERDYF：LSE 就绪中断标志，在外部低速时钟就绪且 LSERDYIE 位被置 1 时，由硬件置 1。由软件通过置“1”LSERDYC 位来清除。 0：无外部 32 kHz 振荡器产生的时钟就绪中断；1：外部 32 kHz 振荡器导致时钟就绪中断
位 0	LSIRDYF：LSI 就绪中断标志，在内部低速时钟就绪且 LSIRDYIE 位被置 1 时，由硬件置 1。由软件通过置“1”LSIRDYC 位来清除。 0：无内部 40 kHz RC 振荡器产生的时钟就绪中断。 1：内部 40 kHz RC 振荡器导致时钟就绪中断。

（4）APB2 外设复位寄存器 RCC_APB2RSTR 偏移地址：0x0C；复位值：0x0000 0000。各位使用情况及相关说明如表 4.4 所示。

表 4.4 RCC_APB2RSTR 各位使用情况及相关说明

31	30	29	28	27	26	25	24	23	22	21	20	19	18	17	16
保留															
15	14	13	12	11	10	9	8	7	6	5	4	3	2	1	0
ADC3RST	USART1RST	TIM8RST	SPI1RST	TIM1RST	ADC2RST	ADC1RST	IOPGRST	IOPFRST	IOPERST	IOPDRST	IOPCRST	IOPBRST	IOPARST	保留	AFIORST
RW	RW	RW	RW	RW	RW	RW	RW	RW	RW	RW	RW	RW	RW		RW

位 31:16	保留，始终读为 0
位 15	ADC3RST：ADC3 接口复位 由软件置 1 或清 0。 0：无作用；1：复位 ADC3 接口
位 14	USART1RST：USART1 复位 由软件置 1 或清 0。 0：无作用；1：复位 USART1
位 13	TIM8RST：TIM8 定时器复位，由软件置 1 或清 0。 0：无作用；1：复位 TIM8 定时器
位 12	SPI1RST：SPI1 复位，由软件置 1 或清 0。0：无作用；1：复位 SPI1
位 11	TIM1RST：TIM1 定时器复位，由软件置 1 或清 0。0：无作用；1：复位 TIM1 定时器
位 10	ADC2RST：ADC2 接口复位，由软件置 1 或清 0。0：无作用；1：复位 ADC2 接口
位 9	ADC1RST：ADC1 接口复位，由软件置 1 或清 0。0：无作用；1：复位 ADC1 接口
位 8	IOPGRST：IO 端口 G 复位，由软件置 1 或清 0。0：无作用；1：复位 IO 端口 G
位 7	IOPFRST：IO 端口 F 复位，由软件置 1 或清 0。0：无作用；1：复位 IO 端口 F
位 6	IOPERST：IO 端口 E 复位，由软件置 1 或清 0。0：无作用；1：复位 IO 端口 E
位 5	IOPDRST：IO 端口 D 复位，由软件置 1 或清 0。0：无作用；1：复位 IO 端口 D
位 4	IOPCRST：IO 端口 C 复位，由软件置 1 或清 0。0：无作用；1：复位 IO 端口 C
位 3	IOPBRST：IO 端口 B 复位，由软件置 1 或清 0。0：无作用；1：复位 IO 端口 B
位 2	IOPARST：IO 端口 A 复位，由软件置 1 或清 0。0：无作用；1：复位 IO 端口 A
位 1	保留，始终读为 0
位 0	AFIORST：辅助功能 IO 复位，由软件置 1 或清 0。0：无作用；1：复位辅助功能

（5）APB1 外设复位寄存器 RCC_APB1RSTR 偏移地址：0x10；复位值：0x0000 0000。各位使用情况及相关说明如表 4.5 所示。

表 4.5　各位使用情况及相关说明

31	30	29	28	27	26	25	24	23	22	21	20	19	18	17	16
保留		DAC RST	PWR RST	BKP RST	保留	CAN RST	保留	USB RST	I2C2 RST	I2C1 RST	UART5 RST	UART4 RST	UART3 RST	UART2 RST	保留
		RW	RW	RW		RW		RW	RW	RW	RW	RW	RW	RW	
15	14	13	12	11	10	9	8	7	6	5	4	3	2	1	0
SPI3 RST	SPI2 RST	保留		WWDG RST	保留					TIM7 RST	TIM6 RST	TIM5 RST	TIM4 RST	TIM3 RST	TIM2 RST
RW	RW			RW						RW	RW	RW	RW	RW	RW

位	说明
位 31:30	保留，始终读为 0
位 29	DACRST：DAC 接口复位，由软件置 1 或清 0。0：无作用；1：复位 DAC 接口
位 28	PWRRST：电源接口复位，由软件置 1 或清 0。0：无作用；1：复位电源接口
位 27	BKPRST：备份接口复位，由软件置 1 或清 0。0：无作用；1：复位备份接口
位 26	保留，始终读为 0
位 25	CANRST：CAN 复位，由软件置 1 或清 0。0：无作用；1：复位 CAN
位 24	保留，始终读为 0
位 23	USBRST：USB 复位，由软件置 1 或清 0。0：无作用；1：复位 USB
位 22	I2C2RST：I2C2 复位，由软件置 1 或清 0。0：无作用；1：复位 I2C 2
位 21	I2C1RST：I2C1 复位，由软件置 1 或清 0。0：无作用；1：复位 I2C 1
位 20	UART5RST：UART5 复位。 由软件置 1 或清 0。0：无作用；1：复位 UART5
位 19	UART4RST：UART4 复位，由软件置 1 或清 0。0：无作用；1：复位 UART4
位 18	USART3RST：USART3 复位，由软件置 1 或清 0。0：无作用；1：复位 USART3
位 17	USART2RST：USART2 复位，由软件置 1 或清 0。0：无作用；1：复位 USART2
位 16	保留，始终读为 0
位 15	SPI3RST SPI3 复位，由软件置 1 或清 0。0：无作用；1：复位 SPI3
位 14	SPI2RST：SPI2 复位，由软件置 1 或清 0。0：无作用；1：复位 SPI2
位 13:12	保留，始终读为 0
位 11	WWDGRST：窗口看门狗复位，由软件置 1 或清 0。0：无作用；1：复位窗口看门狗
位 10:6	保留，始终读为 0
位 5	TIM7RST：定时器 7 复位，由软件置 1 或清 0。0：无作用；1：复位 TIM7 定时器
位 4	TIM6RST：定时器 6 复位，由软件置 1 或清 0。0：无作用；1：复位 TIM6 定时器
位 3	TIM5RST：定时器 5 复位，由软件置 1 或清 0。0：无作用；1：复位 TIM5 定时器
位 2	TIM4RST：定时器 4 复位，由软件置 1 或清 0。0：无作用；1：复位 TIM4 定时器
位 1	TIM3RST：定时器 3 复位，由软件置 1 或清 0。0：无作用；1：复位 TIM3 定时器
位 0	TIM2RST：定时器 2 复位，由软件置 1 或清 0。0：无作用；1：复位 TIM2 定时器

（6）AHB 外设时钟使能寄存器 RCC_AHBENR 偏移地址：0x14；复位值：0x0000 0014。各位使用情况及相关说明如表 4.6 所示。

表 4.6　RCC_AHBENR 各位使用情况及相关说明

31	30	29	28	27	26	25	24	23	22	21	20	19	18	17	16
保留															
15	14	13	12	11	10	9	8	7	6	5	4	3	2	1	0
保留					SDIO EN	保留	FSMC EN	保留	CRC EN	保留	FLITF EN	保留	SRAM EN	DMA2 EN	DMA1 EN
					RW		RW		RW		RW		RW	RW	RW

位 31:11	保留，始终读为 0
位 10	SDIOEN：SDIO 时钟使能，由软件置 1 或清 0。0：SDIO 时钟关闭；1：SDIO 时钟开启
位 9	保留，始终读为 0
位 8	FSMCEN：FSMC 时钟使能，由软件置 1 或清 0。0：FSMC 时钟关闭；1：FSMC 时钟开启
位 7	保留，始终读为 0
位 6	CRCEN：CRC 时钟使能，由软件置 1 或清 0。0：CRC 时钟关闭；1：CRC 时钟开启
位 5	保留，始终读为 0
位 4	FLITFEN：闪存接口电路时钟使能。 由软件置 1 或清 0 来开启或关闭睡眠模式时闪存接口电路时钟。 0：睡眠模式时闪存接口电路时钟关闭；1：睡眠模式时闪存接口电路时钟开启
位 3	保留，始终读为 0
位 2	SRAMEN：SRAM 时钟使能。 由软件置 1 或清 0 来开启或关闭睡眠模式时 SRAM 时钟。 0：睡眠模式时 SRAM 时钟关闭；1：睡眠模式时 SRAM 时钟开启
位 1	DMA2EN：DMA2 时钟使能。 由软件置 1 或清 0。0：DMA2 时钟关闭；1：DMA2 时钟开启
位 0	DMA1EN：DMA1 时钟使能。 由软件置 1 或清 0。0：DMA1 时钟关闭；1：DMA1 时钟开启

（7）APB2 外设时钟使能寄存器 RCC_APB2ENR 偏移地址：0x18；复位值：0x0000 0000。各位使用情况及相关说明如表 4.7 所示。

表 4.7　RCC_APB2ENR 各位使用情况及相关说明

31	30	29	28	27	26	25	24	23	22	21	20	19	18	17	16
保留															
15	14	13	12	11	10	9	8	7	6	5	4	3	2	1	0
ADC3 EN	USART 1EN	TIM8 EN	SPI1 EN	TIM1 EN	ADC2 EN	ADC1 EN	IOPG EN	IOPF EN	IOPE EN	IOPD EN	IOPC EN	IOPB EN	IOPA EN	保留	AFIO EN
RW	RW	RW	RW	RW	RW	RW	RW	RW	RW	RW	RW	RW	RW		RW

位 31:16	保留，始终读为 0
位 15	ADC3EN：ADC3 接口时钟使能。 由软件置 1 或清 0。0：ADC3 接口时钟关闭；1：ADC3 接口时钟开启
位 14	USART1EN：USART1 时钟使能。 由软件置 1 或清 0。0：USART1 时钟关闭；1：USART1 时钟开启
位 13	TIM8EN：TIM8 定时器时钟使能。 由软件置 1 或清 0。0：TIM8 定时器时钟关闭；1：TIM8 定时器时钟开启
位 12	SPI1EN：SPI1 时钟使能，由软件置 1 或清 0。0：SPI1 时钟关闭；1：SPI1 时钟开启

续表

位 11	TIM1EN：TIM1 定时器时钟使能。 由软件置 1 或清 0。0：TIM1 定时器时钟关闭；1：TIM1 定时器时钟开启
位 10	ADC2EN：ADC2 接口时钟使能。 由软件置 1 或清 0。0：ADC2 接口时钟关闭；1：ADC2 接口时钟开启
位 9	ADC1EN：ADC1 接口时钟使能。 由软件置 1 或清 0。0：ADC1 接口时钟关闭；1：ADC1 接口时钟开启
位 8	IOPGEN：IO 端口 G 时钟使能。 由软件置 1 或清 0。0：IO 端口 G 时钟关闭；1：IO 端口 G 时钟开启
位 7	IOPFEN：IO 端口 F 时钟使能。 由软件置 1 或清 0。0：IO 端口 F 时钟关闭；1：IO 端口 F 时钟开启
位 6	IOPEEN：IO 端口 E 时钟使能。 由软件置 1 或清 0。0：IO 端口 E 时钟关闭；1：IO 端口 E 时钟开启
位 5	IOPDEN：IO 端口 D 时钟使能。 由软件置 1 或清 0。0：IO 端口 D 时钟关闭；1：IO 端口 D 时钟开启
位 4	IOPCEN：IO 端口 C 时钟使能。 由软件置 1 或清 0。0：IO 端口 C 时钟关闭；1：IO 端口 C 时钟开启
位 3	IOPBEN：IO 端口 B 时钟使能。 由软件置 1 或清 0。0：IO 端口 B 时钟关闭；1：IO 端口 B 时钟开启
位 2	IOPAEN：IO 端口 A 时钟使能。 由软件置 1 或清 0。0：IO 端口 A 时钟关闭；1：IO 端口 A 时钟开启
位 1	保留，始终读为 0
位 0	AFIOEN：辅助功能 IO 时钟使能。 由软件置 1 或清 0。0：辅助功能 IO 时钟关闭；1：辅助功能 IO 时钟开启

（8）APB1 外设时钟使能寄存器 RCC_APB1ENR 偏移地址：0x1C；复位值：0x0000 0000。各位使用情况及相关说明如表 4.8 所示。

表 4.8　RCC_APB1ENR 各位使用情况及相关说明

31	30	29	28	27	26	25	24	23	22	21	20	19	18	17	16
保留		DAC EN	PWR EN	BKP EN	保留	CAN EN	保留	USB EN	I2C2 EN	I2C1 EN	UART5 EN	UART4 EN	UART3 EN	UART2 EN	保留
		RW	RW	RW		RW		RW	RW	RW	RW	RW	RW	RW	
15	14	13	12	11	10	9	8	7	6	5	4	3	2	1	0
SPI3 EN	SPI2 EN	保留		WWD GEN	保留					TIM7 EN	TIM6 EN	TIM5 EN	TIM4 EN	TIM3 EN	TIM2 EN
RW	RW			RW						RW	RW	RW	RW	RW	RW

位 31:30	保留，始终读为 0
位 29	DACEN: DAC 接口时钟使能。 由软件置 1 或清 0。0：DAC 接口时钟关闭；1：DAC 接口时钟开启
位 28	PWREN：电源接口时钟使能。 由软件置 1 或清 0。0：电源接口时钟关闭；1：电源接口时钟开启
位 27	BKPEN：备份接口时钟使能。 由软件置 1 或清 0。0：备份接口时钟关闭；1：备份接口时钟开启
位 26	保留，始终读为 0
位 25	CANEN：CAN 时钟使能，由软件置 1 或清 0。0：CAN 时钟关闭；1：CAN 时钟开启

续表

位 24	保留，始终读为 0
位 23	USBEN：USB 时钟使能，由软件置 1 或清 0。0：USB 时钟关闭；1：USB 时钟开启
位 22	I2C2EN：I2C 2 时钟使能，由软件置 1 或清 0。0：I2C 2 时钟关闭；1：I2C 2 时钟开启
位 21	I2C1EN：I2C 1 时钟使能，由软件置 1 或清 0。0：I2C 1 时钟关闭；1：I2C 1 时钟开启
位 20	UART5EN：UART5 时钟使能。 由软件置 1 或清 0。0：UART5 时钟关闭；1：UART5 时钟开启
位 19	UART4EN：UART4 时钟使能。 由软件置 1 或清 0。0：UART4 时钟关闭；1：UART4 时钟开启
位 18	USART3EN：USART3 时钟使能。 由软件置 1 或清 0。0：USART3 时钟关闭；1：USART3 时钟开启
位 17	USART2EN：USART2 时钟使能。 由软件置 1 或清 0。0：USART2 时钟关闭；1：USART2 时钟开启
位 16	保留，始终读为 0
位 15	SPI3EN：SPI 3 时钟使能，由软件置 1 或清 0。0：SPI 3 时钟关闭；1：SPI 3 时钟开启
位 14	SPI2EN：SPI 2 时钟使能。 由软件置 1 或清 0。0：SPI 2 时钟关闭；1：SPI 2 时钟开启
位 13:12	保留，始终读为 0
位 11	WWDGEN：窗口看门狗时钟使能。 由软件置 1 或清 0。0：窗口看门狗时钟关闭；1：窗口看门狗时钟开启
位 10:6	保留，始终读为 0
位 5	TIM7EN：定时器 7 时钟使能。 由软件置 1 或清 0。0：定时器 7 时钟关闭；1：定时器 7 时钟开启
位 4	TIM6EN：定时器 6 时钟使能。 由软件置 1 或清 0。0：定时器 6 时钟关闭；1：定时器 6 时钟开启
位 3	TIM5EN：定时器 5 时钟使能。 由软件置 1 或清 0。0：定时器 5 时钟关闭；1：定时器 5 时钟开启
位 2	TIM4EN：定时器 4 时钟使能。 由软件置 1 或清 0。0：定时器 4 时钟关闭；1：定时器 4 时钟开启
位 1	TIM3EN：定时器 3 时钟使能。 由软件置 1 或清 0。0：定时器 3 时钟关闭；1：定时器 3 时钟开启
位 0	TIM2EN：定时器 2 时钟使能。 由软件置 1 或清 0。0：定时器 2 时钟关闭；1：定时器 2 时钟开启

（9）备份域控制寄存器 RCC_BDCR 偏移地址：0x20；复位值：0x0000 0000。各位使用情况及相关说明如表 4.9 所示。

表 4.9　RCC_BDCR

31	30	29	28	27	26	25	24	23	22	21	20	19	18	17	16
保留															BDRST
															RW
15	14	13	12	11	10	9	8	7	6	5	4	3	2	1	0
RTCEN	保留					RTCSEL[1:0]		保留					LSEBYP	LSERDY	LSEON
RW						RW	RW						RW	R	RW

位 31:17	保留，始终读为 0
位 16	BDRST：备份域软件复位，由软件置 1 或清 0。0：复位未激活；1：复位整个备份域
位 15	RTCEN：RTC 时钟使能，由软件置 1 或清 0。0：RTC 时钟关闭；1：RTC 时钟开启

续表

位 14:10	保留，始终读为 0
位 9:8	RTCSEL[1:0]：RTC 时钟源选择。 00：无时钟。01：LSE 振荡器作为 RTC 时钟；10：LSI 振荡器作为 RTC 时钟。 11：HSE 振荡器在 128 分频后作为 RTC 时钟。 由软件设置来选择 RTC 时钟源。一旦 RTC 时钟源被选定，直到下次后备域被复位，它不能在被改变。可通过设置 BDRST 位来清除
位 7:3	保留，始终读为 0
位 2	LSEBYP：外部低速时钟振荡器旁路。0：LSE 时钟未被旁路；1：LSE 时钟被旁路 在调试模式下由软件置 1 或清 0 来旁路 LSE。只有在外部 32 kHz 振荡器关闭时，才能写入该位
位 1	LSERDY：外部低速 LSE 就绪。0：外部 32 kHz 振荡器未就绪；1：外部 32 kHz 振荡器就绪。 由硬件置 1 或清 0 来指示是否外部 32 kHz 振荡器就绪。在 LSEON 被清零后，该位需要 6 个外部低速振荡器的周期才被清零
位 0	LSEON：外部低速振荡器使能。 由软件置 1 或清 0。0：外部 32kHz 振荡器关闭；1：外部 32kHz 振荡器开启

注意：

备份域控制寄存器(RCC_BDCR)中的 LSEON、LSEBYP、RTCSEL 和 RTCEN 位处于备份域。因此，这些位在复位后处于写保护状态，只有在电源控制寄存器(PWR_CR)中的 DBP 位置 1 后才能对这些位进行改动。这些位只能由备份域复位清除。任何内部或外部复位都不会影响这些位。

（10）控制/状态寄存器 RCC_CSR 偏移地址：0x24；复位值：0x0000 0000。各位使用情况及相关说明如表 4.10 所示。

表 4.10　RCC_CSR 各位使用情况及相关说明

31	30	29	28	27	26	25	24	23	22	21	20	19	18	17	16
LPWRRSTF	WWDGRSTF	IWDGRSTF	SFTRSTF	PORRSTF	PINRSTF	保留	RMVF	保留							
RW	RW	RW	RW	RW	RW		RW								
15	14	13	12	11	10	9	8	7	6	5	4	3	2	1	0
保留														LSIRDY	LSION
														R	RW

位 31	LPWRRSTF：低功耗复位标志。 在低功耗管理复位发生时由硬件置 1；由软件通过写 RMVF 位清除。 0：无低功耗管理复位发生；1：发生低功耗管理复位
位 30	WWDGRSTF：窗口看门狗复位标志。 在窗口看门狗复位发生时由硬件置 1；由软件通过写 RMVF 位清除。 0：无窗口看门狗复位发生；1：发生窗口看门狗复位
位 29	IWDGRSTF：独立看门狗复位标志。 在独立看门狗复位发生在 VDD 区域时由硬件置 1；由软件通过写 RMVF 位清除。 0：无独立看门狗复位发生；1：发生独立看门狗复位
位 28	SFTRSTF：软件复位标志。在软件复位发生时由硬件置 1；由软件通过写 RMVF 位清除 0：无软件复位发生；1：发生软件复位

续表

位 27	PORRSTF：上电/掉电复位标志。 在上电/掉电复位发生时由硬件置 1；由软件通过写 RMVF 位清除。 0：无上电/掉电复位发生；1：发生上电/掉电复位
位 26	PINRSTF：NRST 引脚复位标志。 在 NRST 引脚复位发生时由硬件置 1；由软件通过写 RMVF 位清除。 0：无 NRST 引脚复位发生；1：发生 NRST 引脚复位
位 25	保留，读操作返回 0
位 24	RMVF：清除复位标志 由软件置 1 来清除复位标志。0：无作用；1：清除复位标志
位 23:2	保留，读操作返回 0
位 1	LSIRDY：内部低速振荡器就绪。 由硬件置 1 或清 0 来指示内部 40 kHz RC 振荡器是否就绪。在 LSION 清零后，3 个内部 40 kHz RC 振荡器的周期后 LSIRDY 被清零。 0：内部 40kHz RC 振荡器时钟未就绪；1：内部 40kHz RC 振荡器时钟就绪
位 0	LSION：内部低速振荡器使能。 由软件置 1 或清 0。0：内部 40 kHz RC 振荡器关闭；1：内部 40 kHz RC 振荡器开启

4.3 系统时钟配置寄存器例程

STM32 单片机的复位和时钟设置：共包括 10 个设置寄存器。

（1）一个 32 位的时钟控制寄存器(RCC_CR)。

（2）一个 32 位的时钟配置寄存器(RCC_CFGR)。

（3）一个 32 位的时钟中断寄存器(RCC_CIR)。

（4）一个 32 位的 APB2 外设复位寄存器(RCC_APB2RSTR)。

（5）一个 32 位的 APB1 外设复位寄存器(RCC_APB1RSTR)。

（6）一个 32 位的 AHB 外设时钟使能寄存器(RCC_AHBENR)。

（7）一个 32 位的 APB2 外设时钟使能寄存器(RCC_APB2ENR)。

（8）一个 32 位的 APB1 外设时钟使能寄存器(RCC_APB1ENR)。

（9）一个 32 位的备份域控制寄存器(RCC_BDCR)。

（10）一个 32 位的控制/状态寄存器(RCC_CSR)。

编程时，时钟的具体配置是从 RCC（Reset and Clock Configuration，复位和时钟配置）寄存器组开始。以下代码是 M3 系统上电复位时初始化系统时钟的一个示例代码：

Stm32_Clock_Init()系统时钟初始化函数，其中 PLL 为选择的倍频数，从 2 开始，最大值为 16。

```
void Stm32_Clock_Init(u8 PLL)
{
unsigned char temp=0;
MYRCC_DeInit();                //复位并配置向量表
RCC->CR|=0x00010000;           //外部高速时钟使能 HSEON
while(!(RCC->CR>>17));         //等待外部时钟就绪
RCC->CFGR=0X00000400;          //APB1=DIV2;APB2=DIV1;AHB=DIV1;
PLL-=2;                        //抵消 2 个单位
```

```
RCC->CFGR|=PLL<<18;          //设置 PLL 值 2~16
RCC->CFGR|=1<<16;            //PLLSRC ON
FLASH->ACR|=0x32;            //FLASH 2 个延时周期

RCC->CR|=0x01000000;         //PLLON
while(!(RCC->CR>>25));       //等待 PLL 锁定
RCC->CFGR|=0x00000002;       //PLL 作为系统时钟
while(temp!=0x02)            //等待 PLL 作为系统时钟设置成功
{
    temp=RCC->CFGR>>2;
    temp&=0x03;
}
}
```

MYRCC_DeInit()把所有时钟寄存器复位，不能在这里执行所有外设复位，否则至少引起串口不工作。

```
void MYRCC_DeInit(void)
{
RCC->APB1RSTR=0x00000000;        //复位结束
RCC->APB2RSTR=0x00000000;

    RCC->AHBENR=0x00000014;      //睡眠模式闪存和 SRAM 时钟使能，其他关闭
    RCC->APB2ENR=0x00000000;     //外设时钟关闭
    RCC->APB1ENR=0x00000000;
RCC->CR|=0x00000001;             //使能内部高速时钟 HSION

RCC->CFGR&=0xF8FF0000;
   //复位 SW[1:0],HPRE[3:0],PPRE1[2:0],PPRE2[2:0],ADCPRE[1:0],MCO[2:0]

RCC->CR&=0xFEF6FFFF;             //复位 HSEON、CSSON、PLLON
RCC->CR&=0xFFFBFFFF;             //复位 HSEBYP
RCC->CFGR&=0xFF80FFFF;
                                 //复位 PLLSRC、PLLXTPRE、PLLMUL[3:0]和 USBPRE
RCC->CIR=0x00000000;             //关闭所有中断
//配置向量表
#ifdef  VECT_TAB_RAM
MY_NVIC_SetVectorTable(NVIC_VectTab_RAM, 0x0);
#else
MY_NVIC_SetVectorTable(NVIC_VectTab_FLASH, 0x0);
#endif
}
//THUMB 指令不支持汇编内联
//采用如下方法实现执行汇编指令 WFI
__asm void WFI_SET(void)
{
   WFI;
}
```

Sys_Standby 进入待机模式。

```
void Sys_Standby(void)
```

```
{
SCB->SCR|=1<<2;//使能 SLEEPDEEP 位 (SYS->CTRL)
    RCC->APB1ENR|=1<<28;            //使能电源时钟
    PWR->CSR|=1<<8;                 //设置 WKUP 用于唤醒
PWR->CR|=1<<2;                      //清除 Wake-up 标志
PWR->CR|=1<<1;                      //PDDS 置位
WFI_SET();                          //执行 WFI 指令
}
void Sys_Soft_Reset(void)
{
   SCB->AIRCR=0X05FA0000|(u32)0x04;
}
```

JTAG_Set()函数 JTAG 模式设置，用于设置 JTAG 的模式，形参 mode:JTAG 和 SWD 模式设置；00—全使能；01—使能 SWD；10—全关闭。

```
void JTAG_Set(u8 mode)
{
   u32 temp;
   temp=mode;
   temp<<=25;
   RCC->APB2ENR|=1<<0;              //开启辅助时钟
   AFIO->MAPR&=0XF8FFFFFF;          //清除 MAPR 的[26:24]
   AFIO->MAPR|=temp;                //设置 JTAG 模式
}
```

4.4 主要 RCC 库函数介绍

在固件库中，stm32f10x_map.h 中用结构体 RCC_TypeDef 定义 RCC 寄存器组，定义如下：

```
typedef struct
{
  vu32 CR;
  vu32 CFGR;
  vu32 CIR;
  vu32 APB2RSTR;
  vu32 APB1RSTR;
  vu32 AHBENR;
  vu32 APB2ENR;
  vu32 APB1ENR;
  vu32 BDCR;
  vu32 CSR;
} RCC_TypeDef;
```

1. 函数 RCC_DeInit()

功能描述：将外设 RCC 寄存器重设为默认值。例如：

```
RCC_DeInit();
```

（1）该函数不改动寄存器 RCC_CR 的 HSITRIM[4:0]位。

（2）该函数不重置寄存器RCC_BDCR和寄存器RCC_CSR。

2. 函数 RCC_HSEConfig()

功能描述：设置外部高速晶振（HSE）。例如：

RCC_HSEConfig(RCC_HSE_ON);

RCC_HSE 参数设置了 HSE 的状态。

RCC_HSE_OFF：HSE 晶振 OFF。

RCC_HSE_ON：HSE 晶振 ON。

RCC_HSE_Bypass：HSE 晶振被外部时钟旁路。

3. 函数 RCC_WaitForHSEStartUp()

功能描述：等待 HSE 起振，该函数将等待直到 HSE 就绪，或者在超时的情况下退出。例如：

```
ErrorStatus HSEStartUpStatus;
RCC_HSEConfig(RCC_HSE_ON); /* Enable HSE */
HSEStartUpStatus=RCC_WaitForHSEStartUp();/* 等待 HSE 就绪，如果超时就退出 */
if(HSEStartUpStatus==SUCCESS)
{
/* 这里把 PLL 作为时钟配置 */
}
else
{
/* 如果不成功，则添加代码进行处理 */
}
```

4. 函数 RCC_AdjustHSICalibrationValue()

功能描述：调整内部高速晶振（HSI）校准值。例如：

```
RCC_AdjustHSICalibrationValue(0x1F);
```

5. 函数 RCC_HSICmd()

功能描述：使能或者失能内部高速晶振（HSI）。例如：

```
RCC_HSICmd(ENABLE);
```

6. 函数 RCC_PLLConfig()

功能描述：设置 PLL 时钟源及倍频系数。例如：

```
RCC_PLLConfig(RCC_PLLSource_HSE_Div1, RCC_PLLMul_9);
```

警告：必须正确设置软件，使 PLL 输出时钟频率不超过 72 MHz。

RCC_PLLSource：用以设置 PLL 的输入时钟源。具体如下：

RCC_PLLSource_HSI_Div2	PLL 的输入时钟=HSI 时钟频率除以 2
RCC_PLLSource_HSE_Div1	PLL 的输入时钟=HSE 时钟频率
RCC_PLLSource_HSE_Div2	PLL 的输入时钟=HSE 时钟频率除以 2

RCC_PLLMul 参数：用以设置 PLL 的倍频系数。

```
RCC_PLLMul_a: PLL 输入时钟 x a;
```

7. 函数 RCC_PLLCmd()

功能描述：使能或者失能 PLL。例如：

```
RCC_PLLCmd(ENABLE);
```

8．函数 RCC_SYSCLKConfig()

功能描述：设置系统时钟（SYSCLK）。例如：

```
RCC_SYSCLKConfig(RCC_SYSCLKSource_PLLCLK);
```

RCC_SYSCLKSource 参数：设置了系统时钟。具体如下：

RCC_SYSCLKSource_HSI	选择 HSI 作为系统时钟
RCC_SYSCLKSource_HSE	选择 HSE 作为系统时钟
RCC_SYSCLKSource_PLLCLK	选择 PLL 作为系统时钟

9．函数 RCC_GetSYSCLKSource()

功能描述：返回用作系统时钟的时钟源。例如：

```
if(RCC_GetSYSCLKSource()!= 0x04) /* 测试HSE是否已经作为系统时钟 */
{
}
else
{
}
```

返回值用作系统时钟的时钟源，0x00：HSI 作为系统时钟；0x04：HSE 作为系统时钟；0x08：PLL 作为系统时钟。

10．函数 RCC_HCLKConfig()

功能描述：设置 AHB 时钟（HCLK）。例如：

```
/* 配置 HCLK，例如HCLK=SYSCLK */
RCC_HCLKConfig(RCC_SYSCLK_Div1);
```

RCC_SYSCLK_DiV1 参数为 RCC_HCLK 表示设置了 AHB 时钟。具体如下：

RCC_SYSCLK_Div1	系统时钟/1	RCC_SYSCLK_Div64	系统时钟/64
RCC_SYSCLK_Div2	系统时钟/2	RCC_SYSCLK_Div128	系统时钟/128
RCC_SYSCLK_Div4	系统时钟/4	RCC_SYSCLK_Div256	系统时钟/256
RCC_SYSCLK_Div8	系统时钟/8	RCC_SYSCLK_Div512	系统时钟/512
RCC_SYSCLK_Div16	系统时钟/16		

11．函数 RCC_PCLK1Config()

功能描述：设置低速 AHB 时钟（PCLK1）。例如：

```
RCC_PCLK1Config(RCC_HCLK_Div2);
```

其中的 RCC_PCLK1 参数：设置了低速 AHB 时钟（PCLK1）。具体如下：

RCC_HCLK_Div1	HCLK/1	RCC_HCLK_Div2	HCLK/2
RCC_HCLK_Div4	HCLK/4	RCC_HCLK_Div8	HCLK/8
RCC_HCLK_Div16	HCLK/16		

12．函数 RCC_PCLK2Config()

功能描述：设置高速 AHB 时钟（PCLK2）。例如：

```
RCC_PCLK2Config(RCC_HCLK_Div1);
```

其中的 RCC_PCLK2 参数设置了高速 AHB 时钟（PCLK2）。具体如下：

RCC_HCLK_Div1	HCLK /1	RCC_HCLK_Div2	HCLK / 2
RCC_HCLK_Div4	HCLK / 4	RCC_HCLK_Div8	HCLK / 8
RCC_HCLK_Div16	HCLK / 16		

13．函数 RCC_ITConfig()

功能描述：使能或者失能指定的 RCC 中断。例如：

```
RCC_ITConfig(RCC_IT_PLLRDY, ENABLE);
```

RCC_ITConfig 输入参数 RCC_IT 使能或者失能 RCC 的中断。具体如下：

RCC_IT_LSIRDY	LSI 就绪中断	RCC_IT_HSIRDY	HSI 就绪中断
RCC_IT_LSERDY	LSE 就绪中断	RCC_IT_HSERDY	HSE 就绪中断
RCC_IT_PLLRDY	PLL 就绪中断		

14．函数 RCC_ADCCLKConfig()

功能描述：设置 ADC 时钟（ADCCLK）。例如：

```
RCC_ADCCLKConfig(RCC_PCLK2_Div2);
```

RCC_ADCCLKConfig 参数设置了 ADC 时钟（ADCCLK）。具体如下：

RCC_PCLK2_Div2	PCLK / 2	RCC_PCLK2_Div6	PCLK / 6
RCC_PCLK2_Div4	PCLK / 4	RCC_PCLK2_Div8	PCLK / 8

15．函数 RCC_LSEConfig()

功能描述：设置外部低速晶振（LSE）。例如

```
RCC_LSEConfig(RCC_LSE_ON); /*使能 LSE */
```

RCC_LSE：该参数设置了 HSE 的状态。

RCC_LSE_OFF：LSE 晶振 OFF。

RCC_LSE_ON：LSE 晶振 ON。

RCC_LSE_Bypass：LSE 晶振被外部时钟旁路。

16．函数 RCC_LSICmd()

功能描述：使能或者失能内部低速晶振（LSI）。例如：

```
RCC_LSICmd(ENABLE);
```

17．函数 RCC_RTCCLKConfig()

功能描述：设置 RTC 时钟（RTCCLK）。例如：

```
RCC_RTCCLKConfig(RCC_RTCCLKSource_LSE);
```

RCC_RTCCLKSource：该参数设置了 RTC 时钟（RTCCLK）。

RCC_RTCCLKSource_LSE：选择 LSE 作为 RTC 时钟。

RCC_RTCCLKSource_LSI：选择 LSI 作为 RTC 时钟。

RCC_RTCCLKSource_HSE_Div128：选择 HSE 时钟频率除以 128 作为 RTC 时钟。

18．函数RCC_RTCCLKCmd()

功能描述：使能或者失能RTC时钟。例如：

```
RCC_RTCCLKCmd(ENABLE);
```

19．函数RCC_AHBPeriphClockCmd()

功能描述：使能或者失能AHB外设时钟。例如：

```
RCC_AHBPeriphClockCmd(RCC_AHBPeriph_DMA);
```

RCC_AHBPeriph：该参数是被门控的AHB外设时钟，可以取下面的一个或者多个取值的组合作为该参数的值。

RCC_AHBPeriph_DMA：DMA时钟。

RCC_AHBPeriph_SRAM：SRAM时钟。

RCC_AHBPeriph_FLITF：FLITF时钟。

20．函数RCC_APB2PeriphClockCmd()

功能描述：使能或者失能APB2外设时钟。例如：

```
RCC_APB2PeriphClockCmd(RCC_APB2Periph_GPIOA|RCC_APB2Periph_GPIOB|
    RCC_APB2Periph_SPI1, ENABLE);
```

RCC_APB2Periph：该参数是被门控的APB2外设时钟，可以取下表的一个或者多个取值的组合作为该参数的值。

RCC_APB2Periph_AFIO	功能复用IO时钟	RCC_APB2Periph_GPIOA	GPIOA时钟
RCC_APB2Periph_GPIOB	GPIOB时钟	RCC_APB2Periph_GPIOC	GPIOC时钟
RCC_APB2Periph_GPIOD	GPIOD时钟	RCC_APB2Periph_GPIOE	GPIOE时钟
RCC_APB2Periph_ADC1	ADC1时钟	RCC_APB2Periph_ADC2	ADC2时钟
RCC_APB2Periph_TIM1	TIM1时钟	RCC_APB2Periph_SPI1	SPI1时钟
RCC_APB2Periph_USART1	USART1时钟	RCC_APB2Periph_ALL	全部APB2外设时钟

21．函数RCC_APB1PeriphClockCmd()

功能描述：使能或者失能APB1外设时钟。例如：

```
RCC_APB1PeriphClockCmd(RCC_APB1Periph_BKP | RCC_APB1Periph_PWR, ENABLE);
```

RCC_APB1Periph：该参数是被门控的APB1外设时钟，可以取下表的一个或者多个取值的组合作为该参数的值。

RCC_APB1Periph_TIM2	TIM2时钟	RCC_APB1Periph_TIM3	TIM3时钟
RCC_APB1Periph_TIM4	TIM4时钟	RCC_APB1Periph_WWDG	WWDG时钟
RCC_APB1Periph_SPI2	SPI2时钟	RCC_APB1Periph_CAN	CAN时钟
RCC_APB1Periph_USART2	USART2时钟	RCC_APB1Periph_I2C1	I2C1时钟
RCC_APB1Periph_USART3	USART3时钟	RCC_APB1Periph_USB	USB时钟
RCC_APB1Periph_I2C2	I2C2时钟		

22．函数RCC_APB2PeriphResetCmd()

功能描述：强制或者释放高速APB（APB2）外设复位。例如：

```
/* 进入SPI1外设进行复位 */
RCC_APB2PeriphResetCmd(RCC_APB2Periph_SPI1, ENABLE);
```

```
/* 退出 SPI1 外设复位 */
RCC_APB2PeriphResetCmd(RCC_APB2Periph_SPI1, DISABLE);
```

23. 函数 RCC_APB1PeriphResetCmd()

功能描述：强制或者释放低速 APB（APB1）外设复位。例如：

```
/* 进入 SPI2 外设进行复位 */
RCC_APB1PeriphResetCmd(RCC_APB1Periph_SPI2, ENABLE);
/* 退出 SPI2 外设复位 */
RCC_APB1PeriphResetCmd(RCC_APB1Periph_SPI2, DISABLE);
```

24. 函数 RCC_BackupResetCmd()

功能描述：强制或者释放后备域复位。例如：

```
RCC_BackupResetCmd(ENABLE); /* 重置整个备份域 */
```

25. 函数 RCC_ClockSecuritySystemCmd()

功能描述：使能或者失能时钟安全系统。例如：

```
RCC_ClockSecuritySystemCmd(ENABLE); /* 使能时钟安全系统 */
```

26. 函数 RCC_GetFlagStatus()

功能描述：检查指定的 RCC 标志位设置与否。例如：

```
/* 测试 PLL 时钟是否就绪 */
FlagStatus Status;
Status=RCC_GetFlagStatus(RCC_FLAG_PLLRDY);
if(Status==RESET)
{
   ...
}
else
```

RCC_FLAG 给出了所有可以被函数 RCC_GetFlagStatus()检查的标志位列表。具体如下：

RCC_FLAG_HSIRDY	HSI 晶振就绪	RCC_FLAG_HSERDY	HSE 晶振就绪
RCC_FLAG_PLLRDY	PLL 就绪	RCC_FLAG_LSERDY	LSI 晶振就绪
RCC_FLAG_LSIRDY	LSE 晶振就绪	RCC_FLAG_PINRST	引脚复位
RCC_FLAG_PORRST	POR/PDR 复位	RCC_FLAG_SFTRST	软件复位
RCC_FLAG_IWDGRST I	WDG 复位	RCC_FLAG_WWDGRST	WWDG 复位
RCC_FLAG_LPWRRST	低功耗复位		

27. 函数 RCC_ClearFlag()

功能描述：清除 RCC 的复位标志位。例如：

```
RCC_ClearFlag();
```

对系统时钟的配置通常写为一个复位和时钟设置函数，首先是宏定义：

```
#define   RCC ((RCC_TypeDef *) RCC_BASE)
```

该宏定义的功能：在程序中，所有写 RCC 的地方，编译器的预处理程序，都将它替换为：(RCC_TypeDef *)0x40021000。

复位和时钟设置函数 RCC_Configuration 如下：

```
void RCC_Configuration(void)
{
```

```
/*将外设 RCC 寄存器组重新设置为默认值，即复位。RCC 系统复位*/
  RCC_DeInit();
  /*打开外部高速时钟晶振 HSE，使能 HSE*/
  RCC_HSEConfig(RCC_HSE_ON);
 /*等待 HSE 外部高速时钟晶振稳定，或者在超时的情况下退出，等待直到 HSE 已经准备好*/
  HSEStartUpStatus=RCC_WaitForHSEStartUp();
  if(HSEStartUpStatus==SUCCESS)    // SUCCESS:  HSE 晶振稳定就绪
 {
  /*设置 AHB 时钟=SYSCLK=48 MHz ,  HCLK(即 AHB 时钟)=SYSCLK */
    RCC_HCLKConfig(RCC_SYSCLK_Div1);
  /*设置高速 PCLK2 时钟(即 APB2 clock)==AHB 时钟/2=24 MHz, PCLK2=HCLK/2 */
    RCC_PCLK2Config(RCC_HCLK_Div2);
  /*设置低速 PCLK1 时钟(即 APB1 clock)= AHB 时钟/4=12 MHz , PCLK1=HCLK/4 */
    RCC_PCLK1Config(RCC_HCLK_Div4); //RCC_HCLK_Div4: APB1 clock=HCLK/
                                     //4=12MHz,此处不同于鸥鹏公司的程序(=36MHz)
    /*设置 Flash 延时时钟周期数: 为 2 */
    FLASH_SetLatency(FLASH_Latency_2);
    /* Enable Flash Prefetch Buffer 预取指令指令缓冲区，这 2 句与 RCC 没有关系 */
    FLASH_PrefetchBufferCmd(FLASH_PrefetchBuffer_Enable);
    /* 利用锁相环将 HSE 外部 8MHz 晶振 6 倍频到 48 MHz。PLLCLK=8MHz*6=48 MHz */
    RCC_PLLConfig(RCC_PLLSource_HSE_Div1,RCC_PLLMul_6);//PLLCLK=8MHz*6
                                                      //=48 MHz
    /* 使能 PLL */
    RCC_PLLCmd(ENABLE);
    /* 等待直到 PLL 准备好，等待锁相环 输出稳定 */
    while(RCC_GetFlagStatus(RCC_FLAG_PLLRDY)==RESET)
    {
    }
    /* Select PLL as system clock source */
    RCC_SYSCLKConfig(RCC_SYSCLKSource_PLLCLK);  //选择 PLLCLK 作为 SYSCLK,
                                                //所以 SYSCLK 为 48 MHz
    /* 等待直到 PLL 作为系统的时钟为 PLL*/
    while(RCC_GetSYSCLKSource()!=0x08)
    {
    }
  }
  /* 使能外备时钟 -----------------------------------------*/
  /* GPIOA, GPIOB 和 SPI1 时钟使能*/
  RCC_APB2PeriphClockCmd(RCC_APB2Periph_GPIOA| RCC_APB2Periph_GPIOB |
    RCC_APB2Periph_SPI1, ENABLE);
  /* 使能 GPIOC, GPIOD 时钟*/
  RCC_APB2PeriphClockCmd(RCC_APB2Periph_GPIOC|RCC_APB2Periph_GPIOD,ENABLE);
}
```

第 5 章　向量中断控制器

M3 芯片支持多种类型的中断，每个中断都可以设置相应的优先级，而优先级又分抢占优先级和子优先级，在第 1 章中，只是初步了解了一下 M3 内核的异常情况，本章将详细地讲解 STM32F103 小、中、大容量非互联型芯片异常的类型、优先级以及向量表和向量中断控制寄存器。

5.1　处理器模式

ARM Cortex-M3 支持 2 个模式和两个特权等级。如图 5.1 所示，在嵌入式系统应用程序中，程序代码涉及异常服务程序代码和非异常服务程序代码，这些代码可以工作在处理器特权级，也可以工作在用户级，但有区别。当处理器处在线程模式下时，既可以使用特权级，也可以使用用户级；另一方面，Handler 模式总是特权级的。在复位后，处理器进入线程模式 + 特权级。

	特权级	用户级
异常 Handler 的代码	Handler 模式	错误的用法
主应用程序的代码	线程模式	线程模式

图 5.1　操作模式和特权等级

在线程模式 + 用户级下，对系统控制空间（SCS，0xE000E000 ~ 0xE000EFFF，包括 NVIC、SysTick、MPU 以及代码调试控制所用的寄存器）的访问将被禁止。除此之外，还禁止使用 MRS/MSR 访问，除了 APSR 之外的特殊功能寄存器。如果操作，则对于访问特殊功能寄存器的，访问操作被忽略；而对于访问 SCS 空间的，将产生错误。

在特权级下不管是任何原因产生了任何异常，处理器都将以特权级来运行其服务例程，异常返回后，系统将回到产生异常时所处的级别，同时特权级也可通过置位 CONTROL[0]来进入用户级。用户级下的代码不能再试图修改 CONTROL[0]来回到特权级。它必须通过一个异常 Handler 来修改 CONTROL[0]，才能在返回到线程模式后进入特权级，如图 5.2 所示。

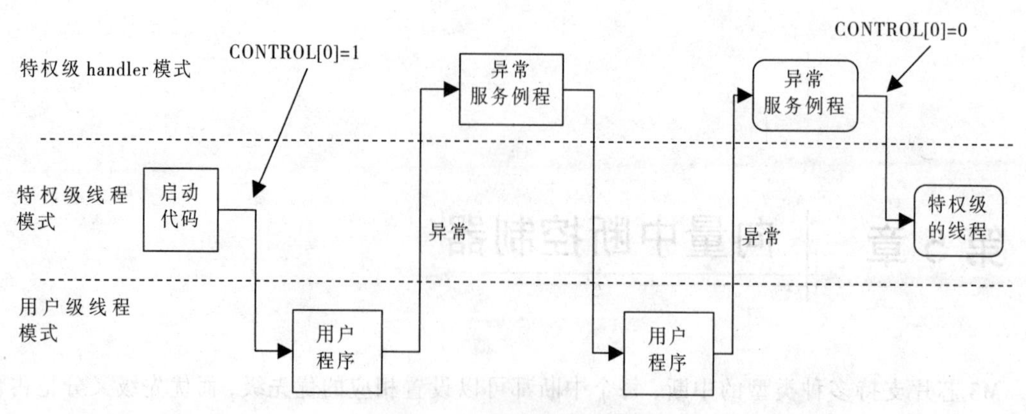

图 5.2 处理器模式转换图

把代码按特权级和用户级分开处理，有利于使 Cortex-M3 的架构更加稳定可靠。例如，当某个用户程序代码出问题时，可防止处理器对系统造成更大的危害，因为用户级的代码是禁止写特殊功能寄存器和 NVIC 中寄存器的。另外，如果还配有 MPU，保护力度就更大，甚至可以阻止用户代码访问不属于它的内存区域。

5.2 异 常

Cortex-M3 有系统级异常和用户级异常，系统异常一般包括复位、硬件出错等，用户级异常就是我们接触过的外部中断、定时器中断等这类异常；Cortex-M3 的异常理论上最多可分 256 级优先级，优先级又分抢占优先级和子优先级，抢占优先级高的中断可以打断抢占优先级低的中断；抢占优先级相同时，优先执行子优先级高的中断，但是不会打断正在执行的同抢占优先级的中断。优先级的数值越小，优先级别越高。

当有异常发生时，处理器需要确定对应异常的函数起始地址，各个异常的函数起始地址都存储在一个向量表中，每个地址占 4 字节，系统找到函数入口地址后就可调到异常代码处执行对应中断函数；为了可以动态重新分配中断，CM3 允许可编程设置向量表基址，通过设置向量表偏移寄存器 VTOR 即可设置向量表起始地址。当设置在 RAM 范围内时，即可实现动态修改中断函数地址。

VTOR 寄存器位段说明如表 5.1 所示。

表 5.1 VTOR 寄存器位段说明

位 段	名 称	类 型	复 位 值	描 述
29	TBLBASE	R/W	0	向量表所在区域标志。0:ROM，1:RAM
28:7	TBLOFF	R/W	0	相对 ROM 或者 RAM 起始地址的偏移量

5.2.1 异常类型

在 Cortex-M3 中有一个与内核紧耦合部件叫嵌套向量中断控制器（Nested Vectored Interrupt Controller，NVIC），定义了 16 种系统异常和 240 路外设中断。通常芯片设计者可自由设计片上外设，因此具体的片上外设中断都不会用到多达 240 路。

Cortex-M3 中目前只有 10 种系统异常可用，分别是：系统复位、NMI（不可屏蔽中断）、硬件故障、存储器管理、总线故障、用法故障、SVCall(软件中断)、调试监视器中断、PendSV(系统服务请求)、SysTick（24 位定时器中断）。240 路外设中断，是指片上外设的各模块，比如 I/O 端口、UART 通信接口、SSI 总线接口等所需的中断。

Cortex-M3 的每一个异常都有一个编号，编号 0 对应正常工作模式，编号 1~255 对应各种异常；每一个异常都可分配一个优先级，优先级值越小，优先级别越高，优先级可以为负。

其中，1~15 号异常为系统异常，16~255 都是外部中断异常；在大部分情况下，开发应用中很少涉及 1～15 号异常的编程处理，我们更关注的是 16～255 号的外部异常。Cortex-M3 的异常类型及优先级如表 5.2 所示。

表 5.2　Cortex-M3 的异常类型级优先级

编　号	类　型	优　先　级	描　述
1	复位	-3	复位，具有最高优先级
2	NMI	-2	不可屏蔽中断（来自外部 NMI 输入脚）
3	硬件出错	-1	如果相应的异常没有被启用，那么都将触发该异常
4	存储管理异常	可编程	存储器管理异常，MPU 访问违规或访问位置出错均会触发
5	总线异常	可编程	总线系统出错，如取指或取数据异常
6	使用异常	可编程	程序错误导致的异常
7-10	保留	N/A	N/A
11	SVCall	可编程	执行系统服务调用指令引发的异常
12	调试监视器	可编程	调试监控器异常，如断点、数据观察点、外部调试请求等
13	保留	N/A	N/A
14	PendSV	可编程	为系统设备开发的可悬挂请求
15	SysTick	可编程	系统时基定时器
16~255	IRQ0~239	可编程	外部中断 0~239

对于编程开发来说，涉及最多的异常就是 IRQ，0~15 号异常是系统级的异常，比较少用；另外，每一种异常都有一个编号和一个异常优先级，异常的编号是固定的，但是异常的优先级是可以编程的，当然优先级为负的例外。优先级数值越小，优先级别越高。

5.2.2　优先级

Cortex-M3 的异常功能非常强大，机制非常灵活，异常可以通过占先、末尾连锁和迟来等处理来降低中断的延迟。优先级决定了处理器何时以及怎样处理异常。Cortex-M3 支持 3 个固定的高优先级和多达 256 级的可编程优先级，并且支持 128 级抢占，绝大多数芯片都会精简设计，实际中支持的优先级数会更少，如 8 级、16 级、32 级等，通常的做法是裁掉表达优先级的几个低端有效位（防止优先级反转），以减少优先级的级数。比如，Luminary 的芯片采用 8 级优先级。

Cortex-M3 中 NVIC 支持由软件指定的可配置的优先级（称为软件优先级），其寄存器地址为：0xE000_E400-0xE000_E4EF。通过对中断优先级寄存器的 8 位 PRI_N 区执行写操作，来将中断的优先级指定为 0～255。硬件优级随着中断中的增加而降低。0 优先级最高，255

优先级最低。指定软件优先级后，硬件优先级无效。例如，如果将 INTISR[0]指定为优先级 1，INTISR[31]指定为优先级 0，则 INTISR[0]的优先级比 INTISR[31]低。

为了对具有大量中断的系统加强优先级控制，Cortex-M3 支持优先级分组，通过 NVIC 控制，设置为占先优先级和次优先级。可通过应用程序中断及复位控制寄存器 SCB_AIRCR 中 PRIGROUP 位段来控制优先级的分组。如果有多个激活异常共用相同的组优先级，则使用次优先级区来决定同组中的异常优先级，这就是同组内的次优先级。Cortex-M3 的优先级包括抢占优先级和子优先级。抢占优先级高的中断可以打断抢占优先级低的中断，抢占优先级相同时，优先执行子优先级高的中断，但是不会打断正在执行的同级别抢占优先级中断。优先级的数值越小，优先级别越高。

应用程序中断及复位控制寄存器 SCB_AIRCR 的位段说明如表 5.3 所示。

表 5.3　SCB_AIRCR 位段说明

位　段	名　称	类　型	复 位 值	描　述
31:16	VECTKEY	R/W	—	访问钥匙：任何对该寄存器的写操作，都必须同时把 0x05FA 写入此段，否则写操作被忽略。若读取此半字，则 0xFA05
15	ENDIANESS	R	—	端模式设置。1 = 大端(BE8)，0 = 小端。此值是在复位时确定的，不能更改
10:8	PRIGROUP	R/W	0	优先级分组
2	SYSRESETREQ	W	—	请求芯片控制逻辑产生一次复位
1	VECTCLRACTIVE	W	—	清零所有异常的活动状态信息。通常只在调试时用，或者在 OS 从错误中恢复时用
0	VECTRESET	W	—	复位 CM3 处理器内核（调试逻辑除外），但是此复位不影响芯片上在内核以外的电路

PRIGROUP 共占 3 位，值的范围是 0～7，假如 PRIGROUP 值为 5，则每一个中断对应的优先级寄存器的 6、7 三位表示对应中断的抢占优先级，其他位表示子优先级；每一个中断优先级寄存器占 8 位。具体如下：

<table>
<tr><td>位 7</td><td>位 6</td><td>位 5</td><td>位 4</td><td>位 3</td><td>位 2</td><td>位 1</td><td>位 0</td></tr>
<tr><td colspan="2">抢占优先级</td><td colspan="6">子优先级</td></tr>
</table>

理论上，优先级可以分 256 级，但是优先级分组规定子优先级至少占 1 位，所以，抢占优先级最多可占 7 位，最多可分 128 级。但并不是所有的 ARM 内核单片机都全部使用了 8 位优先级寄存器，在实际单片机中，经常只有 8 级、16 级、32 级等。

以 16 级优先级为例，优先级之所以会只有 16 级，是因为在 M3 单片机设计时，只使用了优先级寄存器 NVIC_IPRx 的高 4 位；如果此时 PRIGROUP 值为 5，则优先级分组如下：

<table>
<tr><td>位 7</td><td>位 6</td><td>位 5</td><td>位 4</td><td>位 3</td><td>位 2</td><td>位 1</td><td>位 0</td></tr>
<tr><td colspan="2">抢占优先级</td><td colspan="2">子优先级</td><td colspan="4">未使用子优先级</td></tr>
</table>

此时 0～3 位虽然没有使用，但是 PRIGROUP 的值可以设为 0～3 之间的值，如果 PRIGROUP 设为 1，则优先级分组如下：

位 7	位 6	位 5	位 4	位 3	位 2	位 1	位 0
实际使用抢占优先级[7:4]				未使用抢占优先级		未使用子优先级	

此时，16 级优先级都是抢占优先级，高优先级能打断所有低优先级。

5.2.3　中断向量表

当有异常发生时，处理器需要确定对应异常的函数起始地址，各个异常的函数起始地址都存储在一个向量表中，每个地址占 4 字节，系统找到函数入口地址后就可调到异常代码处执行对应的中断函数；为了可以动态重新分配中断，CM3 允许可编程设置向量表基址，通过设置向量表偏移寄存器存器 VTOR 即可设置向量表起始地址，当设置在 RAM 范围内时，即可实现动态修改中断函数地址。

VTOR 寄存器的位段说明如表 5.4 所示。

表 5.4　VTOR 寄存器的位段说明

位　段	名　称	类　型	复 位 值	描　述
29	TBLBASE	R/W	0	向量表所在区域标志。0:ROM；1:RAM
28:7	TBLOFF	R/W	0	相对 ROM 或者 RAM 起始地址的偏移量

在应用开发中，每一个工程都有一个汇编的启动代码，这个启动代码里面已经包含了向量表，我们需要做的就是把自己用到的中断函数写出实现即可。

```
AREA    RESET, DATA, READONLY
EXPORT  __Vectors__Vectors

DCD     __initial_sp                 ; 栈顶
DCD     Reset_Handler                ; 复位异常处理程序
DCD     NMI_Handler                  ; NMI 异常处理程序
DCD     HardFault_Handler            ; 硬件错误异常处理程序
DCD     MemManage_Handler            ; MPU 错误异常处理程序
DCD     BusFault_Handler             ; Bus 错误异常处理程序
DCD     UsageFault_Handler           ; Usage 错误异常处理程序
DCD     0                            ; 保留
DCD     0                            ; 保留
DCD     0                            ; 保留
DCD     0                            ; 保留
DCD     SVC_Handler                  ; SVCall 处理程序
DCD     DebugMon_Handler             ; 调试监控异常处理程序
DCD     0                            ; 保留
DCD     PendSV_Handler               ; PendSV 处理程序
DCD     SysTick_Handler              ; 系统滴答时钟处理程序

; 中断向量表
DCD     WWDG_IRQHandler              ; 窗口看门狗中断处理程序
DCD     PVD_IRQHandler               ; PVD 通过外部中断线检测中断处理程序
DCD     TAMPER_IRQHandler            ; Tamper 中断处理程序
DCD     RTC_IRQHandler               ; RTC 中断处理程序
```

```
DCD     FLASH_IRQHandler              ; Flash 中断处理程序
DCD     RCC_IRQHandler                ; RCC 中断处理程序
DCD     EXTI0_IRQHandler              ; 外部中断线 0 中断处理程序
DCD     EXTI1_IRQHandler              ; 外部中断线 1 中断处理程序
DCD     EXTI2_IRQHandler              ; 外部中断线 2 中断处理程序
DCD     EXTI3_IRQHandler              ; 外部中断线 3 中断处理程序
DCD     EXTI4_IRQHandler              ; 外部中断线 4 中断处理程序
DCD     DMAChannel1_IRQHandler        ; DMA 通道 1 中断处理程序
DCD     DMAChannel2_IRQHandler        ; DMA 通道 2 中断处理程序
DCD     DMAChannel3_IRQHandler        ; DMA 通道 3 中断处理程序
DCD     DMAChannel4_IRQHandler        ; DMA 通道 4 中断处理程序
DCD     DMAChannel5_IRQHandler        ; DMA 通道 5 中断处理程序
DCD     DMAChannel6_IRQHandler        ; DMA 通道 6 中断处理程序
DCD     DMAChannel7_IRQHandler        ; DMA 通道 7 中断处理程序
DCD     ADC_IRQHandler                ; ADC 中断处理程序
DCD     USB_HP_CAN_TX_IRQHandler      ;USB 高优先级或者 CAN 发送
DCD     USB_LP_CAN_RX0_IRQHandler     ;USB 低优先级或者 CAN 接收
DCD     CAN_RX1_IRQHandler            ; CAN RX1 中断处理程序
DCD     CAN_SCE_IRQHandler            ; CAN SCE 中断处理程序
DCD     EXTI9_5_IRQHandler            ; 外部中断线 9..5 中断处理程序
DCD     TIM1_BRK_IRQHandler           ; TIM1 刹车中断处理程序
DCD     TIM1_UP_IRQHandler            ; TIM1 Update 中断处理程序
DCD     TIM1_TRG_COM_IRQHandler       ; TIM1 触发中断处理程序
DCD     TIM1_CC_IRQHandler            ; TIM1 捕获比较中断处理程序
DCD     TIM2_IRQHandler               ; TIM2 中断处理程序
DCD     TIM3_IRQHandler               ; TIM3 中断处理程序
DCD     TIM4_IRQHandler               ; TIM4 中断处理程序
DCD     I2C1_EV_IRQHandler            ; I2C1 时间中断处理程序
DCD     I2C1_ER_IRQHandler            ; I2C1 错误中断处理程序
DCD     I2C2_EV_IRQHandler            ; I2C2 事件中断处理程序
DCD     I2C2_ER_IRQHandler            ; I2C2 错误中断处理程序
DCD     SPI1_IRQHandler               ; SPI1 中断处理程序
DCD     SPI2_IRQHandler               ; SPI2 中断处理程序
DCD     USART1_IRQHandler             ; USART1 中断处理程序
DCD     USART2_IRQHandler             ; USART2 中断处理程序
DCD     USART3_IRQHandler             ; USART3 中断处理程序
DCD     EXTI15_10_IRQHandler          ; 外部中断线 15..10 中断处理程序
DCD     RTCAlarm_IRQHandler           ; RTC 闹钟外部中断线处理程序
DCD     USBWakeUp_IRQHandler          ; USB 从暂停状态到唤醒状态中断处理程序
AREA    |.text|, CODE, READONLY
```

以上就是汇编启动代码中的向量表，以 Handler 结尾的就是中断函数入口地址；假如使用了外部中断 4，那么设置在程序中实现 EXTI4_IRQHandler 即可。

```
void EXTI4_IRQHandler(void)
{
   ...
   EXTI->PR|=1<<4;     //清除中断标记
}
```

中断函数的名字必须和汇编里面的名字一致；汇编内的中断函数入口顺序不能随意修改或者删除。

5.3 NVIC 寄存器

STM32F103系列小、中、大容量单片机有60个可屏蔽中断，NVIC_ISER[0]和NVIC_ISER[1]两个32位寄存器，可控制64个可屏蔽中断的使能，NVIC_ISER[0]的0~31位对应0~31号中断，NVIC_ISER[1]的0~31位对应32~63号中断；1使能中断，0失能中断。NVIC_ISER寄存器只能写1，写0无效；若要清除指定位为0，需要使用NVIC_ICER寄存器；STM32F103系列小、中、大容量单片机0~59号IRQ可屏蔽中断如表5.5所示。

表5.5 STM32F103单片机0～59号IRQ可屏蔽中断

中断位置	可屏蔽中断描述	中断位置	可屏蔽中断描述
0	WWDG_IRQChannel	25	TIM1_UP_IRQChannel
1	PVD_IRQChannel	26	TIM1_TRG_COM_IRQChannel
2	TAMPER_IRQChannel	27	TIM1_CC_IRQChannel
3	RTC_IRQChannel	28	TIM2_IRQChannel
4	FLASH_IRQChannel	29	TIM3_IRQChannel
5	RCC_IRQChannel	30	TIM4_IRQChannel
6	EXTI0_IRQChannel	31	I2C1_EV_IRQChannel
7	EXTI1_IRQChannel	32	I2C1_ER_IRQChannel
8	EXTI2_IRQChannel	33	I2C2_EV_IRQChannel
9	EXTI3_IRQChannel	34	I2C2_ER_IRQChannel
10	EXTI4_IRQChannel	35	SPI1_IRQChannel
11	DMA1_Channel1_IRQChannel	36	SPI2_IRQChannel
12	DMA1_Channel2_IRQChannel	37	USART1_IRQChannel
13	DMA1_Channel3_IRQChannel	38	USART2_IRQChannel
14	DMA1_Channel4_IRQChannel	39	USART3_IRQChannel
15	DMA1_Channel5_IRQChannel	40	EXTI15_10_IRQChannel
16	DMA1_Channel6_IRQChannel	41	RTCAlarm_IRQChannel
17	DMA1_Channel7_IRQChannel	42	USBWakeUp_IRQChannel
18	ADC1_2_IRQChannel	43	TIM8_BRK_IRQChannel
19	USB_HP_CAN_TX_IRQChannel	44	TIM8_UP_IRQChannel
20	USB_LP_CAN_RX0_IRQChannel	45	TIM8_TRG_COM_IRQChannel
21	CAN_RX1_IRQChannel	46	TIM8_CC_IRQChannel
22	CAN_SCE_IRQChannel	47	ADC3_IRQChannel
23	EXTI9_5_IRQChannel	48	FSMC_IRQChannel
24	TIM1_BRK_IRQChannel	49	SDIO_IRQChannel

续表

中断位置	可屏蔽中断描述	中断位置	可屏蔽中断描述
50	TIM5_IRQChannel	55	TIM7_IRQChannel
51	SPI3_IRQChannel	56	DMA2_Channel1_IRQChannel
52	UART4_IRQChannel	57	DMA2_Channel2_IRQChannel
53	UART5_IRQChannel	58	DMA2_Channel3_IRQChannel
54	TIM6_IRQChannel	59	DMA2_Channel4_5_IRQChannel

中断清除寄存器NVIC_ICER0/1中在NVIC_ICER[0]和NVIC_ICER[1]寄存器中的位写入1，则 NVIC_ISER[0]和 NVIC_ISER[1]对应的位被清除为 0，从而屏蔽中断。NVIC_ICER[0]和NVIC_ICER[1]各位写1有效，写0无效。

中断挂起寄存器NVIC_ISPR0/1中NVIC_ISPR[0]的0~31位对应0~31号中断，NVIC_ISPR[1]的0~31位对应32~63号中断；当设置NVIC_ISPR的位为1时，对应中断被挂起，CPU不执行中断处理任务，当用NVIC_ICPR清除对应位时，CPU恢复执行中断处理任务；写1有效，写0无效。

中断挂起清除寄存器NVIC_ICPR0/1中在NVIC_ICPR[0]和NVIC_ICPR[1]寄存器的位写入1，则NVIC_ISPR[0]和NVIC_ISPR[1]的对应位被清除为0，从而取消中断挂起，恢复中断任务；写1有效，写0无效。

中断激活标志寄存器 NVIC_IABR0/1 中 NVIC_IABR[0]的 0~31 位对应 0~31 号中断，NVIC_IABR[1]的0~31位对应32~63号中断；NVIC_IABR[0]和NVIC_IABR[1]标记当前正在执行的中断，当中断执行完毕后，对应位由硬件自动清0。

中断优先级控制寄存器组NVIC_IPRx(x=0...14)中 NVIC_IPR[x](x=0...14)是一个32位寄存器，每一个寄存器分4个8位寄存器，每一个8位寄存器标记一个对应编号的可屏蔽中断的优先级，STM32F103系列单片机有60个可屏蔽中断；NVIC_IPR[0]按地址由低到高的顺序，内部4个字节依次对应0~3号可屏蔽中断的优先级。依此类推，NVIC_IPR[14]按地址由低到高的顺序，内部4个字节依次对应56~59号可屏蔽中断的优先级。

5.4 NVIC库函数

NVIC寄存器结构NVIC_TypeDeff，在文件stm32f10x_map.h中定义如下：

```
typedef struct
{
  vu32 Enable[2];
  u32 RESERVED0[30];
  vu32 Disable[2];
  u32 RSERVED1[30];
  vu32 Set[2];
  u32 RESERVED2[30];
  vu32 Clear[2];
  u32 RESERVED3[30];
```

```
    vu32 Active[2];
    u32 RESERVED4[62];
    vu32 Priority[11];
}
NVIC_TypeDef;          /* NVIC 结构体 */
typedef struct
{
    vu32 CPUID;
    vu32 IRQControlState;
    vu32 ExceptionTableOffset;
    vu32 AIRC;
    vu32 SysCtrl;
    vu32 ConfigCtrl;
    vu32 SystemPriority[3];
    vu32 SysHandlerCtrl;
    vu32 ConfigFaultStatus;
    vu32 HardFaultStatus;
    vu32 DebugFaultStatus;
    vu32 MemoryManageFaultAddr;
    vu32 BusFaultAddr;
}
SCB_TypeDef;                  /* 系统控制模块结构 */
```

主要 NVIC 库函数如下：

1. 函数 NVIC_DeInit()

功能描述：将外设 NVIC 寄存器重设为默认值。例如：

```
NVIC_DeInit();
```

2. 函数 NVIC_SCBDeInit()

功能描述：将外设 SCB 寄存器重设为默认值。例如：

```
NVIC_SCBDeInit();
```

3. 函数 NVIC_PriorityGroupConfig()

功能描述：设置优先级分组，抢占优先级和子优先级。例如：

```
NVIC_PriorityGroupConfig(NVIC_PriorityGroup_1);
```

NVIC_PriorityGroup：该参数设置优先级分组位长度，如表 5.6 所示。

表 5.6　NVIC_ PriorityGroup 参数说明

NVIC_PriorityGroup	描　述
NVIC_PriorityGroup_0	抢占优先级 0 位，子优先级 4 位
NVIC_PriorityGroup_1	抢占优先级 1 位，子优先级 3 位
NVIC_PriorityGroup_2	抢占优先级 2 位，子优先级 2 位
NVIC_PriorityGroup_3	抢占优先级 3 位，子优先级 1 位
NVIC_PriorityGroup_4	抢占优先级 4 位，子优先级 0 位

4. 函数 NVIC_Init()

功能描述：根据 NVIC_InitStruct 中指定的参数初始化外设 NVIC 寄存器。

NVIC_InitStruct：指向结构NVIC_InitTypeDef的指针，包含了外设GPIO的配置信息。

NVIC_InitTypeDef：定义于文件stm32f10x_nvic.h：

```
typedef struct
{
  u8 NVIC_IRQChannel;
  u8 NVIC_IRQChannelPreemptionPriority;
  u8 NVIC_IRQChannelSubPriority;
  FunctionalState NVIC_IRQChannelCmd;
}
NVIC_InitTypeDef;
```

例如：

```
NVIC_InitTypeDef NVIC_InitStructure;
NVIC_PriorityGroupConfig(NVIC_PriorityGroup_1);
NVIC_InitStructure.NVIC_IRQChannel=TIM3_IRQChannel;
NVIC_InitStructure.NVIC_IRQChannelPreemptionPriority=0;
NVIC_InitStructure.NVIC_IRQChannelSubPriority=2;
NVIC_InitStructure.NVIC_IRQChannelCmd=ENABLE;
NVIC_InitStructure(&NVIC_InitStructure);

NVIC_InitStructure.NVIC_IRQChannel=USART1_IRQChannel;
NVIC_InitStructure.NVIC_IRQChannelPreemptionPriority=1;
NVIC_InitStructure.NVIC_IRQChannelSubPriority=5;
NVIC_InitStructure(&NVIC_InitStructure);

NVIC_InitStructure.NVIC_IRQChannel=RTC_IRQChannel;
NVIC_InitStructure.NVIC_IRQChannelSubPriority=7;
NVIC_InitStructure(&NVIC_InitStructure);

NVIC_InitStructure.NVIC_IRQChannel=EXTI4_IRQChannel;
NVIC_InitStructure.NVIC_IRQChannelSubPriority=7;
NVIC_InitStructure(&NVIC_InitStructure);
```

NVIC_IRQChannel：该参数用以使能或者失能指定的IRQ通道，如表5.7所示。

表5.7 NVIC_IRQChannel参数的描述

序号	NVIC_IRQChannel	描 述	序号	NVIC_IRQChannel	描 述
1	WWDG_IRQChannel	窗口看门狗中断	12	DMA1_Channel1_IRQChannel	DMA通道1中断
2	PVD_IRQChannel	PVD通过EXTI探测中断	13	DMA1_Channel2_IRQChannel	DMA通道2中断
3	TAMPER_IRQChannel	篡改中断	14	DMA1_Channel3_IRQChannel	DMA通道3中断
4	RTC_IRQChannel	RTC全局中断	15	DMA1_Channel4_IRQChannel	DMA通道4中断
5	Flash_IRQChannel	FLASH全局中断	16	DMA1_Channel5_IRQChannel	DMA通道5中断
6	RCC_IRQChannel	RCC全局中断	17	DMA1_Channel6_IRQChannel	DMA通道6中断
7	EXTI0_IRQChannel	外部中断线0中断	18	DMA1_Channel7_IRQChannel	DMA通道7中断
8	EXTI1_IRQChannel	外部中断线1中断	19	ADC1_2_IRQChannel	ADC全局中断
9	EXTI2_IRQChannel	外部中断线2中断	20	USB_HP_CANTX_IRQChannel	USB高优先级或者CAN发送中断
10	EXTI3_IRQChannel	外部中断线3中断	21	USB_LP_CAN_RX0_IRQChannel	USB低优先级或者CAN接收0中断
11	EXTI4_IRQChannel	外部中断线4中断	22	CAN_RX1_IRQChannel	CAN接收1中断

续表

序号	NVIC_IRQChannel	描　述	序号	NVIC_IRQChannel	描　述
23	CAN_SCE_IRQChannel	CAN 接收 1 中断	34	I2C2_EV_IRQChannel	I2C1 错误中断
24	EXTI9_5_IRQChannel	CAN_SEC 中断	35	I2C2_ER_IRQChannel	I2C2 事件中断
25	TIM1_BRK_IRQChannel	外部中断线 9-5 通道	36	SPI1_IRQChannel	I2C2 错误中断
26	TIM1_UP_IRQChannel	TIM1 刹车中断	37	SPI2_IRQChannel	SPI1 全局中断
27	TIM1_TRG_COM_IRQChannel	TIM1 更新中断	38	USART1_IRQChannel	SPI2 全局中断
28	TIM1_CC_IRQChannel	TIM1 触发和通信中断	39	USART2_IRQChannel	USART1 全 y 局中断
29	TIM2_IRQChannel	TIM1 捕获比较中断	40	USART3_IRQChannel	USART2 全局中断
30	TIM3_IRQChannel	TIM2 中断通道	41	EXTI15_10_IRQChannel	USART3 全局中断
31	TIM4_IRQChannel	TIM3 中断通道	42	RTCAlarm_IRQChannel	EXTI 线[15:10]中断
32	I2C1_EV_IRQChannel	TIM4 中断通道	43	USBWakeUp_IRQChannel	
33	I2C1_ER_IRQChannel	I2C1 事件中断			

NVIC_IRQChannelPreemptionPriority：该参数设置了成员 NVIC_IRQChannel 中的先占优先级。

NVIC_IRQChannelSubPriority：该参数设置了成员 NVIC_IRQChannel 中的从优先级。

5．函数 NVIC_StructInit()

功能描述：把 NVIC_InitStruct 中的每一个参数按默认值填入。

NVIC_InitStruct：指向结构 NVIC_InitTypeDef 的指针，待初始化。例如：

```
NVIC_InitTypeDef NVIC_InitStructure;
NVIC_StructInit(&NVIC_InitStructure);
```

NVIC_InitStruct 默认值：

```
NVIC_IRQChannel: 0x0
NVIC_IRQChannelPreemptionPriority: 0
NVIC_IRQChannelSubPriority: 0
NVIC_IRQChannelCmd: DISABLE
```

6．函数 NVIC_SETPRIMASK()

功能描述：使能 PRIMASK 优先级，提升执行优先级至 0。

（1）该函数由汇编语言书写。

（2）该函数只影响组优先级，不影响从优先级。

（3）在设置 PRIMASK 寄存器前，建议为了使能一个中断中另一个中断返回时，清除该寄存器。例如：

```
NVIC_SETPRIMASK();
```

7．函数 NVIC_RESETPRIMASK()

功能描述：失能 PRIMASK 优先级。例如：

```
NVIC_RESETPRIMASK();
```

8．函数 NVIC_SETFAULTMASK()

功能描述：使能 FAULTMASK 优先级，提升执行优先级至-1。

（1）该函数由汇编语言书写。

（2）该函数只影响组优先级，不影响从优先级。

（3）FAULTMASK 只有在执行优先级值小于-1 的情况下才能被设置，设置 FAULTMASK 将它的执行优先级提升到 HardFAULT 的级别。每当从除 NMI 之外的例外中返回时，FAULTMASK 会被自动清除。例如：

```
NVIC_SETFAULTMASK();
```

9. 函数 NVIC_RESETFAULTMASK()

功能描述：失能 FAULTMASK 优先级。

该函数由汇编语言书写。例如：

```
NVIC_RESETPRIMASK();
```

10. 函数 NVIC_BASEPRICONFIG()

功能描述：改变执行优先级从 N（最低可设置优先级）提升至 1。

（1）该函数由汇编语言书写。

（2）该函数只影响组优先级，不影响从优先级。

（3）可以改变执行优先级，从 N（最低可设置优先级）提升至 1。将该寄存器清除至 0 不会影响当前的优先级，它的非零值起到优先级屏蔽的作用，执行后当 BASEPRI 定义的优先级高于当前优先级时，该操作将起作用。例如：

```
NVIC_BASEPRICONFIG(10);
```

11. 函数 NVIC_GetBASEPRI()

功能描述：返回 BASEPRI 屏蔽值。例如：

```
u32 BASEPRI_Mask=0;
BASEPRI_Mask=NVIC_GetBASEPRI();
```

12. 函数 NVIC_GetCurrentPendingIRQChannel()

功能描述：返回当前待处理 IRQ 标识符。例如：

```
u16 CurrentPendingIRQChannel;
CurrentPendingIRQChannel = NVIC_GetCurrentPendingIRQChannel();
```

13. 函数 NVIC_GetIRQChannelPendingBitStatus()

功能描述：检查指定的 IRQ 通道待处理位设置与否。例如：

```
ITStatus IRQChannelPendingBitStatus;
IRQChannelPendingBitStatus=NVIC_GetIRQChannelPendingBitStatus(ADC_IRQC
hannel);
```

14. 函数 NVIC_SetIRQChannelPendingBit()

功能描述：设置指定的 IRQ 通道待处理位。例如：

```
NVIC_SetIRQChannelPendingBit(SPI1_IRQChannel);
```

15. 函数 NVIC_ClearIRQChannelPendingBit()

功能描述：清除指定的 IRQ 通道待处理位。例如：

```
NVIC_ClearIRQChannelPendingBit(ADC_IRQChannel);
```

16．函数 NVIC_GetCurrentActiveHandler()

功能描述：返回当前活动的 Handler（IRQ 通道和系统 Handler）的标识符。例如：

```
u16 CurrentActiveHandler;
CurrentActiveHandler=NVIC_GetCurrentActiveHandler();
```

17．函数 NVIC_GetIRQChannelActiveBitStatus()

功能描述：检查指定的 IRQ 通道活动位设置与否。例如：

```
ITStatus IRQChannelActiveBitStatus;
IRQChannelActiveBitStatus=NVIC_GetIRQChannelActiveBitStatus(ADC_IRQCha
nnel);
```

18．函数 NVIC_GetCPUID()

功能描述：返回 ID 号码，Cortex-M3 内核的版本号和实现细节。例如：

```
u32 CM3_CPUID;
CM3_CPUID=NVIC_GetCPUID();
```

19．函数 NVIC_SetVectorTable()

功能描述：设置向量表的位置和偏移。例如：

```
NVIC_SetVectorTable(NVIC_VectTab_FLASH, 0x0);
NVIC_VectTab 该参数设置向量表基地址。
NVIC_VectTab_FLASH: 向量表位于 FLASH。
NVIC_VectTab_RAM: 向量表位于 RAM。
```

20．函数 NVIC_GenerateSystemReset()

功能描述：产生一个系统复位。例如：

```
NVIC_GenerateSystemReset();
```

21．函数 NVIC_SystemLPConfig()

功能描述：选择系统进入低功耗模式的条件。例如：

```
NVIC_SystemLPConfig(SEVONPEND, ENABLE);
```

该函数的第一个参数设置了设备的低功耗模式，有如下几种选择：

```
NVIC_LP_SEVONPEND: 根据待处理请求唤醒。
NVIC_LP_SLEEPDEEP: 深度睡眠使能。
NVIC_LP_SLEEPONEXIT: 退出 ISR 后睡眠。
```

第6章　系统定时器

系统定时器（SysTick）被捆绑在NVIC中，用于产生SYSTICK异常（异常号：15）。在以前，大多操作系统需要一个硬件定时器来产生操作系统需要的滴答中断，作为整个系统的时基。例如，为多个任务许以不同数目的时间片，确保没有一个任务能霸占系统；或者把每个定时器周期的某个时间范围赐予特定的任务，以及操作系统提供的各种定时功能，都与这个滴答定时器有关。因此，需要一个定时器来产生周期性的中断，而且最好还让用户程序不能随意访问它的寄存器，以维持操作系统的节律。

Cortex-M3处理器内部包含了一个简单的定时器。因为所有的CM3芯片都带有这个定时器，软件在不同CM3器件间的移植工作得以化简。该定时器的时钟源可以是内部时钟（FCLK，CM3上的自由运行时钟），或者是外部时钟（CM3处理器上的STCLK信号）。不过，STCLK的具体来源则由芯片设计者决定，因此不同产品之间的时钟频率可能会大不相同。通常需要检视芯片的器件手册来决定选择什么作为时钟源。

6.1　SysTick寄存器

下面介绍STM32中的SysTick，SysTick部分内容属于NVIC控制部分，一共有4个寄存器，名称和地址分别是：

STK_CSR,　　0xE000E010：控制寄存器。

STK_LOAD,　　0xE000E014：重载寄存器。

STK_VAL,　　0xE000E018：当前值寄存器。

STK_CALRB,　　0xE000E01C：校准值寄存器。

1．STK_CSR（控制寄存器）

该寄存器内有4个位具有意义：

第0位：ENABLE，SysTick使能位（0：关闭SysTick功能；1：开启SysTick功能）。

第1位：TICKINT，SysTick中断使能位（0：关闭SysTick中断；1：开启SysTick中断）。

第2位：CLKSOURCE，SysTick时钟源选择（0：使用HCLK/8作为SysTick时钟；1：使用HCLK作为SysTick时钟）。

第3位：COUNTFLAG，SysTick计数比较标志，如果在上次读取本寄存器后，SysTick已经数到了0，则该位为1。如果读取该位，该位将自动清零。

2. STK_LOAD（重载寄存器）

SysTick 是一个递减的定时器，当定时器递减至 0 时，重载寄存器中的值就会被重装载，继续开始递减。STK_LOAD 重载寄存器是个 24 位的寄存器，最大计数为 0xFFFFFF。

3. STK_VAL（当前值寄存器）

STK_VAL 也是个 24 位的寄存器，读取时返回当前倒计数的值，写它则使之清零，同时还会清除在 SysTick 控制及状态寄存器中的 COUNTFLAG 标志。

4. STK_CALRB（校准值寄存器）

这个寄存器目前用得比较少：

位 31 NOREF：1=没有外部参考时钟（STCLK 不可用）；0=外部参考时钟可用。

位 30 SKEW：1=校准值不是准确的 1ms；0=校准值是准确的 1ms。

位[23:0]：校准值。

Systick 定时器除了能服务于操作系统之外，还能用于其他目的：如作为一个闹铃，用于测量时间等。要注意的是，当处理器在调试期间被喊停时，则 SysTick 定时器亦将暂停运作。

SysTick 是一个 24 位的倒计数定时器，当计到 0 时，将从 RELOAD 寄存器中自动重装载定时初值。只要不把它在 SysTick 控制及状态寄存器中的使能位清除，就永不停息。

6.2　SysTick 寄存器开发实例

SysTick 如何运行？首先设置计数器时钟源，CTRL->CLKSOURCE（控制寄存器）。设置重载值（RELOAD 寄存器），清空计数寄存器 VAL，置 CTRL->ENABLE 位开始计时。如果是中断则允许 SysTick 中断，在中断例程中处理。若采用查询模式则不断读取控制寄存器的 COUNTFLAG 标志位，判断是否计时至零。或者采取下列一种方法当 SysTick 定时器从 1 计到 0 时，它将把 COUNTFLAG 位置位；而下述方法可以将其清零：

（1）读取 SysTick 控制及状态寄存器（STCSR）。

（2）往 SysTick 当前值寄存器（STCVR）中写任何数据只有当 VAL 值为 0 时，计数器自动重载 RELOAD。

下面就应用 SysTick，首先在寄存器头文件中添加定义寄存器：

```
#define SYSTICK_TENMS (*((volatile unsigned long *)0xE000E01C))
#define SYSTICK_CURRENT (*((volatile unsigned long *)0xE000E018))
#define SYSTICK_RELOAD (*((volatile unsigned long *)0xE000E014))
#define SYSTICK_CSR (*((volatile unsigned long *)0xE000E010))
```

配置 systick 寄存器：

```
void SysTick_Configuration(void)
{
   SYSTICK_CURRENT=0;          // 当前值寄存器
   SYSTICK_RELOAD=20000;       // 重装载寄存器
   SYSTICK_CSR|=0x06;          // HCLK 作为 Systick 时钟，Systick 中断使能位
}
```

中断处理：

```
void SysTick_Handler(void)                    // 中断函数
{
   extern unsigned long TimingDelay;   // 延时时间，注意定义为全局变量
   SYSTICK_CURRENT=0;
   if (TimingDelay!=0x00)
   TimingDelay--;
}
```

利用 SysTick 的延时函数：

```
unsigned long TimingDelay;                    // 延时时间，注意定义为全局变量
void Delay(unsigned long nTime)               // 延时函数
{
   SYSTICK_CSR|=0x07;                         // 使能 SysTick 计数器
   TimingDelay=nTime;                         // 读取延时时间
   while(TimingDelay!=0);                     // 判断延时是否结束
   SYSTICK_CSR|=0x06;                         // 关闭 SysTick 计数器
}
int main()
{
   SystemInit0();                             // 系统（时钟）初始化
   stm32_GpioSetup ();                        // GPIO 初始化
   SysTick_Configuration();                   // 配置 systick 定时器
   while(1)
{
   GPIO_PORTB_ODR|=(1<<5);
   Delay(1000);                               //1s
   GPIO_PORTB_ODR&=~(1<<5);
   Delay(1000);                               //1s
}
}
```

其中，Delay(1000);实现了 1s 的精确延时，利用 Delay(unsigned long nTime);配合 SysTick 定时器可以实现任意时间的精确延时。

6.3 SysTick 库函数

SysTick 提供 1 个 24 位、降序、零约束、写清除的计数器，具有灵活的控制机制。SysTick 寄存器结构描述了固件函数库所使用的数据结构，SYSTICK 寄存器结构，SysTick_TypeDeff，在文件 stm32f0x_map.h 中定义如下：

```
typedef struct
{
   vu32 CTRL;
   vu32 LOAD;
   vu32 VAL;
   vuc32 CALIB;
}SysTick_TypeDef;
```

SysTick 寄存器及相关描述如表 6.1 所示。

表 6.1　SysTick 寄存器及相关描述

寄　存　器	描　　述
CTRL	SysTick 控制和状态寄存器
LOAD	SysTick 重装载值寄存器
VAL	SysTick 当前值寄存器
CALIB	SysTick 校准值寄存器

为了访问 SysTick 寄存器，_SysTick 必须在文件 sm32f10x_conf.h 中定义：

```
#define _SysTick
```

SysTick 库函数如表 6.2 所示。

表 6.2　SysTick 库函数

函　数　名	描　　述
SysTick_CLKSourceConfig	设置 SysTick 时钟源
SysTick_SetReload	设置 SysTick 重装载值
SysTick_CounterCmd	使能或者失能 SysTick 计数器
SysTick_ITConfig	使能或者失能 SysTick 中断
SysTick_GetCounter	获取 SysTick 计数器的值
SysTick_GetFlagStatus	检查指定的 SysTick 标志位设置与否

1．函数 SysTick_CLKSourceConfig()

```
void SysTick_CLKSourceConfig(u32 SysTick_CLKSource)
```

SysTick_CLKSource：选择 SysTick 时钟源，如表 6.3 所示。

表 6.3　SysTick_CLKSource 描述

SysTick_CLKSource	描　　述	#define 值	备　　注
SysTick_CLKSource_HCLK_Div8	SysTick 时钟源为 AHB 时钟除以 8	0xFFFF FFFB	CTRL.2
SysTick_CLKSource_HCLK	SysTick 时钟源为 AHB 时钟	0x0000 0004	

例如：

```
/* AHB 时钟被选作系统定时器的时钟源 */
SysTick_CLKSourceConfig(SysTick_CLKSource_HCLK);
```

2．函数 SysTick_SetReload()

void SysTick_SetReload(u32 Reload)：设置 SysTick 重装载值 Reload，重装载值取值必须在 1～0x00FFFFFF 之间。例如：

```
/* 设置 SysTick 重载值为 0xFFFF */
SysTick_SetReload(0xFFFF);
```

3．函数 SysTick_CounterCmd()

函数原形：void SysTick_CounterCmd(u32 SysTick_Counter)

功能描述：使能或者失能 SysTick 计数器。

输入参数 SysTick_Counter：SysTick 计数器新状态。可参阅 Section，查阅 SysTick_Counter 更多的允许取值范围。

SysTick_Counter 的值及相关描述如表 6.4 所示。

表 6.4　SysTick_Counter 的值及相关描述

SysTick_Counter	描　述	#define 值	备　注
SysTick_Counter_Disable	失能计数器	0xFFFFFFFE	CTRL.0
SysTick_Counter_Enable	使能计数器	0x00000001	
SysTick_Counter_Clear	清除计数器值为 0	0x00000000	VAL(COUNTFLAG=0)

例如：

```
/* 使能系统定时器计数器 */
SysTick_CounterCmd(SysTick_Counter_Enable);
```

4. 函数 SysTick_ITConfig()

函数原形 void SysTick_ITConfig(FunctionalState NewState) 功能描述使能或者失能 SysTick 中断 NewState：SysTick 中断的新状态，参数可取：ENABLE 或者 DISABLE。例如：

```
/* 使能 SysTick 中断 */
SysTick_ITConfig(ENABLE);
```

5. 函数 SysTick_GetCounter()

函数原形 u32 SysTick_GetCounter(void)获取 SysTick 计数器的返回值。例如：

```
/* 获取系统定时器计数器当前值 */
u32 SysTickCurrentCounterValue;
SysTickCurrentCounterValue = SysTick_GetCounter();
```

6. 函数 SysTick_GetFlagStatus()

函数原形 FlagStatus SysTick_GetFlagStatus(u8 SysTick_FLAG) 检查指定的 SysTick 标志位设置与否。

输入参数 2SysTick_FLAG：待检查的 SysTic 标志位。

SysTick_FLAG 给出了所有可以被函数 SysTick_GetITStatus 检查的中断标志位列表。SysTick_FLAG 的值如表 6.5 所示。

表 6.5　SysTick_FLAG 的值及相关描述

SysTick_FLAG	描　述	#define 值	对应 Reg 的某位
SysTick_FLAG_COUNT	自从上一次被读取，计数器计数至 0	0x00000010	CTRL.16=COUNTFLAG
SysTick_FLAG_SKEW	由于时钟频率，校准值不精确等于 10ms	0x0000001E	CALIB.30=SKEW
SysTick_FLAG_NOREF	参考时钟未提供	0x0000001F	CALIB.31=NOREF

例如：

```
/* 测试计数标志位是否置位 */
FlagStatus Status;
Status=SysTick_GetFlagStatus(SysTick_FLAG_COUNT);
if(Status==RESET)
{
  ...
```

```
}
else
{
   ...
}
```

6.4　SysTick 库函数开发实例

下面通过 SysTick 定时器做一个精确的延迟函数，比如让 LED 精确延迟 1 s 闪亮一次。思路：利用 SysTick 定时器为递减计数器，设定初值并使能它后，它会使每个系统时钟周期计数器减 1，计数到 0 时，SysTick 计数器自动重装初值并继续计数，同时触发中断。

那么每次计数器减到 0，时间经过：系统时钟周期×计数器初值。这里使用 72 MHz 作为系统时钟，那么每次计数器减 1 所用的时间是 1/72 MHz，计数器的初值如果是 72 000，那么每次计数器减到 0，时间经过(1/72 MHz)*72 000=0.001，即 1ms。现在做出来的 Delay(1)，就是 1ms 延迟。Delay(1000)就是 1s。有了以上的思路后，SysTick 的编程会非常简单。首先，需要有一个 72 MHz 的 SysTick 系统时钟，SystemInit()；这个函数可以让主频运行到 72MHz。可以把它作为 SysTick 的时钟源。为了配合演示，可以使用 LED 显示来做，因此需要设置 GPIO_Config()初始化函数，初始化芯片 STM32 开发板上的 LED 4 指示灯。接着开始配置 SysTick，配置过程如下：

（1）调用 SysTick_CounterCmd()：失能 SysTick 计数器。

（2）调用 SysTick_ITConfig()：失能 SysTick 中断。

（3）调用 SysTick_CLKSourceConfig()：设置 SysTick 时钟源。

（4）调用 SysTick_SetReload()：设置 SysTick 重装载值。

（5）调用 SysTick_ITConfig()：使能 SysTick 中断。

（6）调用 SysTick_CounterCmd()：开启 SysTick 计数器。

注意，必须使得当前寄存器的值 VAL 等于 0，SysTick->VAL= (0x00)；只有当 VAL 值为 0 时，计数器才能自动重载 RELOAD。然后就可以直接调用 SysDelay();函数进行延迟。延迟函数的实现中，要注意的是，全局变量 SoftTimer 必须使用 volatile，否则可能会被编译器优化。

使用 SysTick 完成一段延时的方法如下：

```
volatile  INT32U  SoftTimer;
void InitTimer(void)
{
    // 设置 AHB 时钟为 SysTick 时钟
    SysTick_CLKSourceConfig(SysTick_CLKSource_HCLK);
    // 72 MHz SysTick 每 0.5 ms 发生一次 SysTick 中断
    SysTick_SetReload(36000);
    //允许 SysTick 计数器
    SysTick_CounterCmd(SysTick_Counter_Enable);
    // 设置 SysTicks 中断抢占优先级 3、从优先级 0
    NVIC_SystemHandlerPriorityConfig(SystemHandler_SysTick,  3, 0);
    //使能 SysTick 中断
```

```
    SysTick_ITConfig(ENABLE);
}
```

延时函数，需要延时处调用,延时单位时间由中断函数决定：

```
void  SysDelay(INT32U DlyTime)
{
    INT32U  OldTimer;
    OldTimer=SoftTimer;
    while (SoftTimer-OldTimer<DlyTime);
}
```

中断函数，定时器减至零时调用，放在stm32f10x_it.c文件中：

```
void SysTickHandler(void)
{
  SoftTimer++;
  P500usReq=0xff;
}
void NVIC_Configuration(void)
{
    #ifdef  VECT_TAB_RAM
      // 设置向量表基本位置为 0x20000000
      NVIC_SetVectorTable(NVIC_VectTab_RAM, 0x0);
    #else  // VECT_TAB_FLASH
      // 设置向量表基本位置为 0x08000000
      NVIC_SetVectorTable(NVIC_VectTab_FLASH, 0x0);
    #endif

      // 配置NVIC抢占优先级位
      NVIC_PriorityGroupConfig(NVIC_PriorityGroup_0);
}
```

第 7 章 通用、复用及重映射 I/O

M3 芯片的一个典型特点就是 I/O 多，外设也多；在 I/O 数量一定的前提下，外设使用的引脚就必然要占用普通 I/O 引脚。这时就会涉及 I/O 的复用和重映射，简单地说就是一个 I/O 有多种功能，一个外设对应多个 I/O 组合；如此就解决了 I/O 数量和外设数量的矛盾问题；本章先对普通 I/O、复用 I/O 和重映射进行一个概念性的阐述，再对普通 I/O 的寄存器使用进行详细的阐述，而后介绍复用 I/O 和重映射的对应关系，最后介绍重映射相关的寄存器。

7.1 通用、复用和重映射 I/O 的关系

通用 I/O：通用 I/O 比较容易理解，就是作为普通的输入/输出引脚。

复用 I/O：有些 I/O 不仅可以作为普通 I/O 使用，还可以设置为 ADC、SPI 等引脚，当 I/O 设置为 ADC 的输入引脚时，就是使用了 I/O 的复用功能。一个 I/O 的复用功能可以为 0 个，也可以为多个，具体要看 M3 的型号。

重映射 I/O：重映射就是把外设默认的对应引脚重新定义到另一个引脚上面；下面以外设 I2C1 进行说明，I2C1 的两个引脚 I2C1_SCL、I2C1_SDA 默认使用的是 PB6、PB7，但是如果在开发设计时，PB6、PB7 已经被使用，而又必须使用 I2C1 来进行数据传输。这时，就要使用到重映射，重映射后，I2C1_SCL 和 I2C_SDA 分别对应 PB8 和 PB9；这样，就可以使用 PB8 和 PB9 作为 I2C1 的引脚来进行通信；需要说明的是，并不是每一个外设都可以进行重映射，即使可以进行重映射，也不是可以重映射到任意引脚，这个在芯片设计时已经固定了，不同型号的芯片是不一样的；仍以 I2C1 为例，I2C1 的重映射功能在 36 引脚芯片就不能使用，在非 36 引脚的芯片上面，也只能重映射到 PB8 和 PB9 这两个固定的引脚上边。

复用和重映射功能解决了外设多，而 I/O 数量一定的矛盾，灵活动态使用复用和重映射功能能够使我们在一些产品的开发上边事半功倍，比如，我们可以在某些时刻将 I2C1 对应 PB6、PB7，某些时刻对应 PB8、PB9，这样涉及通信的程序就无需进行改动，硬件上边就可以实现引脚的切换。

7.2 通用 I/O 寄存器

7.2.1 各种输入/输出模式

M3 系列单片机的普通 I/O 口可以设置为输入或者输出模式，并且程序中间可以动态变换；

输入时可以配置为模拟输入，浮空输入，上拉/下拉输入；输出时可以配置为推挽输出、开漏输出、复用功能推挽输出、复用功能开漏输出，同时也可以设置输出 I/O 电平翻转速度。

（1）模拟输入：一般作为 ADC 采集时使用。

（2）上拉/下拉输入：引脚内部接上拉/下拉电阻后作为输入引脚。

（3）浮空输入：顾名思义，就是引脚既没有上拉也没有下拉，悬空作为输入，此时引脚为高阻态模式，当外部没有明确的高电平或者低电平输入时，引脚读出的 0 和 1 没有实际意义。

M3 芯片引脚输入内部结构如图 7.1 所示。

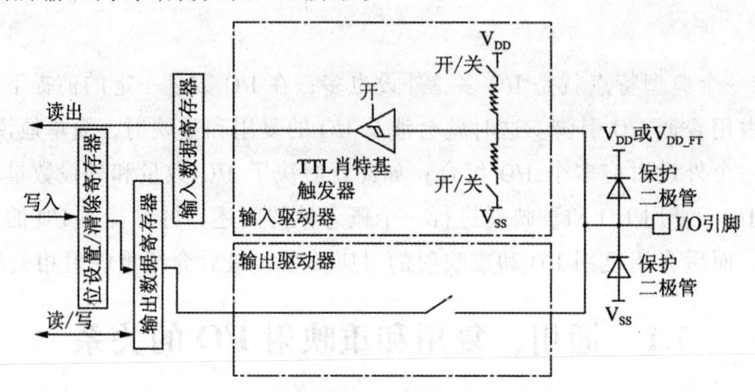

图 7.1 M3 芯片输入引脚内部结构图

V_{DD_FT}与 V_{DD}不同，它是容忍 5 V 电平的特殊处理电源，不是所有的 I/O 都接 V_{DD_FT}。

（4）开漏输出：就是 I/O 不输出电压，在低电平时接地，在高电平时类似浮空，需要外接上拉电阻。开漏输出一般在外接电压高于 M3 芯片电压时使用，当引脚容忍 5 V 时，外接 5 V 上拉，可以将输出高电平拉到 5 V，不能容忍 5 V 的引脚作为开漏输出时意义不大，即使外接 5 V 的上拉，输出高电平时仍然只能输出 3.3 V。

（5）推挽输出：这种模式下，I/O 引脚通过 MOS 管进行输出放大，输出高电平时为 3.3 V，输出电流最大 50 mA，驱动能力比较强。

M3 芯片引脚输出内部结构如图 7.2 所示。

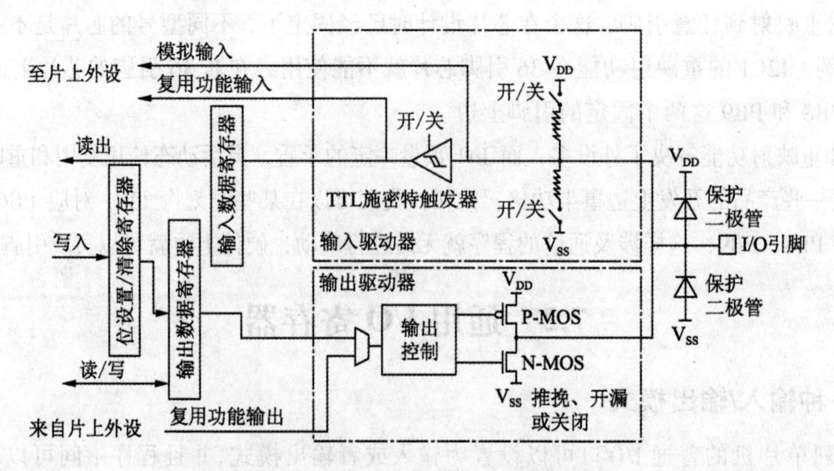

图 7.2 M3 芯片输出引脚内部结构图

7.2.2　相关寄存器

（1）端口配置低寄存器 GPIOx_CRL　(x=A...E)。每个 I/O 需要 4 位进行输入/输出的配置，M3 芯片每个寄存器是 32 位，所以一个寄存器只能配置 8 个引脚，M3 芯片每组端口一般有 16 个 I/O 引脚，所以，端口配置分高和低寄存器，高寄存器配置 8~15 个引脚，低寄存器配置 0~7 个引脚。

偏移地址：0x00；复位值：0x4444 4444。各位的使用情况及相关说明如表 7.1 所示。

表 7.1　GPIOx_CRL 各位的使用情况及相关说明

31	30	29	28	27	26	25	24	23	22	21	20	19	18	17	16
CNF7[1:0]		MODE7[1:0]		CNF6[1:0]		MODE6[1:0]		CNF5[1:0]		MODE5[1:0]		CNF4[1:0]		MODE4[1:0]	
RW	RW	RW	RW	RW	RW	RW	RW	RW	RW	RW	RW	RW	RW	RW	RW
15	14	13	12	11	10	9	8	7	6	5	4	3	2	1	0
CNF3[1:0]		MODE3[1:0]		CNF2[1:0]		MODE2[1:0]		CNF1[1:0]		MODE1[1:0]		CNF0[1:0]		MODE0[1:0]	
RW	RW	RW	RW	RW	RW	RW	RW	RW	RW	RW	RW	RW	RW	RW	RW

位	说明
位 31:30 27:26 23:22 19:18 15:14 … 3:2	CNFy[1:0]：端口 x 配置位(y = 0…7) 软件通过这些位配置相应的 I/O 端口。 在输入模式(MODE[1:0]=00)： 00：模拟输入模式 01：浮空输入模式(复位后的状态) 10：上拉/下拉输入模式 11：保留。 在输出模式(MODE[1:0]>00)： 00：通用推挽输出模式 01；通用开漏输出模式； 10：复用功能推挽输出模式 11：复用功能开漏输出模式
位 29:28 25:24 21:20 …1:0	MODEy[1:0]：端口 x 的模式位(y = 0…7) 软件通过这些位配置相应的 I/O 端口。 00：输入模式(复位后的状态)；01：输出模式，最大速度 10 MHz； 10：输出模式，最大速度 2 MHz；11：输出模式，最大速度 50 MHz

（2）端口配置高寄存器 GPIOx_CRH (x=A...E) 偏移地址：0x04；复位值：0x4444 4444。各位的使用情况及相关说明如表 7.2 所示。

表 7.2　GPIOx_CRH 各位的使用情况及相关说明

31	30	29	28	27	26	25	24	23	22	21	20	19	18	17	16
CNF15[1:0]		MODE15[1:0]		CNF14[1:0]		MODE14[1:0]		CNF13[1:0]		MODE13[1:0]		CNF12[1:0]		MODE12[1:0]	
RW	RW	RW	RW	RW	RW	RW	RW	RW	RW	RW	RW	RW	RW	RW	RW
15	14	13	12	11	10	9	8	7	6	5	4	3	2	1	0
CNF11[1:0]		MODE11[1:0]		CNF10[1:0]		MODE10[1:0]		CNF9[1:0]		MODE9[1:0]		CNF8[1:0]		MODE8[1:0]	
RW	RW	RW	RW	RW	RW	RW	RW	RW	RW	RW	RW	RW	RW	RW	RW

位	说明
位 31:30 27:26 23:22 19:18 15:14 …3:2	CNFy[1:0]：端口 x 配置位(y = 8…15) 软件通过这些位配置相应的 I/O 端口。 在输入模式(MODE[1:0]=00)： 00：模拟输入模式；01：浮空输入模式(复位后的状态)；10：上拉/下拉输入模式；11：保留。 在输出模式(MODE[1:0]>00)： 00：通用推挽输出模式；01：通用开漏输出模式； 10：复用功能推挽输出模式；11：复用功能开漏输出模式

续表

位 29:28 25:24 21:20 …1:0	MODEy[1:0]：端口 x 的模式位(y = 8…15) 软件通过这些位配置相应的 I/O 端口。 00：输入模式(复位后的状态)；01：输出模式，最大速度 10 MHz； 10：输出模式，最大速度 2 MHz；11：输出模式，最大速度 50 MHz

（3）端口输入数据寄存器 GPIOx_IDR (x=A...E) 偏移地址：0x08；复位值：0x0000 XXXX。各位的使用情况及相关说明如表 7.3 所示。

表 7.3　GPIOx_IDR 各位的使用情况及相关说明

31	30	29	28	27	26	25	24	23	22	21	20	19	18	17	16
保留															
15	14	13	12	11	10	9	8	7	6	5	4	3	2	1	0
R	R	R	R	R	R	R	R	R	R	R	R	R	R	R	R

位 31:16	保留，读出数据始终为 0
位 15:0	端口输入数据，这些位只读，读出值对应 I/O 状态

（4）端口输出数据寄存器 GPIOx_ODR(x=A...E) 偏移地址：0x0C；复位值：0x0000 0000。各位使用情况及相关说明如表 7.4 所示。

表 7.4　GPIOx_ODR 各位使用情况及相关说明

31	30	29	28	27	26	25	24	23	22	21	20	19	18	17	16
保留															
15	14	13	12	11	10	9	8	7	6	5	4	3	2	1	0
ODR15	ODR14	ODR13	ODR12	ODR11	ODR10	ODR9	ODR8	ODR7	ODR6	ODR5	ODR4	ODR3	ODR2	ODR1	ODR0
RW	RW	RW	RW	RW	RW	RW	RW	RW	RW	RW	RW	RW	RW	RW	RW

位 31:16	保留，读出始终为 0
位 15:0	这些位可读可写

在 I/O 作为输出状态下，设置该寄存器输出对应电平；在 I/O 作为输入状态下，设置该寄存器对应位作为上拉/下拉输入，1 为上拉输入，0 为下拉输入。

（5）端口位设置/清除寄存器 GPIOx_BSRR(x=A...E) 偏移地址：0x10；复位值：0x0000 0000。各位使用情况及相关说明如表 7.5 所示。

表 7.5　GPIOx_BSRR 各位使用情况及相关说明

31	30	29	28	27	26	25	24	23	22	21	20	19	18	17	16
BR15	BR14	BR13	BR12	BR11	BR10	BR9	BR8	BR7	BR6	BR5	BR4	BR3	BR2	BR1	BR0
W	W	W	W	W	W	W	W	W	W	W	W	W	W	W	W
15	14	13	12	11	10	9	8	7	6	5	4	3	2	1	0
BS15	BS14	BS13	BS12	BS11	BS10	BS9	BS8	BS7	BS6	BS5	BS4	BS3	BS2	BS1	BS0
W	W	W	W	W	W	W	W	W	W	W	W	W	W	W	W

续表

位 31:16	BRy：清除端口 x 的位 y (y = 0...15)。 这些位只能写入并只能以字(16 位)的形式操作。 0：对对应的 ODRy 位不产生影响；1：清除对应的 ODRy 位为 0。 注：如果同时设置了 BSy 和 BRy 的对应位，BSy 位起作用
位 15:0	BSy：设置端口 x 的位 y (y = 0...15)，这些位只能写入并只能以字(16 位)的形式操作。 0：对对应的 ODRy 位不产生影响；1：设置对应的 ODRy 位为 1

看到这里，很多人会疑惑，既然已经有 GPIOx_ODR 寄存器来控制输出，为什么又有 GPIOx_BSRR？这里就再细讲一下这两个寄存器使用的区别。

其实，单独操作 GPIOx_ODR 就可以完全控制 I/O 的输出，但是有时候需要单独设置一个位来单独操作一个引脚，而又不影响其他引脚的输出状态，如果用 GPIOx_ODR 来实现这个功能，以 PA3 为例，单独设置 PA3 输出低电平，需要这样写：

```
unsigned int oldState;
oldState=GPIOA_ODR;                    //先读出当前 PA I/O 状态
oldState=oldState&(~(1<<3));           //将第 3 位清 0
GPIOA_ODR=oldState;                    //重新赋值给 GPIOA_ODR
```

尽管写法很多，但是本质上都是要先读出 PA 端口的当前状态，再单独清 0 第 3 位，再重新设置 GPIOA_ODR，最后实现单独控制 PA3 引脚，而又不影响其他引脚输出状态。

如果用 GPIOA_BSRR，这个操作就简单多了，实现同样的功能，写法如下：

```
GPIOA_BSRR=((1<<3)<<16);        //设置 BR3 为 1，其他位都为 0
```

可以这样写的原因就是，GPIOA_BSRR 的 BR3 写入 1 以后，GPIOA_ODR 的 ODR3 会自动被清为 0，对 GPIOA_ODR 的其他位不会产生影响。同样，如果要单独设置 PA3 输出高电平，只需 GPIOA_BSRR=1<<3;GPIOx_BSRR 的任何位写入 0 都不会对 GPIOx_ODR 产生影响，只有写入 1 才会起作用。使用 GPIOx_BSRR 更高效。

（6）端口位清除寄存器 GPIOx_BRR(x=A...E) 偏移地址：0x14；复位值：0x0000 0000。各位使用情况及相关说明如表 7.6 所示。

表 7.6　GPIOx_BRR 各位使用情况及相关说明

31	30	29	28	27	26	25	24	23	22	21	20	19	18	17	16
保留															
15	14	13	12	11	10	9	8	7	6	5	4	3	2	1	0
BR15	BR14	BR13	BR12	BR11	BR10	BR9	BR8	BR7	BR6	BR5	BR4	BR3	BR2	BR1	BR0
W	W	W	W	W	W	W	W	W	W	W	W	W	W	W	W

位 31:16	保　留
位 15:0	BRy：清除端口 x 的位 y (y = 0...15) 这些位只能写入并只能以字(16 位)的形式操作。 0：对对应的 ODRy 位不产生影响；1：清除对应的 ODRy 位为 0

GPIOx_BRR 的功能和 GPIOx_BSRR 的高 16 位功能完全相同。

7.3 通用I/O寄存器开发实例

7.3.1 实例1——流水灯实验

首先在led.h文件中定义端口LED1、LED2、LED3，声明函数LED_Init(void)：

```
#ifndef __LED_H
#define __LED_H
#include "sys.h"
//LED端口定义
#define LED1 PCout(3)                  //PC3
#define LED2 PAout(2)                  //PA2
#define LED3 PAout(3)                  //PA3
extern void LED_Init(void);            //初始化
#endif
```

led.c文件中初始化PC3,PA2和PA3为输出口，并使能LED IO初始化：

```
#include <stm32f10x_lib.h>
#include "led.h"
void LED_Init(void)
{
    RCC->APB2ENR|=1<<2;                //使能PORTA时钟
    RCC->APB2ENR|=1<<4;                //使能PORTC时钟

    GPIOA->CRL&=0XFFFF00FF;
    GPIOA->CRL|=0X00003300;            //PA2,PA3 推挽输出
        GPIOA->ODR|=3<<2;              //PA2,PA3 输出高

    GPIOC->CRL&=0XFFFF0FFF;
    GPIOC->CRL|=0X00003000;            //PC3推挽输出
    GPIOC->ODR|=1<<3;                  //PC3输出高
}
```

main.c文件系统时钟设置、延时初始化、初始化与LED连接的硬件接口，然后在死循环中循环点亮3个LED：

```
#include <stm32f10x_lib.h>
#include "sys.h"
#include "usart.h"
#include "delay.h"
#include "led.h"

int main(void)
{
Stm32_Clock_Init(9);                   //系统时钟设置
delay_init(72);                        //延时初始化
LED_Init();                            //初始化与LED连接的硬件接口
while(1)
{
    LED1=0;
    LED2=1;
```

```
    LED3=1;
    delay_ms(300);
    LED1=1;
    LED2=0;
    LED3=1;
    delay_ms(300);
    LED1=1;
    LED2=1;
    LED3=0;
    delay_ms(300);
  }
}
```

7.3.2　实例 2——按键实验

key.h 文件定义 KEY0 和 KEY1 的引脚，并声明 I/O 初始化函数 KEY_Init()，按键扫描函数 KEY_Scan()：

```
#ifndef __KEY_H
#define __KEY_H
#include "sys.h"
#define KEY0 PCin(0)                     //PC0
#define KEY1 PCin(1)                     //PC1
extern void KEY_Init(void);              //I/O 初始化
extern u8 KEY_Scan(void);                //按键扫描函数
#endif
```

key.c 文件中首先引入头文件：

```
#include <stm32f10x_lib.h>
#include "key.h"
#include "delay.h"
```

按键初始化函数：PC0,PC1 设置成上拉输入。

```
void KEY_Init(void)
{
    RCC->APB2ENR|=1<<4;                  //使能 PORTC 时钟
    GPIOC->CRL&=0XFFFFFF00;              //PC0、PC1 设置成输入
    GPIOC->CRL|=0X00000088;
    GPIOC->ODR|=1<<0;                    //PC0 上拉
    GPIOC->ODR|=1<<1;                    //PC1 上拉
}
```

按键处理函数返回按键值。0：没有任何按键按下；1：KEY0 按下；2：KEY1 按下。注意此函数有响应优先级,KEY0>KEY1。

```
u8 KEY_Scan(void)
{
static u8 key_up=1;                      //按键按松开标志
if(key_up&&(KEY0==0||KEY1==0))
{
    delay_ms(10);                        //去抖动
    key_up=0;
    if(KEY0==0)
```

```
        {return 1;
        }
        else if(KEY1==0)
        {return 2;
        }
    }else if(KEY0==1&&KEY1==1)key_up=1;
    return 0;                                    //无按键按下
    }
```

main.c 文件首先引入头文件：

```
#include <stm32f10x_lib.h>
#include "sys.h"
#include "usart.h"
#include "delay.h"
#include "led.h"
#include "key.h"
```

main()函数首先完成：系统时钟设置、延时初始化、初始化与 LED 连接的硬件接口、初始化与按键连接的硬件接口。然后，在循环中操作：调用 KEY_Scan()函数得到键值，然后判断键值做相应的操作。

```
int main(void)
{
u8 t;
Stm32_Clock_Init(9);                         //系统时钟设置
delay_init(72);                              //延时初始化
LED_Init();                                  //初始化与 LED 连接的硬件接口
KEY_Init();                                  //初始化与按键连接的硬件接口
while(1)
{
    t=KEY_Scan();                            //得到键值
    if(t)
    {   switch(t)
        {
            case 1:
                LED1=!LED1;
                break;
            case 2:
                LED2=!LED2;
                break;
            default:
                break;
        }
    }else delay_ms(10);
}
}
```

7.3.3 实例 3——LCD1602 的使用

字符型液晶显示模块是一种专门用于显示字母、数字、符号等点阵式 LCD，目前常用 16×1、16×2、20×2 和 40×2 行等的模块。下面以一款 1602 字符型液晶显示器为例，介绍其用法。一般 1602 字符型液晶显示器实物如图 7.3 所示。

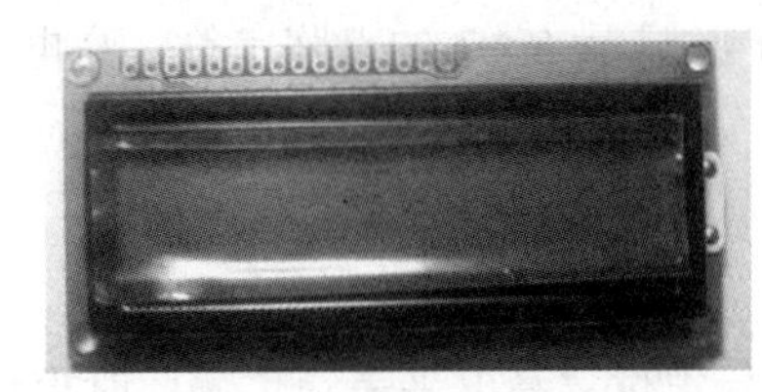

图 7.3　1602 字符型液晶显示器实物图

1. LCD 1602 的基本参数及引脚功能

LCD 1602 分为带背光和不带背光两种，基控制器大部分为 HD44780，显示容量：16 × 2 个字符；芯片工作电压：4.5～5.5 V；工作电流：2.0 mA(5.0 V)；模块最佳工作电压：5.0 V；字符尺寸（W × H）：2.95mm × 4.35mm。1602 LCD 采用标准的 14 引脚（无背光）或 16 引脚（带背光）接口，各引脚接口说明如下：

第 1 引脚：VSS 为地电源。

第 2 引脚：VDD 接 5 V 正电源。

第 3 引脚：VL 为液晶显示器对比度调整端，接正电源时对比度最弱，接地时对比度最高，对比度过高时会产生“鬼影”，使用时可以通过一个 10kΩ 的电位器调整对比度。

第 4 引脚：RS 为寄存器选择，高电平时选择数据寄存器，低电平时选择指令寄存器。

第 5 引脚：R/W 为读写信号线，高电平时进行读操作，低电平时进行写操作。当 RS 和 R/W 共同为低电平时可以写入指令或者显示地址，当 RS 为低电平、R/W 为高电平时可以读忙信号，当 RS 为高电平、R/W 为低电平时可以写入数据。

第 6 引脚：E 端为使能端，当 E 端由高电平跳变成低电平时，液晶模块执行命令。

第 7 ~ 14 引脚：D0 ~ D7 为 8 位双向数据线。

第 15 引脚：背光源正极。

第 16 引脚：背光源负极。

2. LCD 1602 的指令说明及时序

1602 液晶模块内部的控制器共有 11 条控制指令，如表 7.7 所示。

1602 液晶模块的读写操作、屏幕和光标的操作都是通过指令编程来实现的。（说明：1 为高电平、0 为低电平）

指令 1：清显示，指令码 01H,光标复位到地址 00H 位置。

指令 2：光标复位，光标返回到地址 00H。

指令 3：光标和显示模式设置。I/D：光标移动方向，高电平右移，低电平左移；S：屏幕上所有文字是否左移或者右移。高电平表示有效，低电平则无效。

指令 4：显示开/关控制。D：控制整体显示的开与关，高电平表示开显示，低电平表示关显示；C：控制光标的开与关，高电平表示有光标，低电平表示无光标；B：控制光标是否闪烁，高电平闪烁，低电平不闪烁。

指令 5：光标或显示移位。S/C：高电平时移动显示的文字，低电平时移动光标。

指令 6：功能设置命令。DL：高电平时为 4 位总线，低电平时为 8 位总线；N：低电平时为单行显示，高电平时双行显示；F：低电平时显示 5×7 的点阵字符，高电平时显示 5×10 的点阵字符。

指令 7：字符发生器 RAM 地址设置。

指令 8：DDRAM 地址设置。

指令 9：读忙信号和光标地址。BF：为忙标志位，高电平表示忙，此时模块不能接收命令或者数据；如果为低电平，表示不忙。

指令 10：写数据。

指令 11：读数据。

表 7.7 控制命令表

序 号	指 令	RS	R/W	D7	D6	D5	D4	D3	D2	D1	D0
1	清显示	0	0	0	0	0	0	0	0	0	1
2	光标返回	0	0	0	0	0	0	0	0	1	*
3	置输入模式	0	0	0	0	0	0	0	1	I/D	S
4	显示开/关控制	0	0	0	0	0	0	1	D	C	B
5	光标或字符移位	0	0	0	0	0	1	S/C	R/L	*	*
6	置功能	0	0	0	0	1	DL	N	F	*	*
7	置字符发生存储器地址	0	0	0	1	字符发生存储器地址					
8	置数据存储器地址	0	0	1	显示数据存储器地址						
9	读忙标志或地址	0	1	BF	计数器地址						
10	写数到 CGRAM 或 DDRAM）	1	0	要写的数据内容							
11	从 CGRAM 或 DDRAM 读数	1	1	读出的数据内容							

与 HD44780 相兼容的芯片时序表如表 7.8 所示。

表 7.8 基本操作时序表

读状态	输入	RS=L，R/W=H，E=H	输出	D0～D7=状态字
写指令	输入	RS=L，R/W=L，D0～D7=指令码，E=高脉冲	输出	无
读数据	输入	RS=H，R/W=H，E=H	输出	D0～D7=数据
写数据	输入	RS=H，R/W=L，D0～D7=数据，E=高脉冲	输出	无

读写操作时序如图 7.4 和图 7.5 所示。

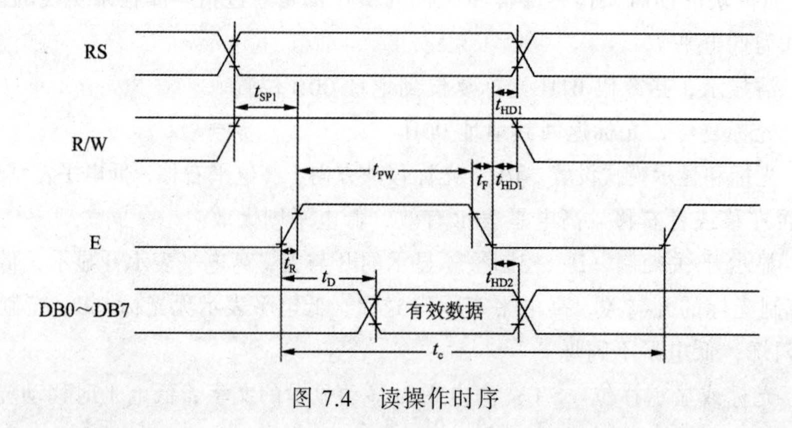

图 7.4 读操作时序

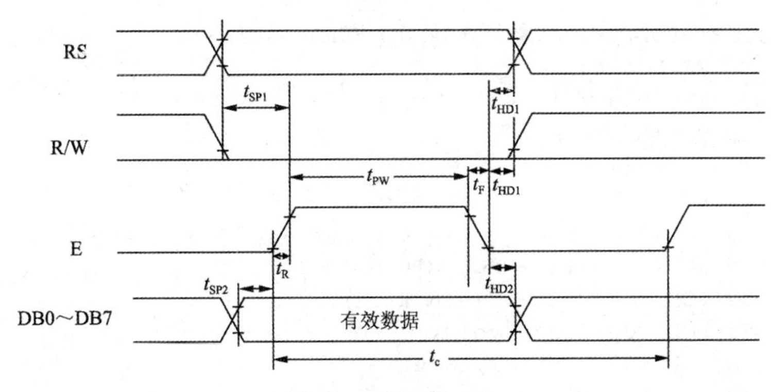

图 7.5　写操作时序

3．LCD 1602 的 RAM 地址映射及标准字库表

液晶显示模块是一个慢显示器件，所以在执行每条指令之前一定要确认模块的忙标志为低电平，表示不忙，否则此指令失效。显示字符时要先输入显示字符地址，也就是告诉模块在哪里显示字符，图 7.6 所示为 LCD 1602 的内部显示地址。例如，第二行第一个字符的地址是 40H,那么是否直接写入 40H 就可以将光标定位在第二行第一个字符的位置呢？这样不行，因为写入显示地址时要求最高位 D7 恒定为高电平 1，所以实际写入的数据应该是

01000000B（40H）+10000000B(80H)=11000000B(C0H)

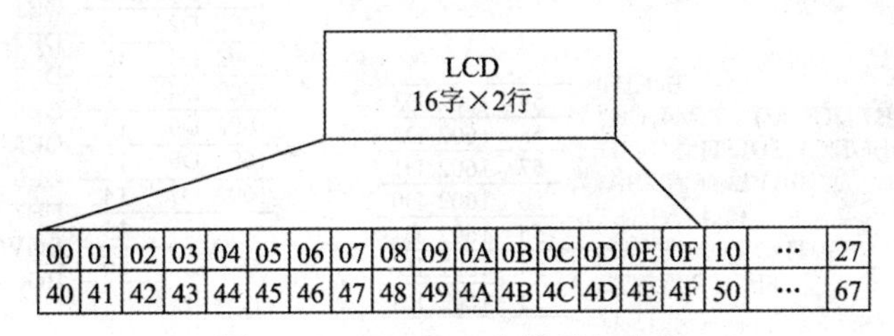

图 7.6　LCD 1602 内部显示地址

在对液晶模块的初始化中要先设置其显示模式，在液晶模块显示字符时光标是自动右移的，无须人工干预。每次输入指令前都要判断液晶模块是否处于忙的状态，或者操作前延时必要的时间来保证液晶模块不忙。

1602 液晶模块内部的字符发生存储器（CGROM）已经存储了 160 个不同的点阵字符图形，这些字符有：阿拉伯数字、英文字母的大小写、常用的符号和日文假名等，每一个字符都有一个固定的代码，比如大写的英文字母 A 的代码是 01000001B（41H），显示时模块把地址 41H 中的点阵字符图形显示出来，就能看到字母 A。

1602 液晶模块引脚图如图 7.7 所示。

4．LCD 1602 的一般初始化（复位）过程

在 1602.h 文件中，首先通过宏定义定义控制引脚的位带操作，相关代码如下：

```
#ifndef __1602_H
#define __1602_H
#include "sys.h"
```

```
/**RS-PC12,RW-PD2,E-PB3,数据口 D0~D7 接 PB4~PB11**/
#define LCD_RS PCout(12)
#define LCD_RW PDout(2)
#define LCD_E  PBout(3)

extern void LCD1602_Init(void);
extern void LCD1602_write_com(u16 com);
extern void LCD1602_write_dat(u16 data);
extern void LCD1602_DATAOUT(u16 data);
extern void LCD1602_Clear(void);
extern void LCD1602_XY(u8 x,u8 y);
extern void LCD1602_Write_Char(u8 x,u8 y,u8 data);
extern void LCD1602_Write_str(u8 x,u8 y,u8 *p);

#endif
```

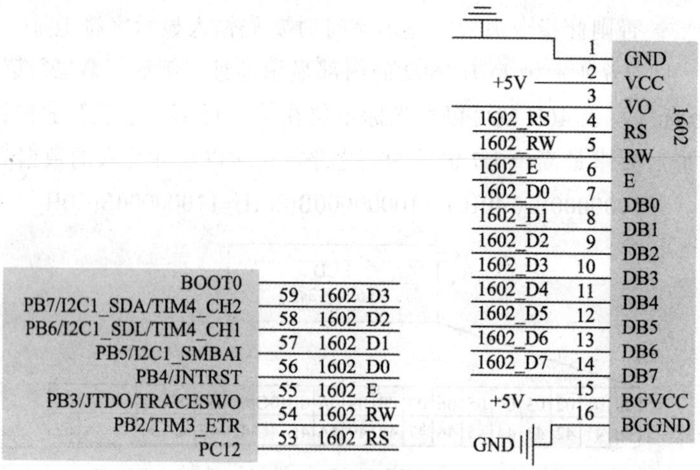

图 7.7　1602 液晶模块引脚图

lcd1602.c 文件中，实现函数 LCD1602_Init(void)、LCD1602_write_com(u16 com)、LCD1602_write_dat(u16 data)、LCD1602_DATAOUT(u16 data)、LCD1602_Clear(void)、LCD1602_XY(u8 x,u8 y)、LCD1602_Write_Char(u8 x,u8 y,u8 data)、LCD1602_Write_str(u8 x,u8 y,u8 *p)。

```
#include <stm32f10x_lib.h>
#include "1602.h"
void LCD1602_DATAOUT(u16 data)
{
    GPIOB->ODR=(GPIOB->ODR&0xF00F)|((data<<4)&0x0FF0);
      delay_ms(5);
}
```

LCD1602_Init()为 1602 LCD 的初始化函数，引脚连接为 RS-PC12、RW-PD2、E-PB3，数据接口 D0~D7 接 PB4~PB11。对数据引脚和控制引脚进行初始化配置。

```
void LCD1602_Init()
{
    RCC->APB2ENR|=1<<3;                          //使能 PORTB 时钟
```

```
    RCC->APB2ENR|=1<<4;                    //使能 PORTC 时钟
    RCC->APB2ENR|=1<<5;                    //使能 PORTD 时钟
    RCC->APB2ENR|=1<<0;                    //开启辅助时钟
    AFIO->MAPR&=0XF8FFFFFF;                //清除 MAPR 的[26:24]
    AFIO->MAPR|=0X02000000;
    //PC12 推挽输出--RS
    GPIOC->CRH&=0XFFF0FFFF;
    GPIOC->CRH|=0X00030000;
    GPIOC->ODR|=3<<12;
    //PD2 推挽输出--RW
    GPIOD->CRL&=0XFFFFF0FF;
    GPIOD->CRL|=0X00000300;
    GPIOD->ODR|=1<<2;
    //PB4~PB11 推挽输出     PB3 推挽输出 --E
    GPIOB->CRL&=0X00000FFF;
    GPIOB->CRL|=0X33333000;
    GPIOB->CRH&=0XFFFF0000;
    GPIOB->CRH|=0X00003333;
    GPIOB->ODR|=0X0FF0;
    delay_ms(5);
    //写指令 38H：显示模式设置
    LCD1602_write_com(0x38);
    //写指令 08H：显示关闭
    LCD1602_write_com(0x08);
    //写指令 01H：显示清屏
    LCD1602_write_com(0x01);
    //写指令 06H：显示光标移动设置
    LCD1602_write_com(0x06);
    //写指令 0CH：显示开及光标设置
    LCD1602_write_com(0x0c);
}
```

LCD1602_write_com()写指令函数，调用函数 LCD1602_DATAOUT()前，用延时 2 ms 代替检测忙。调用后延时 5 ms，保证操作成功。

```
void LCD1602_write_com(u16 com)
{
    LCD_RS=0;
    LCD_RW=0;
    LCD_E=0;
    delay_ms(2);
       LCD1602_DATAOUT(com);
    delay_ms(5);
    LCD_E=1;
    delay_ms(5);
    LCD_E=0;
    delay_ms(5);
}
```

LCD1602_write_dat()写数据函数，调用函数 LCD1602_DATAOUT()前，用延时 2 ms 代替检测忙。调用后延时 5 ms，保证操作成功。

```
void LCD1602_write_dat(u16 data)
{
    LCD_RS=1;
    LCD_RW=0;
    LCD_E=0;
    delay_ms(2);
        LCD1602_DATAOUT(data);
    delay_ms(5);
    LCD_E=1;
    delay_ms(5);
    LCD_E=0;
}
```

LCD1602_Clear()是 LCD1602 清屏函数，通过调用 LCD1602_write_com(0x01)，写入指令0x01 实现清屏，并延时 5 ms，保证操作成功。

```
void LCD1602_Clear(void)
{
    LCD1602_write_com(0x01);
    delay_ms(5);
}
```

LCD1602_XY()为 LCD1602 光标定位函数，y 为行号，0 为第一行，1 为第二行，x 为列号。

```
void LCD1602_XY(u8 x,u8 y)
{
if(y==0)
{
    LCD1602_write_com(0x80+x);      //在第一行显示
}
else
{
    LCD1602_write_com(0xC0+x);      //在第二行显示
}
}
```

LCD1602_Write_Char()为 LCD1602 显示单个字符函数，通过调用 LCD1602_XY()函数和LCD1602_write_dat()函数实现，把单个字符写到 y 行、x 列。y 为 0 则在第一行，为 1 则在第二行。

```
void LCD1602_Write_Char(u8 x,u8 y,u8 data)
{
    LCD1602_XY(x,y);
    LCD1602_write_dat(data);
}
```

LCD1602_Write_str()为 LCD1602 显示字符串函数，通过调用 LCD1602_XY()函数和LCD1602_write_dat()函数实现，把指针 p 指向的字符串从 y 行、x 列开始显示。y 为 0 则在第一行，为 1 则在第二行。

```
void LCD1602_Write_str(u8 x,u8 y,u8 *p)
{
    LCD1602_XY(x,y);
```

```
    while(*p)
    {
        LCD1602_write_dat(*p);
        p++;
    }
}
```

main.c 文件首先引入头文件，注意要用 1602 LCD 显示的相关函数一定要引入 1602.h。main()函数中，首先，初始化系统时钟设置，延时初始化，初始化与 LED 连接的硬件，初始化与 KEY 连接的硬件。然后，调用 LCD1602_Init()初始化 1602，调用 LCD1602_Write_str()，在指定位置显示字符串。

```
#include <stm32f10x_lib.h>
#include "sys.h"
#include "usart.h"
#include "delay.h"
#include "led.h"
#include "1602.h"
#include "key.h"

int main(void)
{
    u8 cc;
    Stm32_Clock_Init(9);                          //系统时钟设置
    delay_init(72);                               //延时初始化
    LED_Init();                                   //初始化与 LED 连接的硬件
    KEY_Init();                                   //初始化与 KEY 连接的硬件
    LCD1602_Init();                               //初始化 1602
    LCD1602_Write_str(0,0,"FLY STUDIO");          //在指定位置显示字符串
    LCD1602_Write_str(0,1,"Ethernet 1.0");        //在指定位置显示字符串
    while(1);
}
```

7.4　GPIO 库函数

GPIO_TypeDef 和 AFIO_TypeDef，在文件 stm32f10x_map.h 中定义如下：

```
typedef struct
{
    vu32 CRL;
    vu32 CRH;
    vu32 IDR;
    vu32 ODR;
    vu32 BSRR;
    vu32 BRR;
    vu32 LCKR;
}
GPIO_TypeDef;
typedef struct
{
```

```
    vu32 EVCR;
    vu32 MAPR;
    vu32 EXTICR[4];
}
AFIO_TypeDef;
```

主要库函数如下：

1．函数 GPIO_DeInit()

功能描述：将外设 GPIOx 寄存器重设为默认值。例如：

```
GPIO_DeInit(GPIOA);
```

2．函数 GPIO_AFIODeInit()

功能描述：将复用功能（重映射事件控制和 EXTI 设置）重设为默认值。例如：

```
GPIO_AFIODeInit();
```

3．函数 GPIO_Init()

功能描述：根据 GPIO_InitStruct 中指定的参数初始化外设 GPIOx 寄存器。例如：

```
GPIO_InitTypeDef GPIO_InitStructure;
GPIO_InitStructure.GPIO_Pin=GPIO_Pin_All;
GPIO_InitStructure.GPIO_Speed=GPIO_Speed_10MHz;
GPIO_InitStructure.GPIO_Mode=GPIO_Mode_IN_FLOATING;
GPIO_Init(GPIOA, &GPIO_InitStructure);
GPIO_InitTypeDef structure
```

GPIO_InitTypeDef 定义于文件 stm32f10x_gpio.h：

```
typedef struct
{
    u16 GPIO_Pin;
    GPIOSpeed_TypeDef GPIO_Speed;
    GPIOMode_TypeDef GPIO_Mode;
}
GPIO_InitTypeDef;
```

GPIO_Pin 参数选择待设置的 GPIO 引脚，使用操作符“|”可以一次选中多个引脚。可以使用下面的任意组合。

GPIO_Pin_None：无引脚被选中。

GPIO_Pin_x：选中引脚 x（0--15）。

GPIO_Pin_All：选中全部引脚。

GPIO_Speed 参数：

GPIO_Speed：用以设置选中引脚的速率。

GPIO_Speed_10MHz：最高输出速率 10 MHz。

GPIO_Speed_2MHz：最高输出速率 2 MHz。

GPIO_Speed_50MHz：最高输出速率 50 MHz。

GPIO_Mode 参数：

GPIO_Mode：用以设置选中引脚的工作状态。

GPIO_Mode_AIN：模拟输入。

GPIO_Mode_IN_FLOATING：浮空输入。

GPIO_Mode_IPD：下拉输入。

GPIO_Mode_IPU：上拉输入。

GPIO_Mode_Out_OD：开漏输出。

GPIO_Mode_Out_PP：推挽输出。

GPIO_Mode_AF_OD：复用开漏输出。

GPIO_Mode_AF_PP：复用推挽输出。

4．函数 GPIO_StructInit()

功能描述：把 GPIO_InitStruct()中的每一个参数按默认值填入。例如：

```
GPIO_InitTypeDef GPIO_InitStructure;
GPIO_StructInit(&GPIO_InitStructure);
GPIO_InitStruct:
```

默认的参数设置如下：

GPIO_Pin：GPIO_Pin_All。

GPIO_Speed：GPIO_Speed_2MHz。

GPIO_Mode：GPIO_Mode_IN_FLOATING。

5．函数 GPIO_ReadInputDataBit()

功能描述：读取指定端口引脚的输入。例如：

```
u8 ReadValue;
ReadValue=GPIO_ReadInputDataBit(GPIOB, GPIO_Pin_7);
```

6．函数 GPIO_ReadInputData()

功能描述：读取指定的 GPIO 端口输入。例如：

```
u16 ReadValue;
ReadValue=GPIO_ReadInputData(GPIOC);
```

7．函数 GPIO_ReadOutputDataBit()

功能描述：读取指定端口引脚的输出。例如：

```
u8 ReadValue;
ReadValue=GPIO_ReadOutputDataBit(GPIOB, GPIO_Pin_7);
```

8．函数 GPIO_ReadOutputData()

功能描述：读取指定的 GPIO 端口输出。例如：

```
u16 ReadValue;
ReadValue=GPIO_ReadOutputData(GPIOC);
```

9．函数 GPIO_SetBits()

功能描述：置位指定的数据端口位。例如：

```
GPIO_SetBits(GPIOA, GPIO_Pin_10 | GPIO_Pin_15);
```

10．函数 GPIO_ResetBits()

功能描述：清除指定的数据端口位。例如：

```
GPIO_ResetBits(GPIOA, GPIO_Pin_10 | GPIO_Pin_15);
```

11．函数GPIO_WriteBit()

功能描述：设置或者清除指定的数据端口位。例如：

```
GPIO_WriteBit(GPIOA, GPIO_Pin_15, Bit_SET);
```

12．函数GPIO_Write()

功能描述：向指定GPIO数据端口写入数据。例如：

```
GPIO_Write(GPIOA, 0x1101);
```

13．函数GPIO_PinLockConfig()

功能描述：锁定GPIO引脚设置寄存器。例如：

```
GPIO_PinLockConfig(GPIOA, GPIO_Pin_0 | GPIO_Pin_1);
```

14．函数GPIO_EventOutputConfig()

功能描述：选择GPIO引脚用作事件输出。例如：

```
GPIO_EventOutputConfig(GPIO_PortSourceGPIOE, GPIO_PinSource5);
```

GPIO_PortSource用以选择用作事件输出的GPIO端口。

GPIO_PinSource用以选择用作事件输出的GPIO引脚。

15．函数GPIO_EventOutputCmd()

功能描述：使能或者失能事件输出。例如：

```
GPIO_EventOutputConfig(GPIO_PortSourceGPIOC, GPIO_PinSource6);
GPIO_EventOutputCmd(ENABLE);
```

16．函数GPIO_PinRemapConfig()

功能描述：改变指定引脚的映射。例如：

```
GPIO_PinRemapConfig(GPIO_Remap_I2C1, ENABLE);
```

GPIO_Remap用以选择用作事件输出的GPIO端口如表7.9所示。

表7.9 GPIO端口及说明

端口	说明	端口	说明
GPIO_Remap_SPI1	SPI1复用功能映射	GPIO_Remap_USART1	USART1复用功能映射
GPIO_Remap_I2C1	I2C1复用功能映射	GPIO_PartialRemap_USART3	USART2复用功能映射
GPIO_Remap_TIM4	TIM4复用功能映射	GPIO_FullRemap_USART3	USART3复用功能完全映射
GPIO_Remap_PD01	PD01复用功能映射	GPIO_PartialRemap_TIM1	USART3复用功能部分映射
GPIO_Remap1_CAN	CAN复用功能映射1	GPIO_FullRemap_TIM1	TIM1复用功能完全映射
GPIO_Remap2_CAN	CAN复用功能映射2	GPIO_PartialRemap1_TIM2	TIM2复用功能部分映射1
GPIO_Remap_SWJ_NoJTRST	除JTRST外SWJ完全使能（JTAG+SW	GPIO_PartialRemap2_TIM2	TIM2复用功能部分映射2
GPIO_Remap_SWJ_JTAGDisable	JTAG	GPIO_FullRemap_TIM2	TIM2复用功能完全映射
GPIO_Remap_SWJ_Disable	SWJ完全失能(JTAG+SW	GPIO_PartialRemap_TIM3	TIM3复用功能部分映射

17．函数GPIO_EXTILineConfig()

功能描述：选择GPIO引脚用作外部中断线路。例如：

```
GPIO_EXTILineConfig(GPIO_PortSource_GPIOB, GPIO_PinSource8);
```

7.5 GPIOx端口编程步骤

7.5.1 配置GPIOx端口

配置GPIOx端口的步骤如下：

（1）加入以下头文件：#include "stm32f10x_lib.h"。

（2）定义结构体变量GPIO_InitStructure，用于初始化GPIOx端口的参数：

```
GPIO_InitTypeDef  GPIO_InitStructure;
```

（3）使能GPIO外设对应的时钟：

```
RCC_APB2PeriphClockCmd(RCC_APB2Periph_GPIOB|RCC_APB2Periph_GPIOE,ENABLE);
```

或

```
RCC_Configuration( );/* 配置系统时钟 */
```

（4）定义GPIO引脚、响应速度、工作模式，即定义GPIO端口的初始化参数（通过为结构体变量GPIO_InitStructure 的成员赋值实现）：

```
/* LED1 -> PB8 , LED2 -> PB9 , LED3 -> PE0 , LED4 -> PE1 */
GPIO_InitStructure.GPIO_Pin=GPIO_Pin_8 |GPIO_Pin_9;
GPIO_InitStructure.GPIO_Speed=GPIO_Speed_50MHz;
GPIO_InitStructure.GPIO_Mode=GPIO_Mode_Out_PP;
GPIO_Init(GPIOB, &GPIO_InitStructure);

GPIO_InitStructure.GPIO_Pin=GPIO_Pin_0 |GPIO_Pin_1;
GPIO_InitStructure.GPIO_Speed=GPIO_Speed_50MHz;
GPIO_InitStructure.GPIO_Mode=GPIO_Mode_Out_PP;
GPIO_Init(GPIOE, &GPIO_InitStructure);
/*在GPIO_Pin成员这里赋值GPIO_Pin_0 | GPIO_Pin_1，GPIO_Pin_8 |GPIO_Pin_9。
在GPIO_Speed成员里赋值GPIO_Speed_50MHz，GPIO_Mode 成员则设置为GPIO_Mode_
Out_PP，表示推挽输出模式。*/
```

（5）调用函数GPIO_Init()来初始化GPIO端口，完成对端口中寄存器的设置。代码如下：

```
GPIO_Init(GPIOC , &GPIO_InitStructure);
```

由于GPIOx端口外设的初始化，已经放在前面的初始化参数后面，编程时，此处不必重复写。

7.5.2 操作GPIOx端口

以点亮或熄灭LED灯为例来说明操作GPIO端口的3种方法：

（1）通过GPIO_SetBits();或GPIO_ResetBits();。

```
GPIO_ResetBits(GPIOB , GPIO_Pin_8);        //PB8管角置为低
GPIO_ResetBits(GPIOB , GPIO_Pin_9);        //PB9管角置为低
GPIO_SetBits(GPIOE , GPIO_Pin_0);          //PE0管角置为高
GPIO_SetBits(GPIOE , GPIO_Pin_1);          //PE1管角置为高
```

GPIOx在stm32f10x_map.h中定义如下：

```
#ifdef _GPIOA
```

```
#define GPIOA   ((GPIO_TypeDef *) GPIOA_BASE)
#endif /*_GPIOA */
```

GPIO_Pin_x 在 stm32f10x_gpio.h 中定义如下：

```
#define GPIO_Pin_0    ((u16)0x0001)  /* Pin 0 selected */
#define GPIO_Pin_1    ((u16)0x0002)  /* Pin 1 selected */
```

（2）通过 GPIO_WriteBit ( )既可对位置 1，也可对位清 0 函数；点亮或熄灭 LED 灯。

```
GPIO_WriteBit(GPIOB, GPIO_Pin_9,(BitAction)(0));
```

枚举类型 BitAction：在 stm32f10x_gpio.h 中定义。当其后跟的是 0（强制类型转换）（即 Bit_RESET）时，表示要对该位清 0；当其后跟的是 1（即 Bit_SET）时，表示要对该位置 1。

（3）通过一次性影响某端口所有的引脚的函数 GPIO_Write( )，点亮或熄灭 LED 灯。

```
void  GPIO_Write(GPIO_TypeDef*  GPIOx, u16  PortVal) // GPIOx->ODR=
                                                     // PortVal;
```

ODR:端口输出数据寄存。

7.6 GPIO 应用示例

库函数版例程智能充电器 2 乘以 3 的键盘扫描代码,行线 R0 接 PB8，行线 R1 接 PB5，列线 L0 接 PC13，列线 L1 接 PC14，列线 L2 接 PC15。

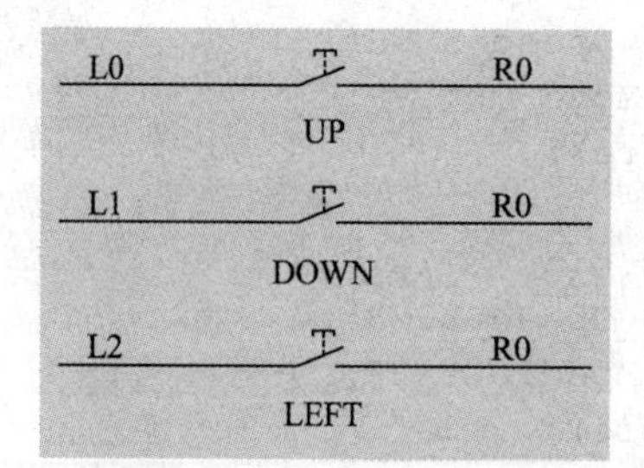

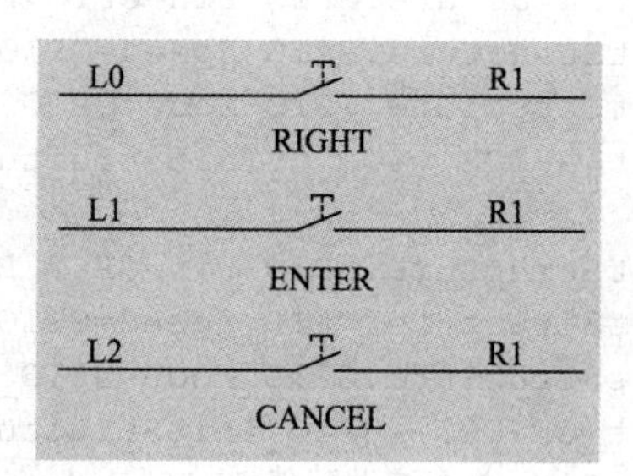


```
//********************************************
#define     KEY_ESC           4
#define     KEY_ENTER          5
#define     KEY_LEFT           7
#define     KEY_RIGHT          6
#define     KEY_UP            9
#define     KEY_DN            8
#define     WAKE_UP_BL         99
//*********************************************
#define     Row0_0            GPIOB->BRR|=GP8
#define     Row0_1            GPIOB->BSRR|=GP8
#define     Row1_0            GPIOB->BRR|=GP5
#define     Row1_1            GPIOB->BSRR|=GP5

#define     Col0             GPIOC->IDR & GP13
#define     Col1             GPIOC->IDR & GP14
#define     Col2             GPIOC->IDR & GP15
void InitGpio(void)
{
```

```
    GPIO_InitTypeDef GPIO_InitStructure;
    /* TIM2 clock 使能 */
    RCC_APB1PeriphClockCmd(RCC_APB1Periph_TIM2, ENABLE);
    /* TIM2 clock 使能 */
    RCC_APB1PeriphClockCmd(RCC_APB1Periph_TIM3, ENABLE);
    /* 使能 DMA clock */
    RCC_AHBPeriphClockCmd(RCC_AHBPeriph_DMA1, ENABLE);
    /*使能ADC1 and GPIOC clock */
    RCC_APB2PeriphClockCmd(RCC_APB2Periph_ADC1|RCC_APB2Periph_GPIOA|RCC_
      APB2Periph_GPIOB|RCC_APB2Periph_GPIOC, ENABLE);

    //配置PA8为推挽输出, LED1
    GPIO_InitStructure.GPIO_Pin=GPIO_Pin_8;
    GPIO_InitStructure.GPIO_Speed=GPIO_Speed_50MHz;
    GPIO_InitStructure.GPIO_Mode=GPIO_Mode_Out_PP;
    GPIO_Init(GPIOA, &GPIO_InitStructure);
    //配置 PB8 为推挽输出, Key R0
    //配置 PB5 为推挽输出, Key R1
    GPIO_InitStructure.GPIO_Pin=GPIO_Pin_8|GPIO_Pin_5;
    GPIO_InitStructure.GPIO_Speed=GPIO_Speed_50MHz;
    GPIO_InitStructure.GPIO_Mode=GPIO_Mode_Out_PP;
    GPIO_Init(GPIOB, &GPIO_InitStructure);
    // 配置 PC.13 为输入, L0
    // 配置 PC.14 为输入, L1
    // 配置 PC.15 为输入, L2
    GPIO_InitStructure.GPIO_Pin=GPIO_Pin_13|GPIO_Pin_14|GPIO_Pin_15;
    GPIO_InitStructure.GPIO_Mode=GPIO_Mode_IPU;
    GPIO_Init(GPIOC, &GPIO_InitStructure);
    }
```

按键扫描程序:

```
void Delay(INT32U nCount)
{
    for(; nCount!=0; nCount--);
}
```

ReadKey 40 ms 扫描一次:

```
INT8U ReadKey(void)
{
    INT32U KeyCode,i;
    static INT8U KeyDly[10];
   // 扫描键值
    KeyCode=0;
    Row0_0;
    Delay(1);
    if (~Col0) KeyCode=9;
    if (~Col1) KeyCode=8;
    if (~Col2) KeyCode=7;
    Row0_1;
    Row1_0;
```

```
    Delay(1);
    if (~Col0) KeyCode=6;
    if (~Col1) KeyCode=5;
    if (~Col2) KeyCode=4;
    Row1_1;
  // 形成按键扫描码，先取得组合键
    for (i=1; i<10; i++)
    {    if (KeyCode !=i)
        { KeyDly[i]=0;
        }
    else
    {   if (KeyDly[i] < 20)
        {  KeyDly[i]++;
        }
        else
        { KeyDly[i]=19;
        }
        if ((KeyDly[i]==2)||(KeyDly[i]==19))
        {  if(StatBLWake)                   // 背光睡眠状态
                return(WAKE_UP_BL);         // 省电模式下做唤醒
              else
                return(i);
        }
    }
    }
return(0);
}
```

第8章　外部中断输入

STM32F103 非互联型芯片有 19 个能产生事件/中断请求的边沿检测器。每个外部输入引脚都可以独立地设置输入的类型和异常触发条件（上升沿或者下降沿或者双边眼触发）；每个外部输入中断都可以选择被屏蔽或者挂起。挂起时，挂起寄存器保持着外部中断请求。

8.1　外部中断寄存器描述

M3 的外部中断包括 GPIO 中断以及 PVD、RTC、USB 和以太网事件，GPIOA、GPIOB、GPIOC、GPIOD、GPIOE、GPIOF、GPIOG 的所有 0 端口都共用 0 号中断输入线，所有 1 端口都共用 1 号中断输入线，所有 15 端口都共用 15 号中断输入线，依次类推。这里的中断输入线序号与第 5 章讲的中断向量位置序号不是一个概念，勿混淆；当进入外部中断后，需要进行中断引脚的判定。

外部中断输入线 0~19 对应关系如表 8.1 所示。

表 8.1　外部中断输入线 0～19 对应关系

EXTI 序号	描　述
0	PA0、PB0、PC0、PD0、PE0、PF0、PG0
1	PA1、PB1、PC1、PD1、PE1、PF1、PG1
2	PA2、PB2、PC2、PD2、PE2、PF2、PG2
3	PA3、PB3、PC3、PD3、PE3、PF3、PG3
4	PA4、PB4、PC4、PD4、PE4、PF4、PG4
5	PA5、PB5、PC5、PD5、PE5、PF5、PG5
6	PA6、PB6、PC6、PD6、PE6、PF6、PG6
7	PA7、PB7、PC7、PD7、PE7、PF7、PG7
8	PA8、PB8、PC8、PD8、PE8、PF8、PG8
9	PA9、PB9、PC9、PD9、PE9、PF9、PG9
10	PA10、PB10、PC10、PD10、PE10、PF10、PG10
11	PA11、PB11、PC11、PD11、PE11、PF11、PG11
12	PA12、PB12、PC12、PD12、PE12、PF12、PG12
13	PA13、PB13、PC13、PD13、PE13、PF13、PG13
14	PA14、PB14、PC14、PD14、PE14、PF14、PG14
15	PA15、PB15、PC15、PD15、PE15、PF15、PG15
16	连接到 PVD 输出
17	连接到 RTC 闹钟事件
18	连接到 USB 唤醒事件
19	连接到以太网唤醒事件（只适用于互联型产品）

（1）外部中断屏蔽寄存器 EXTI_IMR 偏移地址：0x00；复位值：0x0000 0000。各位使用情况及相关说明如表 8.2 所示。

表 8.2 EXTI_IMR 各位使用情况及相关说明

31	30	29	28	27	26	25	24	23	22	21	20	19	18	17	16
保留												MR19	MR18	MR17	MR16
												RW	RW	RW	RW
15	14	13	12	11	10	9	8	7	6	5	4	3	2	1	0
MR15	MR14	MR13	MR12	MR11	MR10	MR9	MR8	MR7	MR6	MR5	MR4	MR3	MR2	MR1	MR0
RW	RW	RW	RW	RW	RW	RW	RW	RW	RW	RW	RW	RW	RW	RW	RW

位 31:20	保 留
位 19:0	MRx：线 x 上的中断屏蔽。0：屏蔽来自线 x 上的中断请求； 1：开放来自线 x 上的中断请求。 注：位 19 只适用于互联型产品，对于其他产品为保留位

（2）外部事件屏蔽寄存器 EXTI_EMR 偏移地址：0x04；复位值：0x0000 0000。各位使用情况及相关说明如表 8.3 所示。

表 8.3 EXTI_EMR 各位使用情况及相关说明

31	30	29	28	27	26	25	24	23	22	21	20	19	18	17	16
保留												MR19	MR18	MR17	MR16
												RW	RW	RW	RW
15	14	13	12	11	10	9	8	7	6	5	4	3	2	1	0
MR15	MR14	MR13	MR12	MR11	MR10	MR9	MR8	MR7	MR6	MR5	MR4	MR3	MR2	MR1	MR0
RW	RW	RW	RW	RW	RW	RW	RW	RW	RW	RW	RW	RW	RW	RW	RW

位 31:20	保 留
位 19:0	MRx：线 x 上的事件屏蔽。 0：屏蔽来自线 x 上的事件请求；1：开放来自线 x 上的事件请求。 注：位 19 只适用于互联型产品，对于其他产品为保留位

（3）上升沿触发选择寄存器 EXTI_RTSR 偏移地址：0x08；复位值：0x0000 0000。各位使用情况及相关说明如表 8.4 所示。

表 8.4 EXTI_RTSR 各位使用情况及相关说明

31	30	29	28	27	26	25	24	23	22	21	20	19	18	17	16
保留												TR19	TR18	TR17	TR16
												RW	RW	RW	RW
15	14	13	12	11	10	9	8	7	6	5	4	3	2	1	0
TR15	TR14	TR13	TR12	TR11	TR10	TR9	TR8	TR7	TR6	TR5	TR4	TR3	TR2	TR1	TR0
RW	RW	RW	RW	RW	RW	RW	RW	RW	RW	RW	RW	RW	RW	RW	RW

位 31:20	保 留
位 19:0	TRx：线 x 上的上升沿触发事件配置位。 0：禁止输入线 x 上的上升沿触发(中断和事件)；1：允许输入线 x 上的上升沿触发(中断和事件)。 注：位 19 只适用于互联型产品，对于其他产品为保留位

（4）下降沿触发选择寄存器 EXTI_FTSR 偏移地址：0x0C；复位值：0x0000 0000。各位使用情况及相关说明如表 8.5 所示。

表 8.5　EXTI_FTSR 各位使用情况及相关说明

31	30	29	28	27	26	25	24	23	22	21	20	19	18	17	16
保留												TR19	TR18	TR17	TR16
												RW	RW	RW	RW
15	14	13	12	11	10	9	8	7	6	5	4	3	2	1	0
TR15	TR14	TR13	TR12	TR11	TR10	TR9	TR8	TR7	TR6	TR5	TR4	TR3	TR2	TR1	TR0
RW	RW	RW	RW	RW	RW	RW	RW	RW	RW	RW	RW	RW	RW	RW	RW

位 31:20	保　留
位 19:0	TRx：线 x 上的下降沿触发事件配置位。 0：禁止输入线 x 上的下降沿触发(中断和事件)；1：允许输入线 x 上的下降沿触发(中断和事件)。 注：位 19 只适用于互联型产品，对于其他产品为保留位

（5）软件中断事件寄存器 EXTI_SWIER 偏移地址：0x10；复位值：0x0000 0000。各位使用情况及相关说明如表 8.6 所示。

表 8.6　EXTI_SWIER 各位使用情况及相关说明

31	30	29	28	27	26	25	24	23	22	21	20	19	18	17	16
保留												SWIER19	SWIER18	SWIER17	SWIER16
												RW	RW	RW	RW
15	14	13	12	11	10	9	8	7	6	5	4	3	2	1	0
SWIER15	SWIER14	SWIER13	SWIER12	SWIER11	SWIER10	SWIER9	SWIER8	SWIER7	SWIER6	SWIER5	SWIER4	SWIER3	SWIER2	SWIER1	SWIER0
RW	RW	RW	RW	RW	RW	RW	RW	RW	RW	RW	RW	RW	RW	RW	RW

位 31:20	保　留
位 19:0	SWIERx：线 x 上的软件中断。 当该位为 0 时，写 1 将设置 EXTI_PR 中相应的挂起位。如果在 EXTI_IMR 和 EXTI_EMR 中允许产生该中断，则此时将产生一个中断。 注：通过清除 EXTI_PR 的对应位(写入 1)，可以清除该位为 0。 注：位 19 只适用于互联型产品，对于其他产品为保留位

（6）挂起寄存器 EXTI_PR。各位使用情况及相关说明如表 8.7 所示。

表 8.7　EXTI_PR 各位使用情况及相关说明

31	30	29	28	27	26	25	24	23	22	21	20	19	18	17	16
保　留												PR19	PR18	PR17	PR16
												RW	RW	RW	RW
15	14	13	12	11	10	9	8	7	6	5	4	3	2	1	0
PR15	PR14	PR13	PR12	PR11	PR10	PR9	PR8	PR7	PR6	PR5	PR4	PR3	PR2	PR1	PR0
RW	RW	RW	RW	RW	RW	RW	RW	RW	RW	RW	RW	RW	RW	RW	RW

续表

位 31:20	保　留
位 19:0	PRx：挂起位。 0：没有发生触发请求；1：发生了选择的触发请求。 当在外部中断线上发生了选择的边沿事件，该位被置 1。在该位中写入 1 可以清除它，也可以通过改变边沿检测的极性清除。 注：位 19 只适用于互联型产品，对于其他产品为保留位

8.2　外部中断寄存器开发实例

红外遥控是一种无线、非接触控制技术，具有抗干扰能力强、信息传输可靠、功耗低、成本低、易实现等显著优点，被诸多电子设备特别是家用电器广泛采用，并越来越多地应用到计算机系统中。由于红外线遥控不具有像无线电遥控那样穿过障碍物去控制被控对象的能力，所以，在设计红外线遥控器时，不必要像无线电遥控器那样，每套（发射器和接收器）要有不同的遥控频率或编码（否则，就会隔墙控制或干扰邻居的家用电器），所以同类产品的红外线遥控器，可以有相同的遥控频率或编码，而不会出现遥控信号“串门”的情况。这对于大批量生产以及在家用电器上普及红外线遥控提供了极大的方便。由于红外线为不可见光，因此对环境影响很小；红外光波动波长远小于无线电波的波长，所以红外线遥控不会影响其他家用电器，也不会影响临近的无线电设备。图 8.1 所示为红外解码电路连接图。

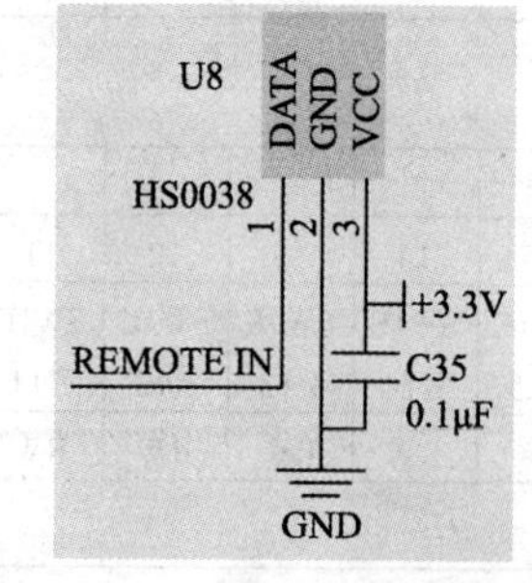

图 8.1　红外解码电路连接图

红外遥控的编码目前广泛使用的是：NEC Protocol 的 PWM（脉冲宽度调制）和 Philips RC-5 Protocol 的 PPM（脉冲位置调制）。遥控器使用的是 NEC 协议，其特征如下：

（1）8 位地址和 8 位指令长度。

（2）地址和命令 2 次传输（确保可靠性）。

（3）PWM 脉冲位置调制，以发射红外载波的占空比代表“0”和“1”。

（4）载波频率为 38 kHz。

（5）位时间为 1.125 ms 或 2.25 ms；NEC 码的位定义：一个脉冲对应 560 μs 的连续载波，一个逻辑 1 传输需要 2.25 ms（560 μs 脉冲+1 680 μs 低电平），一个逻辑 0 的传输需要 1.125 ms（560 μs 脉冲+560 μs 低电平）。而遥控接收头在收到脉冲的时候为低电平，在没有脉冲的时候为高电平，这样，在接收头端收到的信号为：逻辑 1 应该是 560 μs 低+1 680 μs 高，逻辑 0 应该是 560 μs 低+560 μs 高。NEC 遥控指令的数据格式为：同步码头、地址码、地址反码、控制码、控制反码。同步码由一个 9 ms 的低电平和一个 4.5 ms 的高电平组成，地址码、地址反码、控制码、控制反码均是 8 位数据格式。按照低位在前、高位在后的顺序发送。采用反码是为了增加传输的可靠性（可用于校验）。按下遥控器的按键 2 时，从红外接收头端收到的波形如图 8.2 所示。

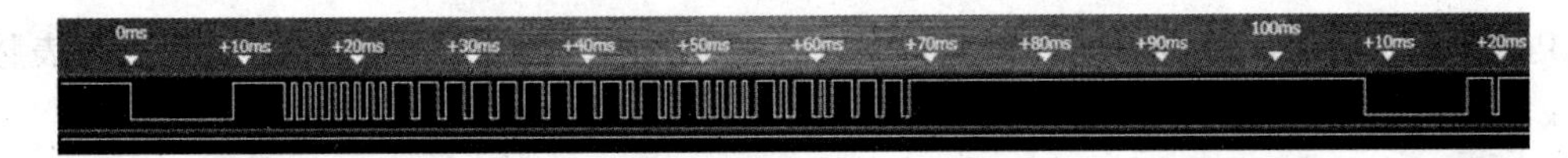

图 8.2　红外编码波形图

从图 8.2 中可以看到，其地址码为 0，控制码为 168。可以看到在 100 ms 之后，还收到了几个脉冲，这是 NEC 码规定的连发码(由 9 ms 低电平+2.5 ms 高电平+0.56 ms 低电平+97.94 ms 高电平组成)，如果在一帧数据发送完毕之后，按键仍然没有放开，则发射重复码，即连发码，可以通过统计连发码的次数来标记按键按下的长短/次数。

remote.h 文件：

```
#ifndef __REMOTE_H
#define __REMOTE_H
#include "sys.h"

#define RDATA PAin(1)   //红外数据输入脚
//红外遥控识别码(ID),每款遥控器的该值基本都不一样,但也有一样的
//这里选用的遥控器识别码为 0
#define REMOTE_ID 0
extern u8 Remote_Key;
extern u8 Remote_Cnt;                    //按键次数,此次按下键的次数
extern u8 Remote_Rdy;                    //红外接收到数据
extern u32 Remote_Odr;                   //命令暂存处
extern void Remote_Init(void);           //红外传感器接收头引脚初始化
extern u8 Remote_Process(void);          //红外接收到数据处理
extern u8 Pulse_Width_Check(void);       //检查脉宽
#endif
```

remote.c 文件：其功能是进行红外解码，利用外部中断引脚接收红外数据，按照红外协议进行解码。

```
#include <stm32f10x_lib.h>
#include "remote.h"
#include "delay.h"

u32 Remote_Odr=0;                        //命令暂存处
u8  Remote_Cnt=0;                        //按键次数,此次按下键的次数
u8  Remote_Rdy=0;                        //红外接收到数据
```

Remote_Init()函数初始化红外接收引脚的设置，开启中断，并映射。

```
void Remote_Init(void)
{
   RCC->APB2ENR|=1<<2;                  //PA 时钟使能
   GPIOA->CRL&=0XFFFFFF0F;
   GPIOA->CRL|=0X00000080;              //PA1 输入
   GPIOA->ODR|=1<<1;                    //PA.1 上拉
   Ex_NVIC_Config(GPIO_A,1,FTIR);       //将 line1 映射到 PA.1，下降沿触发
   MY_NVIC_Init(2,1,EXTI1_IRQChannel,2);
}
```

Pulse_Width_Check()函数的功能是检测脉冲宽度，最长脉宽为5 ms，返回值x，代表脉宽为x×20 μs(x=1~250)。

```
u8 Pulse_Width_Check(void)
{
    u8 t=0;
    while(RDATA)
    {
        t++;delay_us(20);
        if(t==250)return t; //超时溢出
    }
    return t;
}
```

下面处理红外接收，红外协议是：开始拉低9 ms，接着是一个4.5 ms的高脉冲，通知器件开始传送数据接着发送4个8位二进制码，第一、二个是遥控识别码(REMOTE_ID)，第一个为正码(0)，第二个为反码(255)，接着两个数据是键值，第一个为正码，第二个为反码。发送完后40 ms，遥控再发送一个9 ms低，2 ms高的脉冲，表示按键的次数，出现一次则证明只按下了一次，如果出现多次，则可以认为是持续按下该键。

EXTI1_IRQHandler()函数为外部中断服务程序：

```
void EXTI1_IRQHandler(void)
{
u8 res=0;
    u8 OK=0;
    u8 RODATA=0;
while(1)
    {
        if(RDATA)                        //有高脉冲出现
        {
            res=Pulse_Width_Check();     //获得此次高脉冲宽度
            if(res==250)break;           //非有用信号
            if(res>=200&&res<250)OK=1;  //获得前导位(4.5 ms)
            else if(res>=85&&res<200)   //按键次数加一(2 ms)
            {
                Remote_Rdy=1;            //接收到数据
                Remote_Cnt++;            //按键次数增加
                break;
            }
            else if(res>=50&&res<85)RODATA=1;  //1.5 ms
            else if(res>=10&&res<50)RODATA=0;  //500 μs
            if(OK)
            {
                Remote_Odr<<=1;
                Remote_Odr+=RODATA;
                Remote_Cnt=0;            //按键次数清零
            }
        }
    }
```

```
EXTI->PR=1<<1;                            //清除中断标志位
}
```

Remote_Process()函数处理红外键盘并返回相应的键值：

```
u8 Remote_Process(void)
{
    u8 t1,t2;
    t1=Remote_Odr>>24;                     //得到地址码
    t2=(Remote_Odr>>16)&0xff;              //得到地址反码
    Remote_Rdy=0;                          //清除标记
    if(t1==(u8)~t2&&t1==REMOTE_ID)         //检验遥控识别码(ID)及地址
    {
        t1=Remote_Odr>>8;
        t2=Remote_Odr;
        if(t1==(u8)~t2)return t1;          //处理键值
    }
    return 0;
}
```

该部分代码比较简单，主要是通过中断解码，解码程序是按照前面介绍的 NEC 码来解的，这里不再赘述。保存 remote.c，然后把该文件加入到 HARDWARE 组。

然后，打开 remote.h，在该文件中加入如下代码：

```
#include <stm32f10x_lib.h>
#include "sys.h"
```

MY_NVIC_SetVectorTable()函数的功能是设置向量表偏移地址。NVIC_VectTab：基址；Offset：偏移量。

```
void MY_NVIC_SetVectorTable(u32 NVIC_VectTab, u32 Offset)
{
    //检查参数合法性
    assert_param(IS_NVIC_VECTTAB(NVIC_VectTab));
    assert_param(IS_NVIC_OFFSET(Offset));
    SCB->VTOR = NVIC_VectTab|(Offset & (u32)0x1FFFFF80);
    //设置 NVIC 的向量表偏移寄存器
    //用于标识向量表是在 CODE 区还是在 RAM 区
}
```

MY_NVIC_PriorityGroupConfig()函数的功能是设置 NVIC 分组。NVIC_Group：NVIC 分组 0~4，总共 5 组。

```
void MY_NVIC_PriorityGroupConfig(u8 NVIC_Group)
{
    u32 temp,temp1;
    temp1=(~NVIC_Group)&0x07;          //取后 3 位
    temp1<<=8;
    temp=SCB->AIRCR;                   //读取先前的设置
    temp&=0X0000F8FF;                  //清空先前分组
    temp|=0X05FA0000;                  //写入钥匙
    temp|=temp1;
    SCB->AIRCR=temp;                   //设置分组
}
```

MY_NVIC_Init()函数为设置 NVIC，其中参数 NVIC_PreemptionPriority 为抢占优先级，NVIC_SubPriority 为响应优先级；NVIC_Channel 为中断编号；NVIC_Group 为中断分组 0~4。

注意，优先级不能超过设定的组的范围，否则会有意想不到的错误组划分：

组 0:0 位抢占优先级，4 位响应优先级；组 1:1 位抢占优先级,3 位响应优先级。

组 2:2 位抢占优先级，2 位响应优先级；组 3:3 位抢占优先级,1 位响应优先级。

组 4:4 位抢占优先级，0 位响应优先级。

NVIC_SubPriority 和 NVIC_PreemptionPriority 的原则是，数值越小，越优先。

```
void MY_NVIC_Init(u8 NVIC_PreemptionPriority,u8 NVIC_SubPriority,u8 NVIC_
    Channel,u8 NVIC_Group)
{
    u32 temp;
    u8 IPRADDR=NVIC_Channel/4;                     //每组只能存 4 个,得到组地址
    u8 IPROFFSET=NVIC_Channel%4;                   //在组内的偏移
    IPROFFSET=IPROFFSET*8+4;                       //得到偏移的确切位置
    MY_NVIC_PriorityGroupConfig(NVIC_Group);  //设置分组
    temp=NVIC_PreemptionPriority<<(4-NVIC_Group);
    temp|=NVIC_SubPriority&(0x0f>>NVIC_Group);
    temp&=0xf;                                     //取低 4 位

    if(NVIC_Channel<32)NVIC->ISER[0]|=1<<NVIC_Channel;//使能中断位(要清除
                                                    的话,//相反操作就 OK)
    else NVIC->ISER[1]|=1<<(NVIC_Channel-32);
    NVIC->IPR[IPRADDR]|=temp<<IPROFFSET;   //设置响应优先级和抢断优先级
}
```

Ex_NVIC_Config 为外部中断配置函数，只针对 GPIOA~GPIOG；不包括 PVD、RTC 和 USB 唤醒这 3 个参数。GPIOx:0~6,代表 GPIOA~GPIOG；BITx：需要使能的位；TRIM：触发模式，1 代表下升沿；2 代表上降沿；3，任意电平触发该函数一次只能配置 1 个 I/O 端口，多个 I/O 端口，需多次调用该函数会自动开启对应中断，以及屏蔽线。

```
void Ex_NVIC_Config(u8 GPIOx,u8 BITx,u8 TRIM)
{
    u8 EXTADDR;
    u8 EXTOFFSET;
    EXTADDR=BITx/4;           //得到中断寄存器组的编号
    EXTOFFSET=(BITx%4)*4;
    RCC->APB2ENR|=0x01;     //使能 I/O 复用时钟
    AFIO->EXTICR[EXTADDR]&=~(0x000F<<EXTOFFSET);  //清除原来设置
    AFIO->EXTICR[EXTADDR]|=GPIOx<<EXTOFFSET;//EXTI.BITx 映射到 GPIOx.BITx
                                            //自动设置
    EXTI->IMR|=1<<BITx;      //开启 line BITx 上的中断
    //EXTI->EMR|=1<<BITx;   //不屏蔽 line BITx 上的事件 (如果不屏蔽这句,在硬件上
                            //是可以的,但是在软件仿真的时候无法进入中断!)
    if(TRIM&0x01)EXTI->FTSR|=1<<BITx;          //line BITx 上事件下降沿触发
    if(TRIM&0x02)EXTI->RTSR|=1<<BITx;          //line BITx 上事件上升降沿触发
}
```

8.3　EXTI 相关库函数

下面对一些库函数进行解读，更多函数详解参考 ST 官网的 API 函数源码或者 ST 的固件库手册说明。EXTI_TypeDef 在文件 stm32f10x_map.h 中定义如下：

```
typedef struct
{
   vu32 IMR;
   vu32 EMR;
   vu32 RTSR;
   vu32 FTSR;
   vu32 SWIER;
   vu32 PR;
}EXTI_TypeDef;
```

主要 EXTI 库函数如下：

1. 函数 EXTI_DeInit()

功能描述：将外设 EXTI 寄存器重设为默认值。例如：

```
EXTI_DeInit();
```

2. 函数 EXTI_InitStruct()

功能描述：根据 EXTI_InitStruct 中指定的参数初始化外设 EXTI 寄存器。例如：

```
EXTI_InitTypeDef EXTI_InitStructure;
EXTI_InitStructure.EXTI_Line=EXTI_Line12 | EXTI_Line14;
EXTI_InitStructure.EXTI_Mode=EXTI_Mode_Interrupt;
EXTI_InitStructure.EXTI_Trigger=EXTI_Trigger_Falling;
EXTI_InitStructure.EXTI_LineCmd=ENABLE;
EXTI_Init(&EXTI_InitStructure);
```

EXTI_InitTypeDef 定义于文件"stm32f10x_exti.h"：

```
typedef struct
{ u32 EXTI_Line;
  EXTIMode_TypeDef EXTI_Mode;
  EXTIrigger_TypeDef EXTI_Trigger;
  FunctionalState EXTI_LineCmd;
} EXTI_InitTypeDef;
```

EXTI_Line：选择待使能或者失能的外部线路。

EXTI_Linex：外部中断线 x（0～18）。

EXTI_Mode：设置被使能线路的模式如表 8.8 所示。

表 8.8　EXTI_Mode 使能线路的模式

EXTI_Mode	描　述	值	意　义
EXTI_Mode_Interrupt	设置 EXTI 线路为中断请求	0x00	IMR 的偏移地址
EXTI_Mode_Event	设置 EXTI 线路为事件请求	0x04	EMR 的偏移地址

EXTI_Trigger：设置了被使能线路的触发边沿，如表 8.9 所示。

表 8.9　EXTI_Trigger 使能线路的触发边沿

EXTI_Trigger	描　述	值
EXTI_Trigger_Rising	设置输入线路上升沿为中断请求	0x08
EXTI_Trigger_Falling	设置输入线路下降沿为中断请求	0x0C
EXTI_Trigger_Rising_Falling	设置输入线路任意边沿为中断请求	0x10

EXTI_LineCmd 用来定义选中线路的新状态。它可以被设为 ENABLE 或者 DISABLE。

3. 函数 EXTI_StructInit

功能描述：把 EXTI_InitStruct 中的每一个参数按默认值填入。例如：

```
EXTI_InitTypeDef EXTI_InitStructure;
EXTI_StructInit(&EXTI_InitStructure);
```

EXTI_InitStruct 默认值如表 8.10 所示。

表 8.10　EXTI_InitStruct 默认值

成　员	默　认　值	取　值
EXTI_Line	EXTI_LineNone	0x00000000
EXTI_Mode	EXTI_Mode_Interrupt	0x00
EXTI_Trigger	EXTI_Trigger_Falling	0x10
EXTI_LineCmd	DISABLE	0x00

4. 函数 EXTI_GenerateSWInterrupt()

功能描述：产生一个软件中断。例如：

```
EXTI_GenerateSWInterrupt(EXTI_Line6);
```

5. 函数 EXTI_GetFlagStatus()

功能描述：检查指定的 EXTI 线路标志位设置与否。例如：

```
FlagStatus EXTIStatus;
EXTIStatus=EXTI_GetFlagStatus(EXTI_Line8);
```

6. 函数 EXTI_ClearFlag()

功能描述：清除 EXTI 线路挂起标志位。例如：

```
EXTI_ClearFlag(EXTI_Line2);
```

7. 函数 EXTI_GetITStatus()

功能描述：检查指定的 EXTI 线路触发请求发生与否。例如：

```
ITStatus EXTIStatus;
EXTIStatus=EXTI_GetITStatus(EXTI_Line8);
```

8. 函数 EXTI_ClearITPendingBit()

功能描述：清除 EXTI 线路挂起位。例如：

```
EXTI_ClearITpendingBit(EXTI_Line2);
```

8.4　外部中断引脚设置

在 8.3 节中，我们了解了外部中断库函数，本节通过配置一个引脚作为外部中断为例，来讲解要配置一个引脚作为外部中断所需要使用的库函数。

功能目标：设置系统 2 位抢占优先级，2 位子优先级（STM32F103 系列优先级寄存器只有高 4 位有效）；设置 PB3 作为外部中断，下降沿触发，抢占优先级为 2，子优先级为 1。

1．开启 GPIOB 端口时钟并设置 PB3 作为上拉输入

```
GPIO_InitStructure.GPIO_Pin=GPIO_Pin_3;
GPIO_InitStructure.GPIO_Mode=GPIO_Mode_IPU;
GPIO_InitStructure.GPIO_Speed=GPIO_Speed_50MHz;
RCC_APB2PeriphClockCmd( RCC_APB2Periph_GPIOB, ENABLE);
GPIO_Init(GPIOB, &GPIO_InitStructure);
```

2．设置优先级分组

```
NVIC_PriorityGroupConfig(NVIC_PriorityGroup_2);
```

3．设置抢占优先级、子优先级

```
NVIC_InitTypeDef NVIC_InitStructure;
NVIC_InitStructure.NVIC_IRQChannel=EXTI3_IRQChannel;
NVIC_InitStructure.NVIC_IRQChannelPreemptionPriority=2;
NVIC_InitStructure.NVIC_IRQChannelSubPriority=1;
NVIC_InitStructure.NVIC_IRQChannelCmd=ENABLE;
NVIC_Init(&NVIC_InitStructure);
```

4．外部中断引脚映射

```
GPIO_EXTILineConfig(GPIO_PortSourceGPIOB, GPIO_PinSource3);
```

5．外部中断触发设置

```
EXTI_InitTypeDef EXTI_InitStructure;
EXTI_InitStructure.EXTI_Line=EXTI_Line3;
EXTI_InitStructure.EXTI_Mode=EXTI_Mode_Interrupt;
EXTI_InitStructure.EXTI_Trigger=EXTI_Trigger_Falling;
EXTI_InitStructure.EXTI_LineCmd=ENABLE;
EXTI_Init(&EXTI_InitStructure);
```

6．中断处理

```
void EXTI3_IRQHandler(void)
{
    ...
    EXTI_ClearFlag(EXTI_Line3); //清除中断标记
}
```

8.5　外部中断库函数应用示例

本例程的功能是按键控制 LED 状态翻转，main.c 代码如下：

```
#include "stm32f10x.h"
```

本示例基于 STMF103RB 系列芯片，首先定义引脚，LED0:PA1 和 KEY:PA15。

```
#define LED0_PORT   GPIOA
#define LED0_INDEX  GPIO_Pin_1
#define KEY         GPIO_ReadInputDataBit(GPIOA,GPIO_Pin_15)
```

然后，声明函数 LED_PinsInit()、TRIG_LED0()、delay()、KeyInit()：

```
void LED_PinsInit(void);          //声明函数
```

```
void TRIG_LED0(void);              //声明函数
void delay(unsigned int count);    //声明函数
void KeyInit(void);                //按键初始化(包括中断配置)
```

函数LED_PinsInit()的作用：（1）打开GPIOA端口的时钟；（2）配置PA1为推挽输出，输出速率为50 MHz。输入：无；输出：无。

```
void LED_PinsInit(void)
{
    GPIO_InitTypeDef GPIO_InitStructure;
    RCC_APB2PeriphClockCmd( RCC_APB2Periph_GPIOA, ENABLE);
          //开启PA端口时钟
    GPIO_InitStructure.GPIO_Pin=LED0_INDEX;
    GPIO_InitStructure.GPIO_Mode=GPIO_Mode_Out_PP;
    GPIO_InitStructure.GPIO_Speed=GPIO_Speed_50MHz;
    GPIO_Init(LED0_PORT, &GPIO_InitStructure);
    GPIO_SetBits(LED0_PORT,GPIO_Pin_1);        //输出高电平，关闭LED0
}
```

函数TRIG_LED0()的作用：翻转LED0状态。输入：无；输出：无。

```
void TRIG_LED0(void)
{
  if(GPIO_ReadOutputDataBit(LED0_PORT,LED0_INDEX)==Bit_SET)
  {
    GPIO_ResetBits(LED0_PORT,LED0_INDEX);
  }else
  {
   GPIO_SetBits(LED0_PORT,LED0_INDEX);
  }
}
```

函数delay()的作用：简单延时。输入：count为延时参数；输出：无。

```
void delay(unsigned int count)
{
   while(--count);
}
```

KeyInit()函数设置PA15作为上拉输入，设置优先级分组，抢占优先级1位，子优先级3位。使能外部中断EXTI15_10，抢占优先级为1，子优先级为0。设置外部中断引脚映射和线15的中断触发类型。

```
void KeyInit(void)
{
    NVIC_InitTypeDef NVIC_InitStructure;
    EXTI_InitTypeDef EXTI_InitStructure;
    GPIO_InitTypeDef GPIO_InitStructure;

    /*设置PA15作为上拉输入*/
   GPIO_InitStructure.GPIO_Pin=GPIO_Pin_15;
   GPIO_InitStructure.GPIO_Mode=GPIO_Mode_IPU;
   GPIO_InitStructure.GPIO_Speed=GPIO_Speed_50MHz;
```

```
    GPIO_Init(GPIOA, &GPIO_InitStructure);

    /* 设置优先级分组，抢占优先级1位，子优先级3位，STM32F103系列优先级寄存器只有
    高4位有效 */
    NVIC_PriorityGroupConfig(NVIC_PriorityGroup_1);

    /* 使能外部中断EXTI15_10，抢抢占优先级为1，子优先级为0 */
    NVIC_InitStructure.NVIC_IRQChannel=EXTI15_10_IRQn;
    NVIC_InitStructure.NVIC_IRQChannelPreemptionPriority=1;
    NVIC_InitStructure.NVIC_IRQChannelSubPriority=0;
    NVIC_InitStructure.NVIC_IRQChannelCmd=ENABLE;
    NVIC_Init(&NVIC_InitStructure);
    /*外部中断引脚映射*/
    GPIO_EXTILineConfig(GPIO_PortSourceGPIOA, GPIO_PinSource15);

    /*设置线15的中断触发类型*/
    EXTI_InitStructure.EXTI_Line=EXTI_Line15;
    EXTI_InitStructure.EXTI_Mode=EXTI_Mode_Interrupt;
    EXTI_InitStructure.EXTI_Trigger=EXTI_Trigger_Falling;
    EXTI_InitStructure.EXTI_LineCmd=ENABLE;
    EXTI_Init(&EXTI_InitStructure);
}
```

函数EXTI15_10_IRQHandler()的作用：中断处理函数。线0~15共用一个中断入口地址，因此在进入中断后需要检查具体是哪个线触发的中断。函数名要与汇编启动代码中的函数名一致，无输入，无输出。

```
void EXTI15_10_IRQHandler(void)
{
  if(EXTI_GetITStatus(EXTI_Line15)==SET)      //判断是否是线15的中断标志
  {
    if(KEY==Bit_RESET)                         //判断是否是PA15被按下
    {
      TRIG_LED0();                             //LED0状态翻转
    }
    EXTI_ClearFlag(EXTI_Line15);               //清除中断标志
  }
}

int main(void)
{
    SystemInit();
    //系统时钟初始化，默认使用外部晶振倍频到72 MHz作为系统时钟
    //HCLK不分频，直接使用PLL输出时钟信号作为系统时钟
    //APB1时钟2分频,36 MHz
    //APB2时钟1分频,72 MHz
    delay(1000000);
    RCC_APB2PeriphClockCmd(RCC_APB2Periph_AFIO,ENABLE);
```

```
    //使用了外部中断，就要开启AFIO的时钟
    GPIO_PinRemapConfig(GPIO_Remap_SWJ_JTAGDisable,ENABLE);
    //关掉JTAG，保留SWD作为程序下载接口
    //PA15默认是JTAG的JTDI功能
    //关掉JTAG才能将PA15作为普通引脚使用
    LED_PinsInit(); //引脚初始化
    KeyInit();      //按键初始化

    while(1);
}
```

第 9 章 USART

USART（Universal Synchronous/Asynchronous Receiver/Transmitter，通用同步/异步串行接收/发送器）的相关标准规定了接口的机械特性、电气特性和功能特性等，UART 的电气特性标准包括 RS-232C、RS422、RS423 和 RS485 等，其中 RS-232C 是最常用的串行通信标准。RS-232C 的全称是“数据终端设备（DTE）和数据通信设备（DCE）之间串行二进制数据交换接口技术标准”，其中 DTE 包括微机、微控制器和打印机等，DCE 包括调制解调器（Modem）、GSM 模块和 Wi-Fi 模块等。M3 芯片的 USART 利用分数波特率发生器可以提供宽范围的波特率选择，它支持同步单向通信和半双工单线通信，也支持 LIN（局部互联网），智能卡协议和 IrDA（红外数据组织）SIR ENDEC 规范，以及调制解调器（CTS/RTS）操作。它还允许多处理器通信。USART 和 DMA 相结合可以大大提升数据传输速率并且同时减少 CPU 时序。

9.1 USART 概述

任何 USART 双向通信至少需要两个引脚：接收数据输入(RX)和发送数据输出(TX)。其他引脚可根据情况使用；USART 所涉及的引脚如图 9.1 所示。

（1）RX：接收数据串行输入。通过采样技术来区别数据和噪声，从而恢复数据。

（2）TX：发送数据输出。当发送器被禁止时，输出引脚恢复到它的 I/O 端口配置。当发送器被激活，并且不发送数据时，TX 引脚处于高电平。在单线和智能卡模式里，此 I/O 接口被同时用于数据的发送和接收。

（3）CK：在同步模式下需要此发送器时钟输出引脚。此引脚输出用于同步传输的时钟，(在 Start 位和 Stop 位上没有时钟脉冲，软件可选地址，可以在最后一个数据位送出一个时钟脉冲)。数据可以在 RX 上同步被接收。这可以用来控制带有移位寄存器的外围设备(例如 LCD 驱动器)。时钟相位和极性都是软件可编程的。在智能卡模式里，CK 可以为智能卡提供时钟。

在 IrDA 模式里需要下列引脚：

IrDA_RDI: IrDA 模式下的数据输入。

（1）IrDA_TDO: IrDA 模式下的数据输出。

（2）nCTS：清除发送，若是高电平，在当前数据传输结束时阻断下一次的数据发送。

（3）nRTS：发送请求，若是低电平，表明 USART 准备好接收数据。

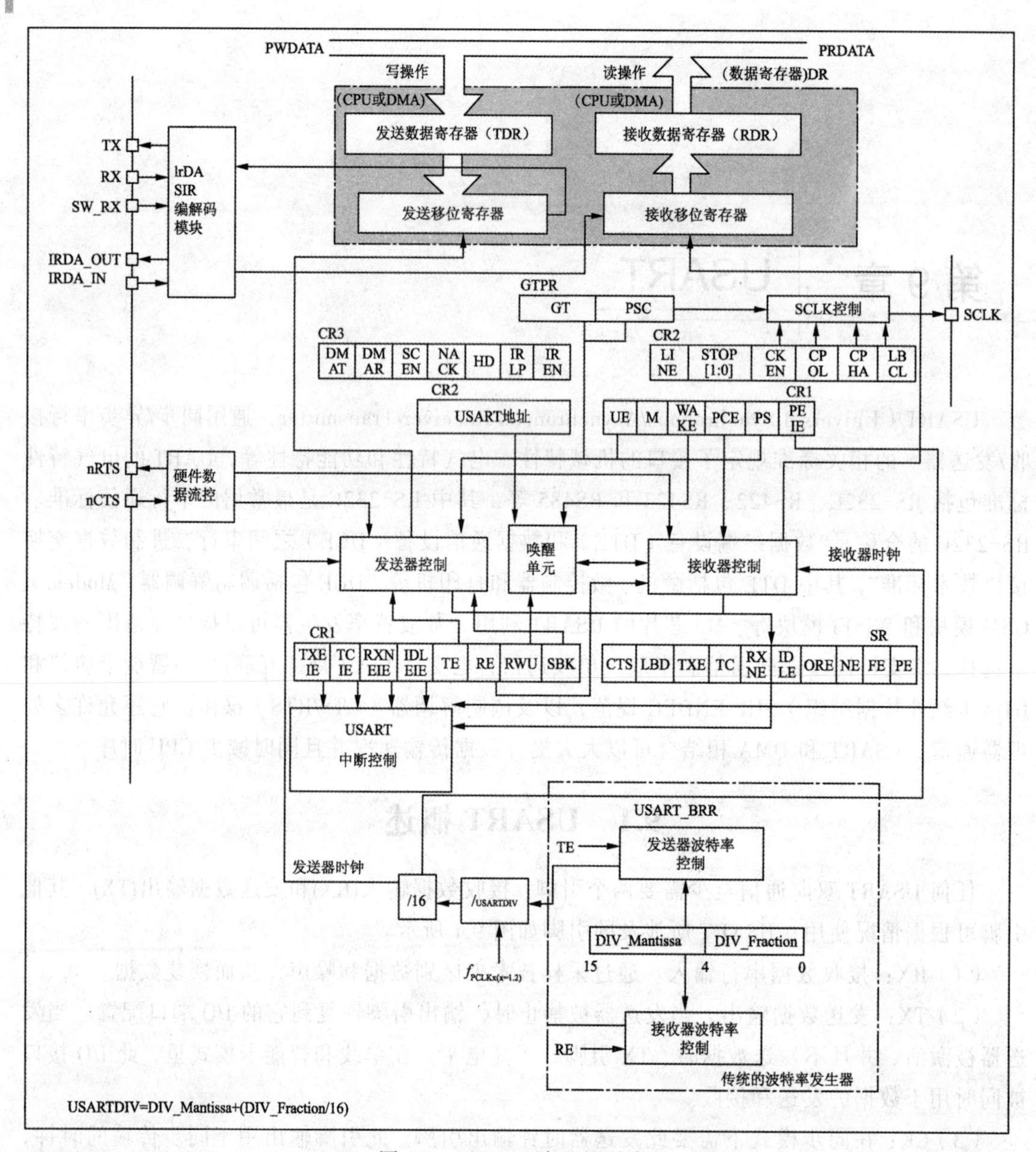

图 9.1　USART 涉及的引脚

9.1.1　发送器

发送器可以设置发送 8 位或 9 位的数据字。当发送使能位(TE)被设置时，发送移位寄存器中的数据在 TX 引脚上输出，相应的时钟脉冲在 CK 引脚上输出。

字符发送：在 USART 发送期间，在 TX 引脚上首先移出数据的最低有效位。在此模式里，USART_DR 寄存器包含了一个内部总线和发送移位寄存器之间的缓冲器。每个字符之前都有一个低电平的起始位；之后跟着的停止位，其数目可配置。USART 支持多种停止位的配置：0.5、1、1.5 和 2 个停止位。在数据传输期间不能复位 TE 位，否则将破坏 TX 引脚上的数据，因为波特率计数器停止计数。正在传输的当前数据将丢失；TE 位被激活后将发送一个空闲帧。

可配置的停止位：随每个字符发送的停止位的位数可以通过控制寄存器 2 的位 13、位 12 进行编程。

（1）1 个停止位：停止位位数的默认值。

（2）2 个停止位：可用于常规 USART 模式、单线模式，以及调制解调器模式。

（3）0.5 个停止位：在智能卡模式下接收数据时使用。

（4）1.5 个停止位：在智能卡模式下发送和接收数据时使用。

空闲帧包括了停止位。断开帧是 10 位低电平，后跟停止位(当 m=0 时)；或者 11 位低电平，后跟停止位(m=1 时)。

单字节通信：清零 TXE 位总是通过对数据寄存器的写操作来完成的。TXE 位由硬件来设置，它表明：

（1）数据已经从 TDR 移送到移位寄存器，数据发送已经开始。

（2）TDR 寄存器被清空。

（3）下一个数据可以被写进 USART_DR 寄存器而不会覆盖先前的数据。

如果此时 USART 正在发送数据，对 USART_DR 寄存器的写操作把数据存进 TDR 寄存器，并在当前传输结束时把该数据复制进移位寄存器。如果此时 USART 没有发送数据，处于空闲状态，则对 USART_DR 寄存器的写操作直接把数据放进移位寄存器，数据传输开始，TXE 位立即被置起。

当一帧发送完成(停止位发送后)并且设置了 TXE 位时，TC 位被置起，如果 USART_CR1 寄存器中的 TCIE 位被置起时，则会产生中断。

在 USART_DR 寄存器中写入了最后一个数据字后，在关闭 USART 模块之前或设置微控制器进入低功耗模式之前，必须先等待 TC=1。使用下列软件过程清除 TC 位：

（1）读一次 USART_SR 寄存器。

（2）写一次 USART_DR 寄存器。

TC 位也可以通过软件对它写 0 来清除。此清零方式只推荐在多缓冲器通信模式下使用。

断开符号：设置 SBK 可发送一个断开符号。断开帧长度取决 M 位。如果设置 SBK=1，在完成当前数据发送后，将在 TX 线上发送一个断开符号。断开字符发送完成时(在断开符号的停止位时)SBK 被硬件复位。USART 在最后一个断开帧的结束处插入逻辑 1，以保证能识别下一帧的起始位。如果在开始发送断开帧之前，软件又复位了 SBK 位，断开符号将不被发送。如果要发送两个连续的断开帧，SBK 位应该在前一个断开符号的停止位之后置起。

空闲符号：置位 TE 将使得 USART 在第一个数据帧前发送一个空闲帧。

9.1.2 接收器

起始位侦测：在 USART 中，如果辨认出一个特殊的采样序列，那么就认为侦测到一个起始位。该序列为：1 1 1 0 X 0 X 0 X 0 0 0 0。

字符接收：在 USART 接收期间，数据的最低有效位首先从 RX 脚移进。在此模式里，USART_DR 寄存器包含的缓冲器位于内部总线和接收移位寄存器之间。配置步骤如下：

（1）将 USART_CR1 寄存器的 UE 置 1 来激活 USART。

（2）编程 USART_CR1 的 M 位定义字长。

（3）在 USART_CR2 中编写停止位的个数。

（4）如果需要多缓冲器通信，选择 USART_CR3 中的 DMA 使能位(DMAR)。按多缓冲器通信所要求的配置 DMA 寄存器。

（5）利用波特率寄存器 USART_BRR 选择希望的波特率。

（6）设置 USART_CR1 的 RE 位。激活接收器，使它开始寻找起始位。

当一字符被接收到时：

（1）RXNE 位被置位。它表明移位寄存器的内容被转移到 RDR。换句话说，数据已经被接收并且可以被读出(包括与之有关的错误标志)。

（2）如果 RXNEIE 位被设置，则产生中断。

（3）在接收期间如果检测到帧错误、噪声或溢出错误，错误标志将被置起。

（4）在多缓冲器通信时，RXNE 在每个字节接收后被置起，并由 DMA 对数据寄存器的读操作而清零。

（5）在单缓冲器模式里，由软件读 USART_DR 寄存器完成对 RXNE 位清除。RXNE 标志也可以通过对它写 0 来清除。RXNE 位必须在下一字符接收结束前被清零，以避免溢出错误。

断开符号：当接收到一个断开帧时，USART 像处理帧错误一样处理它。

空闲符号：当一空闲帧被检测到时，其处理步骤和接收到普通数据帧一样，但如果 IDLEIE 位被设置将产生一个中断。

溢出错误：如果 RXNE 还没有被复位，又接收到一个字符，则发生溢出错误。数据只有当 RXNE 位被清零后才能从移位寄存器转移到 RDR 寄存器。RXNE 标记是接收到每个字节后被置位的。如果下一个数据已被收到或先前 DMA 请求还没被服务时，RXNE 标志仍是置起的，会产生溢出错误。当溢出错误产生时：ORE 位被置位，RDR 内容将不会丢失，读 USART_DR 寄存器仍能得到先前的数据。移位寄存器中以前的内容将被覆盖。随后接收到的数据都将丢失。如果 RXNEIE 位被设置或 EIE 和 DMAR 位都被设置，中断产生。顺序执行对 USART_SR 和 USART_DR 寄存器的读操作，可复位 ORE 位。当 ORE 位置位时，表明至少有 1 个数据已经丢失。有两种可能性：

（1）如果 RXNE=1，上一个有效数据还在接收寄存器 RDR 上，可以被读出。

（2）如果 RXNE=0，这意味着上一个有效数据已经被读走，RDR 已经没有东西可读。当上一个有效数据在 RDR 中被读取的同时又接收到新的(也就是丢失的)数据时，此种情况可能发生。在读序列期间(在 USART_SR 寄存器读访问和 USART_DR 读访问之间)接收到新的数据，此种情况也可能发生。

噪声错误：使用过采样技术(同步模式除外)，通过区别有效输入数据和噪声来进行数据恢复。当在接收帧中检测到噪音时：在 RXNE 位的上升沿设置 NE 标志。无效数据从移位寄存器传送到 USART_DR 寄存器。在单个字节通信情况下，没有中断产生。然而，因为 NE 标志位和 RXNE 标志位是同时被设置，RXNE 将产生中断。在多缓冲器通信情况下，如果已经设置了 USART_CR3 寄存器中的 EIE 位，将产生一个中断。先读出 USART_SR，再读出 USART_DR 寄存器，将清除 NE 标志位。

帧错误：当以下情况发生时检测到帧错误：由于没有同步上或大量噪声的原因，停止位没有在预期的时间接收识别出来。当帧错误被检测到时：FE 位被硬件置起，无效数据从移位寄存器传送到 USART_DR 寄存器。在单字节通信时，没有中断产生。然而，这个位和 RXNE 位同时置起，后者将产生中断。在多缓冲器通信情况下，如果 USART_CR3 寄存器中 EIE 位被置位，将产生中断。顺序执行对 USART_SR 和 USART_DR 寄存器的读操作，可复位 FE 位。

接收期间的可配置的停止位：接收的停止位的个数可以通过控制寄存器 2 的控制位来配置，在正常模式时，可以是 1 或 2 个，在智能卡模式里可能是 0.5 或 1.5 个。

（1）0.5 个停止位(智能卡模式中的接收)：不对 0.5 个停止位进行采样。因此，如果选择 0.5 个停止位则不能检测帧错误和断开帧。

（2）1 个停止位：对 1 个停止位的采样在第 8、第 9 和第 10 采样点上进行。

（3）1.5 个停止位(智能卡模式)：当以智能卡模式发送时，器件必须检查数据是否被正确地发送出去。所以，接收器功能块必须被激活(USART_CR1 寄存器中的 RE =1)，并且在停止位的发送期间采样数据线上的信号。如果出现校验错误，智能卡会在发送方采样 NACK 信号时，即总线上停止位对应的时间内时，拉低数据线，以此表示出现了帧错误。FE 在 1.5 个停止位结束时和 RXNE 一起被置起。对 1.5 个停止位的采样是在第 16、第 17 和第 18 采样点进行的。1.5 个的停止位可以被分成 2 部分：一个是 0.5 个时钟周期，期间不做任何事情。随后是 1 个时钟周期的停止位，在这段时间的中点处采样。

（4）2 个停止位：对 2 个停止位的采样是在第一停止位的第 8、第 9 和第 10 个采样点完成的。如果第一个停止位期间检测到一个帧错误，帧错误标志将被设置，第二个停止位不再检查帧错误。在第一个停止位结束时 RXNE 标志将被设置。

9.1.3　分数波特率发生器

串口通信常见的波特率很多，常见的 9 600、115 200 等；M3 芯片为了支持多种波特率，设计了分数波特率寄存器：

$$\text{USART 波特率}=\frac{f_{ck}}{16' \text{ USARTDIV}}$$

$$\text{USARTDIV}=f_{ck}/(16\times\text{USART 波特率})$$

这里的 f_{ck} 是给外设的时钟(PCLK1 用于 USART2、3、4、5，PCLK2 用于 USART1)。USARTDIV 是一个无符号的定点数，这 12 位的值设置在 USART_BRR 寄存器。

USART_BRR 寄存器的值不是直接等于 USARTDIV 的，而是通过一定的换算公式计算出来的。在使用 USART 时，要算出对应波特率的分频系数，再倒推出 USART_BRR 寄存器应该设置的值；USART_BRR 的 15:4 位定义了 USARTDIV 的整数部分 DIV_Mantissa；3:0 位定义了 USARTDIV 的小数部分 DIV_Fraction。需要注意的是 4 位小数部分的值要经过计算才能得出小数。

由 USART_BRR 计算出 USARTDIV：

```
小数部分=DIV_Fraction/16;
```

如果 DIV_Mantissa=27，DIV_Fraction=12，则 USARTDIV=27+12/16=27.75。

从此处可以发现，USARTDIV 并不是可以设置为任意的小数，有些波特率会出现无法配置出与预设完全一致的 USARTDIV，这时就只能取最接近的，就会出现波特率误差。不过好的一点是，串口通信是可以容忍微小的波特率误差的。

当发现无法设置出与预设完全一致的 USARTDIV 时，可以先根据预设的 USARTDIV 倒推出 USART_BRR，然后再测试左右相邻的值找出最佳误差波特率。

由 USARTDIV 计算出 USART_BRR：

```
如   USARTDIV=27.79
则   DIV_Mantissa=27
     DIV_Fraction=(uint)(0.79*16+0.5)=13
又   DIV_Fraction=13时
     USARTDIV=27+13/16=27.8125
```

此时，波特率就会产生误差；所谓波特率误差本质上就是指要设置的波特率 *X*bit/s，而在实际上产生的波特率是($X\pm$ offset)，offset 就是误差。产生误差的原因是因为小数部分只能取 DIV_Fraction/16，DIV_Fraction 只能取 0~15 的整数，不能随意设置为任意小数。

需要指出的是，理论上来讲，要设置 USARTDIV=27.79 时，DIV_Fraction=13 误差最小；但是，在 M3 芯片与计算机进行串口通信时，M3 的时钟和计算机的相对时钟并不是完全理想化的，在实际通信中，DIV_Fraction=13 未必是误差最小的波特率设置，这时可以把 DIV_Fraction 设为 12、14 等来进行实际测试；笔者实测，通过这种方法可以配置出计算机支持的所有串口波特率。在两个同样的 M3 芯片通过串口进行通信时，因为两个 M3 芯片产生的误差都是一致的，所以就没有必要进行误差修正，两边设定同一个波特率即可，当然前提是两个 M3 的时钟设置是一样的。

9.1.4 USART 中断请求

中断事件及相关说明如表 9.1 所示。

表 9.1 中断事件及相关说明

中断事件	事件标志	使能位
发送数据寄存器空	TXE	TXEIE
CTS 标志	CTS	CTSIE
发送完成	TC	TCIE
接收数据就绪可读	TXNE	TXNEIE
检测到数据溢出	ORE	
检测到空闲线路	IDLE	IDLEIE
奇偶校验错	PE	PEIE
断开标志	LBD	LBDIE
噪声标志，多缓冲通信中的溢出错误和帧错误	NE 或 ORT 或 FE	EIE

USART 的各种中断事件被连接到同一个中断向量，有以下各种中断事件：

（1）发送期间：发送完成、清除发送、发送数据寄存器空。

（2）接收期间：空闲总线检测、溢出错误、接收数据寄存器非空、校验错误、LIN 断开符号检测、噪声标志（仅在多缓冲器通信）和帧错误（仅在多缓冲器通信）。

如果设置了对应的使能控制位，这些事件就可以产生各自的中断。图9.2所示为USART中断映像图。

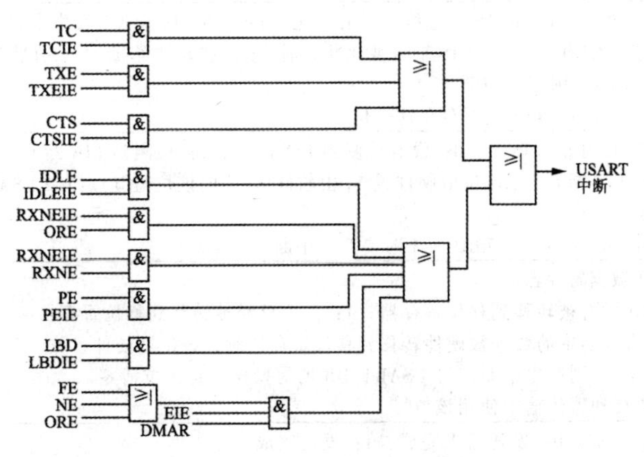

图9.2　USART中断映像图

9.1.5　USART模式配置

USART模式及相关说明如表9.2所示。

表9.2　USART模式及相关说明

USART模式	USART1	USART2	USART3	UART4	UART5
异步模式	√	√	√	√	√
硬件流控制	√	√	√	×	×
多缓存通讯（DMA）	√	√	√	√	√
多处理器通讯	√	√	√	√	√
同步	√	√	√	×	×
智能卡	√	√	√	×	×
半双工（单线模式）	√	√	√	√	√
IrDA	√	√	√	√	√
LIN	√	√	√	√	√

注：√表示支持；×表示不支持。

9.2　USART寄存器

（1）状态寄存器USART_SR偏移地址：0x00；复位值：0x0000 00C0。各位使用情况及相关说明如表9.3所示。

表9.3　各位使用情况及相关说明

31	30	29	28	27	26	25	24	23	22	21	20	19	18	17	16
保留															
15	14	13	12	11	10	9	8	7	6	5	4	3	2	1	0
保留						CTS	LBD	TXE	TC	RXNE	IDLE	ORE	NE	FE	PE
						rc w0	rc w0	R	rc w0	rc w0	R	R	R	R	R

续表

位 31:10	保留位，硬件强制为 0
位 9	CTS：CTS 标志。0：nCTS 状态线上没有变化；1：nCTS 状态线上发生变化。 如果设置了 CTSE 位，当 nCTS 输入变化状态时，该位被硬件置高。由软件将其清零。如果 USART_CR3 中的 CTSIE 为 1，则产生中断。 注：UART4 和 UART5 上不存在这一位
位 8	LBD：LIN 断开检测标志。0：没有检测到 LIN 断开；1：检测到 LIN 断开。 当探测到 LIN 断开时，该位由硬件置 1，由软件清 0(向该位写 0)。如果 USART_CR3 中的 LBDIE = 1，则产生中断。 注意：若 LBDIE=1，当 LBD 为 1 时要产生中断
位 7	TXE:发送数据寄存器空。 0：数据还没有被转移到移位寄存器；1：数据已经被转移到移位寄存器。 当 TDR 寄存器中的数据被硬件转移到移位寄存器时，该位被硬件置位。如果 USART_CR1 寄存器中的 TXEIE 为 1，则产生中断。对 USART_DR 的写操作，将该位清零。 注意：单缓冲器传输中使用该位
位 6	TC：发送完成。0：发送还未完成；1：发送完成。 当包含有数据的一帧发送完成后，并且 TXE=1 时，由硬件将该位置 1。如果 USART_CR1 中的 TCIE 为 1，则产生中断。由软件序列清除该位(先读 USART_SR，然后写入 USART_DR)。TC 位也可以通过写入 0 来清除，只有在多缓存通信中才推荐这种清除程序
位 5	RXNE：读数据寄存器非空。0：数据没有收到；1：收到数据，可以读出。 当 RDR 移位寄存器中的数据被转移到 USART_DR 寄存器中时，该位被硬件置位。如果 USART_CR1 寄存器中的 RXNEIE 为 1，则产生中断。对 USART_DR 的读操作可以将该位清零。RXNE 位也可以通过写入 0 来清除，只有在多缓存通信中才推荐这种清除程序
位 4	IDLE：监测到总线空闲。0：没有检测到空闲总线；1：检测到空闲总线。 当检测到总线空闲时，该位被硬件置位。如果 USART_CR1 中的 IDLEIE 为 1，则产生中断。由软件序列清除该位(先读 USART_SR，然后读 USART_DR)。 注意：IDLE 位不会再次被置高直到 RXNE 位被置起(即又检测到一次空闲总线)
位 3	ORE：过载错误。0：没有过载错误；1：检测到过载错误。 当 RXNE 仍然是 1 的时候，当前被接收在移位寄存器中的数据，需要传送至 RDR 寄存器时，硬件将该位置位。如果 USART_CR1 中的 RXNEIE 为 1，则产生中断。由软件序列将其清零(先读 USART_SR，然后读 USART_CR)。 注意：该位被置位时，RDR 寄存器中的值不会丢失，但是移位寄存器中的数据会被覆盖。如果设置了 EIE 位，在多缓冲器通信模式下，ORE 标志置位会产生中断
位 2	NE：噪声错误标志。0：没有检测到噪声；1：检测到噪声。 在接收到的帧检测到噪音时，由硬件对该位置位。由软件序列对其清玲(先读 USART_SR，再读 USART_DR)。 注意：该位不会产生中断，因为它和 RXNE 一起出现，硬件会在设置 RXNE 标志时产生中断。在多缓冲区通信模式下，如果设置了 EIE 位，则设置 NE 标志时会产生中断
位 1	FE：帧错误。0：没有检测到帧错误；1：检测到帧错误或者 break 符。 当检测到同步错位，过多的噪声或者检测到断开符，该位被硬件置位。由软件序列将其清零(先读 USART_SR，再读 USART_DR)。 注意：该位不会产生中断，因为它和 RXNE 一起出现，硬件会在设置 RXNE 标志时产生中断。如果当前传输的数据既产生了帧错误，又产生了过载错误，硬件还是会继续该数据的传输，并且只设置 ORE 标志位。 在多缓冲区通信模式下，如果设置了 EIE 位，则设置 FE 标志时会产生中断
位 0	PE：校验错误。0：没有奇偶校验错误；1：奇偶校验错误。 在接收模式下，如果出现奇偶校验错误，硬件对该位置位。由软件序列对其清零(依次读 USART_SR 和 USART_DR)。在清除 PE 位前，软件必须等待 RXNE 标志位被置 1。如果 USART_CR1 中的 PEIE 为 1，则产生中断

（2）数据寄存器 USART_DR 偏移地址：0x04；复位值：不确定状态。各位使用情况及相

关说明如表 9.4 所示。

表 9.4 USART_DR 各位使用情况及相关说明

31	30	29	28	27	26	25	24	23	22	21	20	19	18	17	16
保 留															
15	14	13	12	11	10	9	8	7	6	5	4	3	2	1	0
保 留							DR[8:0]								
							RW	RW	RW	RW	RW	RW	RW	RW	RW

位 31:9	保留位，硬件强制为 0
位 8:0	DR[8:0]：数据值，包含了发送或接收的数据。由于它是由两个寄存器组成的，一个给发送用(TDR)，一个给接收用(RDR)，该寄存器兼具读和写的功能。TDR 寄存器提供了内部总线和输出移位寄存器之间的并行接口。RDR 寄存器提供了输入移位寄存器和内部总线之间的并行接口。 当使能校验位(USART_CR1 中 PCE 位被置位)进行发送时，写到 MSB 的值(根据数据的长度不同，MSB 是第 7 位或者第 8 位)会被后来的校验位该取代。 当使能校验位进行接收时，读到的 MSB 位是接收到的校验位

（3）波特率寄存器 USART_BRR 偏移地址：0x08；复位值：0x0000 0000。各位使用情况及相关说明如表 9.5 所示。

表 9.5 USART_BRR 各位使用情况及相关说明

31	30	29	28	27	26	25	24	23	22	21	20	19	18	17	16
保留															
15	14	13	12	11	10	9	8	7	6	5	4	3	2	1	0
DIV_Mantissa[11:0]												DIV_Fraction[3:0]			
RW	RW	RW	RW	RW	RW	RW	RW	RW	RW	RW	RW	RW	RW	RW	RW

位 31:16	保留位，硬件强制为 0。
位 15:4	DIV_Mantissa[11:0]：USARTDIV 的整数部分，这 12 位定义了 USART 分频器除法因子(USARTDIV)的整数部分。
位 3:0	DIV_Fraction[3:0]：USARTDIV 的小数部分，这 4 位定义了 USART 分频器除法因子(USARTDIV)的小数部分

注意：

如果 TE 或 RE 被分别禁止，波特计数器停止计数。

（4）控制寄存器 1 USART_CR1 偏移地址：0x0C；复位值：0x0000 0000。各位使用情况及相关说明如表 9.6 所示。

表 9.6 USART_CR1 各位使用情况及相关说明

31	30	29	28	27	26	25	24	23	22	21	20	19	18	17	16
保留															
15	14	13	12	11	10	9	8	7	6	5	4	3	2	1	0
保留		UE	M	WAKE	PCE	PS	PEIE	TXEIE	TCIE	RXNEIE	IDLEIE	TE	RE	RWU	SBK
		RW	RW	RW	RW	RW	RW	RW	RW	RW	RW	RW	RW	RW	RW

续表

位 31:14	保留位，硬件强制为 0
位 13	UE：USART 使能。0：USART 分频器和输出被禁止；1：USART 模块使能。 当该位被清零，在当前字节传输完成后 USART 的分频器和输出停止工作，以减少功耗。该位由软件设置和清零
位 12	M：字长。该位定义了数据字的长度，由软件对其设置和清零。 0：一个起始位，8 个数据位，n 个停止位；　1：一个起始位，9 个数据位，n 个停止位。 注意：在数据传输过程中(发送或者接收时)，不能修改这个位
位 11	位 11　WAKE：唤醒的方法　　这位决定了把 USART 唤醒的方法，由软件对该位设置和清零。 0：被空闲总线唤醒；　　　　　　　　　　　　1：被地址标记唤醒。
位 10	PCE：检验控制使能。0：禁止校验控制；1：使能校验控制。 用该位选择是否进行硬件校验控制(对于发送来说就是校验位的产生；对于接收来说就是校验位的检测)。当使能了该位，在发送数据的最高位(如果 M=1，最高位就是第 9 位；如果 M=0，最高位就是第 8 位)插入校验位；对接收到的数据检查其校验位。软件对它置 1 或清 0。一旦设置了该位，当前字节传输完成后，校验控制才生效
位 9	PS：校验选择 当校验控制使能后，该位用来选择是采用偶校验还是奇校验。软件对它置 1 或清 0。当前字节传输完成后，该选择生效。 0：偶校验；1：奇校验
位 8	PEIE：PE 中断使能，该位由软件设置或清除。 0：禁止产生中断；1：当 USART_SR 中的 PE 为 1 时，产生 USART 中断
位 7	TXEIE：发送缓冲区空中断使能，该位由软件设置或清除。 0：禁止产生中断；1：当 USART_SR 中的 TXE 为 1 时，产生 USART 中断
位 6	TCIE：发送完成中断使能，该位由软件设置或清除。 0：禁止产生中断；1：当 USART_SR 中的 TC 为 1 时，产生 USART 中断
位 5	RXNEIE：接收缓冲区非空中断使能，该位由软件设置或清除。 0：禁止产生中断；1：当 USART_SR 中的 ORE 或者 RXNE 为 1 时，产生 USART 中断
位 4	IDLEIE：IDLE 中断使能，该位由软件设置或清除。 0：禁止产生中断；1：当 USART_SR 中的 IDLE 为 1 时，产生 USART 中断
位 3	TE：发送使能，该位使能发送器，由软件设置或清除。 0：禁止发送；1：使能发送。 注意： （1）在数据传输过程中，除了在智能卡模式下，如果 TE 位上有个 0 脉冲(即设置为 0 之后再设置为 1)，会在当前数据字传输完成后，发送一个“前导符”(空闲总线)。 （2）当 TE 被设置后，在真正发送开始之前，有一个比特时间的延迟
位 2	RE：接收使能，该位由软件设置或清除。 0：禁止接收；1：使能接收，并开始搜寻 RX 引脚上的起始位
位 1	RWU：接收唤醒。该位用来决定是否把 USART 置于静默模式，由软件设置或清除。当唤醒序列到来时，硬件也会将其清零。 0：接收器处于正常工作模式；1：接收器处于静默模式。 注意： （1）在把 USART 置于静默模式(设置 RWU 位)之前，USART 要已经先接收了一个数据字节，否则在静默模式下，不能被空闲总线检测唤醒。 （2）当配置成地址标记检测唤醒(WAKE 位=1)，在 RXNE 位被置位时，不能用软件修改 RWU 位
位 0	SBK：发送断开帧。使用该位来发送断开字符，该位可以由软件设置或清除。操作过程应该是软件设置位，然后在断开帧的停止位时，由硬件将该位复位。 0：没有发送断开字符；1：将要发送断开字符

（5）控制寄存器 2 USART_CR2 偏移地址：0x10；复位值：0x0000 0000。各位使用情况及相关说明如表 9.7 所示。

表 9.7　USART_CR2 各位使用情况及相关说明

31	30	29	28	27	26	25	24	23	22	21	20	19	18	17	16
保留															
15	14	13	12	11	10	9	8	7	6	5	4	3	2	1	0
保留	LINEN	STOP[1:0]		CLKEN	CPOL	CPHA	LBCL	保留	LBDIE	LBDL	保留	ADD[3:0]			
	RW	RW	RW	RW	RW	RW	RW		RW	RW		RW	RW	RW	RW

位	说明
位 31:15	保留位，硬件强制为 0
位 14	LINEN：LIN 模式使能，该位由软件设置或清除。 0：禁止 LIN 模式；1：使能 LIN 模式。 在 LIN 模式下，可以用 USART_CR1 寄存器中的 SBK 位发送 LIN 同步断开符(低 13 位)，以及检测 LIN 同步断开符
位 13:12	STOP：停止位，这 2 位用来设置停止位的位数。 00：1 个停止位；01：0.5 个停止位；10：2 个停止位；11：1.5 个停止位。 注：UART4 和 UART5 不能用 0.5 停止位和 1.5 停止位
位 11	CLKEN：时钟使能，该位用来使能 CK 引脚。 0：禁止 CK 引脚；1：使能 CK 引脚。 注：UART4 和 UART5 上不存在这一位
位 10	CPOL：时钟极性。在同步模式下，可以用该位选择 SLCK 引脚上时钟输出的极性，和 CPHA 位一起配合来产生需要的时钟/数据的采样关系。 0：总线空闲时 CK 引脚上保持低电平；1：总线空闲时 CK 引脚上保持高电平。 注：UART4 和 UART5 上不存在这一位
位 9	CPHA：时钟相位。在同步模式下，可以用该位选择 SLCK 引脚上时钟输出的相位，和 CPOL 位一起配合来产生需要的时钟/数据的采样关系。 0：在时钟的第一个边沿进行数据捕获；1：在时钟的第二个边沿进行数据捕获。 注：UART4 和 UART5 上不存在这一位
位 8	LBCL：最后一位时钟脉冲。在同步模式下，使用该位来控制是否在 CK 引脚上输出最后发送的那个数据字节(MSB)对应的时钟脉冲。 0：最后一位数据的时钟脉冲不从 CK 输出；1：最后一位数据的时钟脉冲会从 CK 输出。 注意： （1）最后一个数据位就是第 8 或者第 9 个发送的位(根据 USART_CR1 寄存器中的 M 位所定义的 8 或者 9 位数据帧格式)。 （2）UART4 和 UART5 上不存在这一位
位 7	保留位，硬件强制为 0
位 6	LBDIE：LIN 断开符检测中断使能。 断开符中断屏蔽(使用断开分隔符来检测断开符)。 0：禁止中断；1：只要 USART_SR 寄存器中的 LBD 为 1 就产生中断
位 5	LBDL：LIN 断开符检测长度。该位用来选择是 11 位还是 10 位的断开符检测。 0：10 位的断开符检测；1：11 位的断开符检测
位 4	保留位，硬件强制为 0
位 3:0	ADD[3:0]：本设备的 USART 结点地址，该位域给出本设备 USART 结点的地址。 这是在多处理器通信下的静默模式中使用的，使用地址标记来唤醒某个 USART 设备

（6）USART_CR3 偏移地址：0x14；复位值：0x0000 0000。各位使用情况及相关说明如表 9.8 所示。

表 9.8 USART_CR3 各位使用情况及相关说明

31	30	29	28	27	26	25	24	23	22	21	20	19	18	17	16
保留															
15	14	13	12	11	10	9	8	7	6	5	4	3	2	1	0
保留					CTSIE	CTSE	RTSE	DMAT	DMAR	SCEN	NACK	HDSEL	IRLP	IREN	EIE
					RW	RW	RW	RW	RW	RW	RW	RW	RW	RW	RW

位	说明
位 31:11	保留位，硬件强制为 0
位 10	CTSIE：CTS 中断使能。 0：禁止中断；1：USART_SR 寄存器中的 CTS 为 1 时产生中断。 注：UART4 和 UART5 上不存在这一位
位 9	CTSE：CTS 使能。 0：禁止 CTS 硬件流控制；1：CTS 模式使能，只有 nCTS 输入信号有效(拉成低电平)时才能发送数据。如果在数据传输的过程中，nCTS 信号变成无效，那么发完这个数据后，传输就停止下来。如果当 nCTS 为无效时，往数据寄存器里写数据，则要等到 nCTS 有效时才会发送这个数据。 注：UART4 和 UART5 上不存在这一位
位 8	RTSE：RTS 使能。 0：禁止 RTS 硬件流控制；1：RTS 中断使能，只有接收缓冲区内有空余的空间时才请求下一个数据。当前数据发送完成后，发送操作就需要暂停下来。如果可以接收数据了，将 nRTS 输出置为有效(拉至低电平)。 注：UART4 和 UART5 上不存在这一位
位 7	DMAT：DMA 使能发送，该位由软件设置或清除。 0：禁止发送时的 DMA 模式；1：使能发送时的 DMA 模式。 注：UART4 和 UART5 上不存在这一位
位 6	DMAR：DMA 使能接收，该位由软件设置或清除。 0：禁止接收时的 DMA 模式。1：使能接收时的 DMA 模式。 注：UART4 和 UART5 上不存在这一位
位 5	SCEN：智能卡模式使能，该位用来使能智能卡模式。0：禁止智能卡模式；1：使能智能卡模式。 注：UART4 和 UART5 上不存在这一位
位 4	NACK：智能卡 NACK 使能。 0：校验错误出现时，不发送 NACK；1：校验错误出现时，发送 NACK。 注：UART4 和 UART5 上不存在这一位
位 3	HDSEL：半双工选择，选择单线半双工模式。 0：不选择半双工模式；1：选择半双工模式
位 2	IRLP：红外低功耗，该位用来选择普通模式还是低功耗红外模式。 0：通常模式；1：低功耗模式
位 1	IREN：红外模式使能，该位由软件设置或清除。 0：不使能红外模式；1：使能红外模式
位 0	EIE：错误中断使能。在多缓冲区通信模式下，当有帧错误、过载或者噪声错误时(USART_SR 中的 FE=1，或者 ORE=1，或者 NE=1)产生中断。 0：禁止中断；1：只要 USART_CR3 中的 DMAR=1，并且 USART_SR 中的 FE=1，或者 ORE=1，或者 NE=1，则产生中断

（7）保护时间和预分频寄存器 USART_GTPR 偏移地址：0x18；复位值：0x0000 0000。各位使用情况及相关说明如表 9.9 所示。

表9.9 USART_GTPR各位使用情况及相关说明

31	30	29	28	27	26	25	24	23	22	21	20	19	18	17	16
保留															
15	14	13	12	11	10	9	8	7	6	5	4	3	2	1	0
GT[7:0]								PSC[7:0]							
RW	RW	RW	RW	RW	RW	RW	RW	RW	RW	RW	RW	RW	RW	RW	RW

位	说明
位31:16	保留位，硬件强制为0
位15:8	GT[7:0]：保护时间值。该位域规定了以波特时钟为单位的保护时间。在智能卡模式下，需要这个功能。当保护时间过去后，才会设置发送完成标志。 注：UART4和UART5上不存在这一位
位7:0	PSC[7:0]：预分频器值。 （1）在红外(IrDA)低功耗模式下：PSC[7:0]=红外低功耗波特率。 对系统时钟分频以获得低功耗模式下的频率：源时钟被寄存器中的值(仅有8位有效)分频。 00000000：保留。不要写入该值；00000001：对源时钟1分频；00000010：对源时钟2分频…… （2）在红外(IrDA)的正常模式下：PSC只能设置为00000001。 （3）在智能卡模式下：PSC[4:0]：预分频值；对系统时钟进行分频，给智能卡提供时钟。 寄存器中给出的值(低5位有效)乘以2后，作为对源时钟的分频因子。 00000：保留，不要写入该值；00001：对源时钟进行2分频；00010：对源时钟进行4分频；00011：对源时钟进行6分频…… 注意：位[7:5]在智能卡模式下没有意义；UART4和UART5上不存在这一位

9.3 USART寄存器开发实例

1. usart.h文件，引入串口头文件

```
#ifndef __USART_H
#define __USART_H
#include <stm32f10x_lib.h>
#include "stdio.h"
extern u8 USART_RX_BUF[64];         //接收缓冲,最大63 B,末字节为换行符
extern u8 USART_RX_STA;             //接收状态标记
```

如果使串口中断接收，不要注释以下宏定义：

```
#define EN_USART1_RX                //使能串口1接收
void uart_init(u32 pclk2,u32 bound);
#endif
```

2. usart.c文件，串口的C代码文件

```
#include "sys.h"
#include "usart.h"
```

（1）加入以下代码，支持printf()函数，而不需要选择use MicroLIB。

```
#if 1
#pragma import(__use_no_semihosting)
```

（2）标准库需要的支持函数，FILE在stdio.h中定义。

```
struct __FILE
{
```

```
    int handle;
    /**/
};
```

（3）定义_sys_exit()以避免使用半主机模式：

```
_sys_exit(int x)
{
    x = x;
}
```

（4）函数 fputc()重定义 fputc()函数。

```
int fputc(int ch, FILE *f)
{
    while((USART1->SR&0X40)==0);    //循环发送,直到发送完毕
    USART1->DR=(u8) ch;
    return ch;
}
#endif

#ifdef EN_USART1_RX                 //如果使能了接收
u8 USART_RX_BUF[64];                //接收缓冲,最大 64 个字节
```

（5）定义接收状态：

```
u8 USART_RX_STA=0;                  //接收状态标记
```

串口 1 中断服务程序，注意,读取 USARTx->SR 能避免莫名其妙的错误。位 7，接收完成标志；位 6，接收到 0x0d；位 5~位 0，接收到的有效字节数目。

```
void USART1_IRQHandler(void)
{
u8 res;
if(USART1->SR&(1<<5))                       //接收到数据
{
    res=USART1->DR;
    if((USART_RX_STA&0x80)==0)              //接收未完成
    {
        if(USART_RX_STA&0x40)               //接收到了 0x0d
        {
            if(res!=0x0a)USART_RX_STA=0;    //接收错误,重新开始
            else USART_RX_STA|=0x80;        //接收完成了
        }else                               //还没收到 0X0D
        {
            if(res==0x0d)USART_RX_STA|=0x40;
            else
            {
                USART_RX_BUF[USART_RX_STA&0X3F]=res;
                USART_RX_STA++;
    if(USART_RX_STA>63)USART_RX_STA=0;     //接收数据错误,重新开始接收
            }
        }
    }
}
```

```
}
#endif
```

uart_init()函数初始化 I/O 串口 1，pclk2——PCLK2 时钟频率(MHz)，bound——波特率。

```
void uart_init(u32 pclk2,u32 bound)
{
    float temp;
    u16 mantissa;
    u16 fraction;
    temp=(float)(pclk2*1000000)/(bound*16);     //得到 USARTDIV
    mantissa=temp;                              //得到整数部分
    fraction=(temp-mantissa)*16;                //得到小数部分
        mantissa<<=4;
    mantissa+=fraction;
    RCC->APB2ENR|=1<<2;                         //使能 PORTA 口时钟
    RCC->APB2ENR|=1<<14;                        //使能串口时钟
    GPIOA->CRH&=0XFFFFF00F;
    GPIOA->CRH|=0X000008B0;                     //IO 状态设置

    RCC->APB2RSTR|=1<<14;                       //复位串口 1
    RCC->APB2RSTR&=~(1<<14);                    //停止复位
    //波特率设置
        USART1->BRR=mantissa;                   // 波特率设置
    USART1->CR1|=0X200C;                        //1 位停止,无校验位
        #ifdef EN_USART1_RX                     //如果使能了接收
    //使能接收中断
    USART1->CR1|=1<<8;                          //PE 中断使能
    USART1->CR1|=1<<5;                          //接收缓冲区非空中断使能
    MY_NVIC_Init(3,3,USART1_IRQChannel,2);//组 2，最低优先级
    #endif
}
```

9.4　USART 库函数

在固件函数库的 stm32f10x_map.h 文件中，对应的定义：

```
typedef struct
{
  vu16 SR;
  u16  RESERVED0;
  vu16 DR;
  u16  RESERVED1;
  vu16 BRR;
  u16  RESERVED2;
  vu16 CR1;
  u16  RESERVED3;
  vu16 CR2;
  u16  RESERVED4;
  vu16 CR3;
  u16  RESERVED5;
```

```
  vu16 GTPR;
  u16  RESERVED6;
} USART_TypeDef;
```

用结构体USART_TypeDef定义USARTx串口，STM32单片机的USART串口：采用分数波特率发生器，串行发送、接收数据的最高速率=72 MHz/16=4.5 Mbit/s。编程时，USARTx串口的具体配置是从USARTx寄存器组开始。

1．void USART_DeInit(USART_TypeDef* USARTx)

功能描述：将外设USARTx寄存器重设为默认值。

输入参数：USARTx，x可以是1、2或者3，来选择USART外设。例如：

```
USART_DeInit(USART1);
```

2．void USART_Init(USART_TypeDef* USARTx, USART_InitTypeDef* USART_InitStruct)

功能描述：根据USART_InitStruct中指定的参数初始化外设USARTx寄存器。

输入参数1：USARTx，x可以是1，2或者3，来选择USART外设。

输入参数2：USART_InitStruct，指向结构USART_InitTypeDef的指针，包含了外设USART的配置信息。

USART_InitTypeDef定义于文件stm32f10x_usart.h：

```
typedef struct
{
   u32 USART_BaudRate;
   u16 USART_WordLength;
   u16 USART_StopBits;
   u16 USART_Parity;
   u16 USART_HardwareFlowControl;
   u16 USART_Mode;
   u16 USART_Clock;
   u16 USART_CPOL;
   u16 USART_CPHA;
   u16 USART_LastBit;
} USART_InitTypeDef;
```

USART_BaudRate：该成员设置了USART传输的波特率，波特率可以由以下公式计算：

```
IntegerDivider = ((APBClock)/(16 * (USART_InitStruct->USART_BaudRate)))
FractionalDivider=((IntegerDivider - ((u32) IntegerDivider)) * 16) +
0.5USART_WordLength
```

USART_WordLength：提示了在一个帧中传输或者接收到的数据位数，相关说明如表9.10所示。

表9.10 USART_WordLength相关说明

USART_WordLength	描 述	值
USART_WordLength_8b	8位数据	0x0000
USART_WordLength_9b	9位数据	0x1000

USART_StopBits：定义了发送的停止位数目，相关说明如表9.11所示。

表 9.11 USART_StopBits 相关说明

USART_StopBits	描述	值
USART_StopBits_1	在帧结尾传输 1 个停止位	0x0000
USART_StopBits_0.5	在帧结尾传输 0.5 个停止位	0x1000
USART_StopBits_2	在帧结尾传输 2 个停止位	0x2000
USART_StopBits_1.5	在帧结尾传输 1.5 个停止位	0x3000

USART_Parity：定义了奇偶模式，相关说明如表 9.12 所示。

表 9.12 USART_Parity 相关说明

USART_Parity	描述	值
USART_Parity_No	奇偶失能	0x0000
USART_Parity_Even	偶模式	0x0400
USART_Parity_Odd	奇模式	0x0600

USART_HardwareFlowControl：指定了硬件流控制模式使能还是失能，相关说明如表 9.13 所示。

表 9.13 USART_HardwareFlowControl 相关说明

USART_HardwareFlowControl	描述	值
USART_HardwareFlowControl_None	硬件流控制失能	0x0000
USART_HardwareFlowControl_RTS	发送请求 RTS 使能	0x0100
USART_HardwareFlowControl_CTS	清除发送 CTS 使能	0x0200
USART_HardwareFlowControl_RTS_CTS	RTS 和 CTS 使能	0x0300

USART_Mode：指定了使能或者失能发送和接收模式，相关说明如表 9.14 所示。

表 9.14 USART_Mode 相关说明

USART_Mode	描述	值
USART_Mode_Rx	接收使能	0x0004
USART_Mode_Tx	发送使能	0x0008

USART_CLOCK：提示了 USART 时钟使能还是失能，相关说明如表 9.15 所示。

表 9.15 USART_CLOCK 相关说明

USART_CLOCK	描述	值
USART_Clock_Enable	时钟高电平活动	0x0800
USART_Clock_Disable	时钟低电平活动	0x0000

USART_CPOL：指定了下 SLCK 引脚上时钟输出的极性，相关说明如表 9.16 所示。

表 9.16 USART_CPOL 相关说明

USART_CPOL	描述	值
USART_CPOL_High	时钟高电平	0x0400
USART_CPOL_Low	时钟低电平	0x0000

USART_CPHA：指定了下 SLCK 引脚上时钟输出的相位，和 CPOL 位一起配合来产生用户希望的时钟/数据的采样关系，相关说明如表 9.17 所示。

表 9.17　USART_CPHA 相关说明

USART_CPHA	描　述	值
USART_CPHA_1Edge	时钟第一个边沿进行数据捕获	0x0000
USART_CPHA_2Edge	时钟第二个边沿进行数据捕获	0x0200

USART_LastBit：控制是否在同步模式下，在 SCLK 引脚上输出最后发送的那个数据字(MSB)对应的时钟脉冲，相关说明如表 9.18 所示。

表 9.18　USART_LastBit 相关说明

USART_LastBit	描　述	值
USART_LastBit_Disable	最后一位数据的时钟脉冲不从 SCLK 输出	0x0000
USART_LastBit_Enable	最后一位数据的时钟脉冲从 SCLK 输出	0x0100

例如：

```
USART_InitTypeDef USART_InitStructure;
USART_InitStructure.USART_BaudRate=9600;
USART_InitStructure.USART_WordLength=USART_WordLength_8b;
USART_InitStructure.USART_StopBits=USART_StopBits_1;
USART_InitStructure.USART_Parity=USART_Parity_Odd;
USART_InitStructure.USART_HardwareFlowControl=USART_HardwareFlowContro
  l_RTS_CTS;
USART_InitStructure.USART_Mode=USART_Mode_Tx|USART_Mode_Rx;
USART_InitStructure.USART_Clock=USART_Clock_Disable;
USART_InitStructure.USART_CPOL=USART_CPOL_High;
USART_InitStructure.USART_CPHA=USART_CPHA_1Edge;
USART_InitStructure.USART_LastBit=USART_LastBit_Enable;
USART_Init(USART1, &USART_InitStructure);
```

3. void USART_StructInit(USART_InitTypeDef* USART_InitStruct)

功能描述：把 USART_InitStruct 中的每一个参数按缺省值填入。

USART_InitStruct：指向结构 USART_InitTypeDef 的指针，待初始化，默认值如表 9.19 所示。

表 9.19　USART_InitStruct 的成员及默认值

成　员	默 认 值
USART_BaudRate	9600
USART_WordLength	USART_WordLength_8b
USART_StopBits	USART_StopBits_1
USART_Parity	USART_Parity_No
USART_HardwareFlowControl	USART_HardwareFlowControl_None
USART_Mode	USART_Mode_Rx | USART_Mode_Tx
USART_Clock	USART_Clock_Disable
USART_CPOL	USART_CPOL_Low
USART_CPHA	USART_CPHA_1Edge
USART_LastBit	USART_LastBit_Disable

例如：

```
USART_InitTypeDef USART_InitStructure;
USART_StructInit(&USART_InitStructure);
```

4. void USART_Cmd(USART_TypeDef* USARTx, FunctionalState NewState)

功能描述：使能或者失能 USART 外设。

输入参数 1：USARTx，x 可以是 1、2 或者 3，来选择 USART 外设。

输入参数 2：NewState，外设 USARTx 的新状态，这个参数可以取 ENABLE 或者 DISABLE。例如：

```
USART_Cmd(USART1, ENABLE);
```

5. void USART_ITConfig(USART_TypeDef* USARTx, u16 USART_IT, FunctionalState NewState)

功能描述：使能或者失能指定的 USART 中断。

输入参数 1：USARTx，x 可以是 1、2 或者 3，来选择 USART 外设。

输入参数 2：USART_IT，待使能或者失能的 USART 中断源。

输入参数 3：NewState，USARTx 中断的新状态，这个参数可以取：ENABLE 或者 DISABLE

输入参数 USART_IT：使能或者失能 USART 的中断。可以取表 9.20 中的一个或者多个取值的组合作为该参数的值。

表 9.20 USART_IT 相关说明

位	USART_IT	描 述	位	USART_IT	描 述
9	USART_IT_CTS	CTS 中断	4	USART_IT_IDLE	空闲总线中断
8	USART_IT_LBD	LIN 中断检测中断	3	USART_IT_ORE	过载错误
7	USART_IT_TXE	发送中断	2	USART_IT_NE	噪声错误
6	USART_IT_TC	传输完成中断	1	USART_IT_FE	帧错误错误
5	USART_IT_RXNE	接收中断	0	USART_IT_PE	奇偶错误中断

例如：

```
USART_ITConfig(USART1, USART_IT_Transmit ENABLE);
```

6. void USART_SetAddress(USART_TypeDef* USARTx, u8 USART_Address)

功能描述：设置 USART 结点的地址。

输入参数 1：USARTx，x 可以是 1、2 或者 3，来选择 USART 外设。

输入参数 2：USART_Address，提示 USART 结点的地址。例如：

```
USART_SetAddress(USART2, 0x5);
```

7. void USART_SendData(USART_TypeDef* USARTx, u8 Data)

功能描述：通过外设 USARTx 发送单个数据。

输入参数 1：USARTx，x 可以是 1、2 或者 3，来选择 USART 外设。

输入参数 2：Data，待发送的数据。例如：

```
USART_SendData(USART3, 0x26);
```

8. u8 USART_ReceiveData(USART_TypeDef* USARTx)

功能描述：返回 USARTx 最近接收到的数据。

输入参数：USARTx，x 可以是 1、2 或者 3，来选择 USART 外设。例如：

```
u16 RxData;
RxData=USART_ReceiveData(USART2);
```

9. void USART_SetPrescaler(USART_TypeDef* USARTx, u8 USART_Prescaler)

功能描述：设置 USART 时钟预分频。

输入参数 1：USARTx，x 可以是 1、2 或者 3，来选择 USART 外设。

输入参数 2：USART_Prescaler，时钟预分频。例如：

```
USART_SetPrescaler(0x56);
```

10. void USART_SmartCardNACKCmd(USART_TypeDef* USARTx, FunctionalState Newstate)

功能描述：使能或者失能 NACK 传输。

输入参数 1：USARTx，x 可以是 1、2 或者 3，来选择 USART 外设。

输入参数 2：NewState，NACK 传输的新状态。

这个参数可以取 ENABLE 或者 DISABLE。例如：

```
USART_SmartCardNACKCmd(USART1, ENABLE);
```

11. void USART_HalfDuplexCmd(USART_TypeDef* USARTx, FunctionalState Newstate)

功能描述：使能或者失能 USART 半双工模式。

输入参数 1：USARTx，x 可以是 1、2 或者 3，来选择 USART 外设。

输入参数 2：NewState，USART 半双工模式传输的新状态，这个参数可以取 ENABLE 或者 DISABLE。例如：

```
USART_HalfDuplexCmd(USART2, ENABLE);
```

12. FlagStatus USART_GetFlagStatus(USART_TypeDef* USARTx, u16 USART_FLAG)

功能描述：检查指定的 USART 标志位设置与否。

输入参数 1：USARTx，x 可以是 1、2 或者 3，来选择 USART 外设。

输入参数 2：USART_FLAG，待检查的 USART 标志位，返回值 USART_FLAG 的新状态（SET 或者 RESET）。

USART_FLAG 的相关说明如表 9.21 所示。

表 9.21 USART_FLAG 的相关说明

USART_FLAG	描 述	USART_FLAG	描 述
USART_FLAG_CTS	CTS 标志位	USART_FLAG_LBD	LIN 中断检测标志位
USART_FLAG_TC	发送完成标志位	USART_FLAG_TXE	发送数据寄存器空标志位
USART_FLAG_IDLE	空闲总线标志位	USART_FLAG_RXNE	接收数据寄存器非空标志位
USART_FLAG_ORE	溢出错误标志位	USART_FLAG_FE	帧错误标志位
USART_FLAG_NE	噪声错误标志位	USART_FLAG_PE	奇偶错误标志位

例如：

```
FlagStatus Status;
Status=USART_GetFlagStatus(USART1, USART_FLAG_TXE);
```

13. void USART_ClearFlag(USART_TypeDef* USARTx, u16 USART_FLAG)

功能描述：清除 USARTx 的待处理标志位。

输入参数 1：USARTx，x 可以是 1、2 或者 3，来选择 USART 外设。

输入参数 2：USART_FLAG，待清除的 USART 标志位。

例如：`USART_ClearFlag(USART1,USART_FLAG_OR);`

14．ITStatus USART_GetITStatus(USART_TypeDef* USARTx, u16 USART_IT)

功能描述：检查指定的 USART 中断发生与否。

输入参数 1：USARTx，x 可以是 1、2 或者 3，来选择 USART 外设。

输入参数 2：USART_IT，待检查的 USART 中断源。

9.5　USARTx 串口编程步骤

配置串口

操作步骤如下：

（1）加入以下头文件：#include "stm32f10x_lib.h"。

（2）定义用于初始化 USARTx 串口参数的结构体变量 USART_InitTypeDef 和 USART_InitStructure。同时，定义用于初始化 GPIOx 端口参数的结构体变量 GPIO_InitTypeDef、GPIO_InitStructure。这里顺便也定义初始化 GPIOx 端口参数的结构体变量的原因是：串口是通过 I/O 端口来进行发送和接收的。

（3）使能 USARTx 串口外设对应的时钟（以使能 USART1 为例），同时使能 GPIO 端口外设对应的时钟：

```
RCC_APB2PeriphClockCmd(RCC_APB2Periph_USART1|RCC_APB2Periph_GPIOA, ENABLE);
```

或

```
    /* 配置系统时钟 */  RCC_Configuration( );
```

（4）定义 USARTx 串口的波特率、字长、停止位、奇偶校验位、发送接收模式和硬件流控制，即定义 USARTx 串口的初始化参数，通过为结构体变量 USART _InitStructure 的成员赋值实现。同时定义 GPIOx 端口引脚、响应速度、工作模式，即定义 GPIO 端口的初始化参数（通过为结构体变量 GPIO_InitStructure 的成员赋值实现）：

```
USART_InitStructure.USART_BaudRate=115200;
USART_InitStructure.USART_WordLength=USART_WordLength_8b;
USART_InitStructure.USART_StopBits=USART_StopBits_1;
USART_InitStructure.USART_Parity=USART_Parity_No;
USART_InitStructure.USART_Mode=USART_Mode_Rx|USART_Mode_Tx;
USART_InitStructure.USART_HardwareFlowControl=USART_HardwareFlowContro
   l_None;

GPIO_InitStructure.GPIO_Pin=GPIO_Pin_9;
GPIO_InitStructure.GPIO_Speed=GPIO_Speed_50MHz;
GPIO_InitStructure.GPIO_Mode=GPIO_Mode_AF_PP;
GPIO_Init(GPIOA, &GPIO_InitStructure);
```

注意：

```
GPIO_InitStructure.GPIO_Mode=GPIO_Mode_AF_PP;
```

不能设置成为

```
GPIO_InitStructure.GPIO_Mode=GPIO_Mode_Out_PP;
```

否则，无法在 PC 显示屏上，输出欲显示的字符。

```
GPIO_InitStructure.GPIO_Pin=GPIO_Pin_10;
GPIO_InitStructure.GPIO_Mode=GPIO_Mode_IN_FLOATING;
GPIO_Init(GPIOA, &GPIO_InitStructure);
```

（5）调用函数 USART_Init()来初始化 USARTx 串口，完成对串口中的寄存器的设置。

调用函数 GPIO_Init()来初始化 GPIOx 端口，完成对端口中的寄存器的设置。代码如下：

```
USART_Init(USART1, &USART_InitStructure);
GPIO_Init(GPIOx , &GPIO_InitStructure);
```

（6）调用 xxx_Cmd(xxx,ENABLE)函数，来使能 USARTx 串口外设。这里只需要使能 USART 即可。GPIO 端口外设，没有使能即可使用。

```
USART_Cmd(USART1,ENABLE);
```

若使用中断方式来触发串口收发数据，则必须调用 USART_ITConfig（ ）函数，来使能串口发送和接收的中断。由于使用中断方式来触发串口收发数据，因此，在使能串口之时，也使能串口发送和接收中断：

```
USART_ITConfig(USART1,USART_IT_RXNE,ENABLE);
```

① 使能串口接收中断：接收缓冲区非空中断使能，即当接收寄存器(RDR)接收到数据，即非空时，产生中断。

```
USART_ITConfig(USART1,USART_IT_TXE,ENABLE);
```

② 使能串口发送中断：发送缓冲区空中断使能，即当发送寄存器（TDR）中的数据被硬件转移到移位寄存器，为空的时候，产生中断。

第二部分是操作串口，收发数据，第一种方法，通过 USART_SendData( )或 USART_ ReceiveData()来收发串口数据。例如，从 STM32 发送信息，在计算机屏幕上显示出来，只要如下操作即可：

```
for( i=0; TxBuf1[i]!='\0'; i++){
    USART_SendData(USART1, TxBuf1[i]);
    while(USART_GetFlagStatus(USART1,USART_FLAG_TXE)==RESET);
}
```

当 USART_FLAG_TXE=0 时，表示发送还未完成，继续 While 循环，直到 USART_FLAG_TXE=1，发送完成，结束循环。其中，TxBuf1 是一个发送缓存。需要传送的数据放在这个数组里。每发送完或接收到一个字符后，必须查看状态标志。可以是发送数据寄存器空标志位 USART_FLAG_TXE 或接收数据寄存器非空标志位：USART_FLAG_RXNE。当发送数据寄存器为空时（即 USART_FLAG_TXE=1），才可以发送下一个数据。函数 USART_GetFlagStatus()：就是用来做这个判断的。

注意：

不能用发送完成标志位 USART_FLAG_TC，来判断是否可发送下一个数据，否则，会出现输出的第一个字符，始终无法显示，只能显示其他字符。USART_SR 寄存器包括发送数据寄存器空标志位 TXE，读数据寄存器非空标志位 RXNE 等。

对其中的标志位 TXE、RXNE 的说明如下：

① 标志位 TXE：

- TXE 位被置位：当 TDR 寄存器中的数据被硬件转移到移位寄存器的时候，该位被硬件置位。如果 USART_CR1 寄存器中的 TXEIE 为 1，则产生中断。

- 对 TXE 位清除：对 USART_DR 的写操作，将该位清零。

② 标志位 RXNE：

- RXNE 位被置位：表明移位寄存器的内容被转移到 RDR。换句话说，数据已经被接收并且可以被读出(包括与之有关的错误标志)。
- 对 RXNE 位清 0：在单缓冲器模式里，第一种方法由软件读 USART_DR 寄存器完成对 RXNE 位清除。方法二，RXNE 标志也可以通过对它写 0 来清除。RXNE 位必须在下一字符接收结束前被清零，以避免溢出错误。数据只有当 RXNE 位被清零后才能从移位寄存器转移到 RDR 寄存器。RXNE 标记是接收到每个字节后被置位的。

9.6 USART 应用示例

本示例使用 PC 的超级终端作为串口调试助手，进行上位机和下位机的通信测试；使用前需要将超级终端波特率设为 115 200、8 位、无奇偶校验、1 位停止位，无数据流控制；文件如下：

1. main.c 文件，主函数包含的头文件

```
#include <stm32f10x_lib.h>
#include "sys.h"
#include "usart.h"
#include "delay.h"
#include "led.h"
#include "key.h"
//串口实验
u8 BUF[40]={"FLY STUDIO Ethernet 1.0 UART-Test OK!"};
int main(void)
{
    u8 t;
    Stm32_Clock_Init(9);          //系统时钟设置
    delay_init(72);               //延时初始化
    uart_init(72,9600);           //串口初始化为 9600
    LED_Init();                   //初始化与 LED 连接的硬件接口
    while(1)
    {
        for(t=0;t<41;t++)
        {
            USART1->DR=BUF[t];
            delay_ms(10);
            while((USART1->SR&0X40)==0);//等待发送结束
        }
        printf("\n");
      LED1=!LED1;//闪烁 LED,提示系统正在运行.
        delay_ms(100);
    }

}
```

2．Usart.c 文件的内容如下：

```
#include "stm32f10x.h"
#include "uart.h"
static void GPIO_Configuration(void)
{
    GPIO_InitTypeDef GPIO_InitStructure;
    GPIO_InitStructure.GPIO_Speed=GPIO_Speed_10MHz;

    // 配置 USART1 Tx (PA.09) 作为复用功能推挽输出
    GPIO_InitStructure.GPIO_Pin=GPIO_Pin_9;
    GPIO_InitStructure.GPIO_Mode=GPIO_Mode_AF_PP;
    GPIO_Init(GPIOA, &GPIO_InitStructure);

    // 配置 USART1 Rx (PA.10) 上拉输入
    GPIO_InitStructure.GPIO_Pin = GPIO_Pin_10;
    GPIO_InitStructure.GPIO_Mode = GPIO_Mode_IPU;
    GPIO_Init(GPIOA, &GPIO_InitStructure);
}
```

InitVart()函数配置USART1：BaudRate = 115 200 Bd；Word Length = 8 bit、一个停止位、无奇偶校验位、硬件流控制不使能、接收和发送都使能、USART时钟使能等。

```
void InitUart(void)
{
    USART_InitTypeDef USART_InitStructure;
    USART_ClockInitTypeDef  USART_ClockInitStructure;
    // 使能 USART1 时钟
    RCC_APB2PeriphClockCmd(RCC_APB2Periph_USART1| RCC_APB2Periph_GPIOA,
      ENABLE);
    GPIO_Configuration();

    USART_ClockInitStructure.USART_Clock=USART_Clock_Disable;
    USART_ClockInitStructure.USART_CPOL=USART_CPOL_Low;
    USART_ClockInitStructure.USART_CPHA=USART_CPHA_2Edge;
    USART_ClockInitStructure.USART_LastBit=USART_LastBit_Disable;
    /* 配置 USART1 异步数据 */
    USART_ClockInit(USART1, &USART_ClockInitStructure);

    USART_InitStructure.USART_BaudRate=115200;
    USART_InitStructure.USART_WordLength=USART_WordLength_8b;
    USART_InitStructure.USART_StopBits=USART_StopBits_1;
    USART_InitStructure.USART_Parity=USART_Parity_No ;
    USART_InitStructure.USART_HardwareFlowControl=USART_HardwareFlowContro
      l_None;

    USART_InitStructure.USART_Mode = USART_Mode_Rx | USART_Mode_Tx;
    /* 配置 USART1 基本的异步数据 */
    USART_Init(USART1, &USART_InitStructure);
    /* 使能 USART1 */
    USART_Cmd(USART1, ENABLE);
}
```

第10章 SPI

SPI（Serial Peripheral Interface，串行外围设备接口）是 Motorola 首先在其 MC68HCXX 系列处理器上定义的。SPI 接口主要应用在 EEPROM、FLASH、实时时钟、AD 转换器，以及数字信号处理器和数字信号解码器之间。SPI 是一种高速的、全双工、同步的通信总线，并且在芯片的引脚上只占用 4 根线，节约了芯片的引脚，同时为印制电路板（PCB）的布局节省空间，提供方便，正是出于这种简单易用的特性，现在越来越多的芯片集成了这种通信协议，STM32 也有 SPI 接口。

10.1 STM32 SPI

SPI 接口一般使用 4 条线：MISO——主设备数据输入、从设备数据输出；MOSI——主设备数据输出，从设备数据输入；SCLK——时钟信号，由主设备产生；CS——从设备片选信号，由主设备控制。SPI 的主要特点有：可以同时发出和接收串行数据；可以当作主机或从机工作；提供频率可编程时钟；发送结束中断标志；写冲突保护；总线竞争保护等。SPI 模块为了和外设进行数据交换，根据外设工作要求，其输出串行同步时钟极性（CPOL）和时钟相位(CPHA)可以进行配置，时钟极性对传输协议没有重大的影响。不同的 SPI 时钟极性和时钟相位组成了不同的 SPI 工作模式。CPOL 和 CPHA 一共组成 4 种 SPI 通信模式，如表 10.1 所示。

表 10.1　CPOL 和 CPHA 组成的通信模式

SPI MODE	CPOL	CPHA
0	0	0
1	0	1
2	1	0
3	1	1

CPOL 决定了空闲状态下 SPI 的时钟线高低状态，CPOL 为 0 时，空闲状态下，SCK 保持低电平；为 1 时，空闲状态下，SCK 保持高电平。通信进行中不能修改 CPOL。

CPHA 决定了数据采样时间是从第一个时钟边沿开始还是从第二个时钟边沿开始。为 0 时，从第一个时钟边沿开始；为 1 时，从第二个时钟边沿开始。通信进行中不能修改 CPHA。在利用 SPI 接口和外设（如 SPI、FLASH 等）通信时，要事先确定外挂 SPI 设备支持何种通信模式；M3 芯片的 SPI 支持 8 位或者 16 位长度的数据帧格式，也支持高位在前或者低位在前；设置 SPI_CR1 寄存器的 DEF 位，可以控制数据帧长度；设置 SPI_CR1 的 LSBFIRST 位可以控制高位或者低位先传输。

寄存器表如表 10.2 所示。

表 10.2 寄存器表

15	14	13	12	11	10	9	8	7	6	5	4	3	2	1	0
BIDIMODE	BIDIOE	CRCEN	CRCNEXT	DFF	RXOLY	SSM	SSI	LSBFIRST	SPE	BR[2:0]			MSTR	CPOL	CPHA
RW	RW	RW	RW	RW	RW	RW	RW	RW	RW	RW	RW	RW	RW	RW	RW

在 SPI_CR1 寄存器的 LSBFIRST 位为 0 时，数据传输高位在前；时序图如图 10.1 所示。CPOL 对应的是时钟线时序，MISO 对应主入从出(主设备输入从设备输出)线时序，MOSI 对应主出从入(主设备输出从设备输入)线时序。CPOL 决定了时钟线在空闲状态下的电平高低状态，0 时为低电平，1 时为高电平；CPHA 决定了数据采样时间，0 时在第一个时钟边沿进行数据采样；1 时在第二个时钟边沿进行采样。应注意的一点是，这里说的时钟边沿没有指定是上升沿还是下降沿，只要是高低电平的翻转就是一个时钟沿，在 4 种通信模式中，具体是上升沿还是下降沿参考图 10.1；传输的数据位数可以是 8 位或者 16 位，由 SPI_CR1 寄存器的 DEF 位控制；如果 LSBFIRST 位为 1，则低位在前传输；M3 的 SPI 外设在进行数据传输时，通信时序由硬件自动产生；根据经验，在 4 种通信模式中，模式 3(CPOL=1，CPHA=1)通信误码率最低。

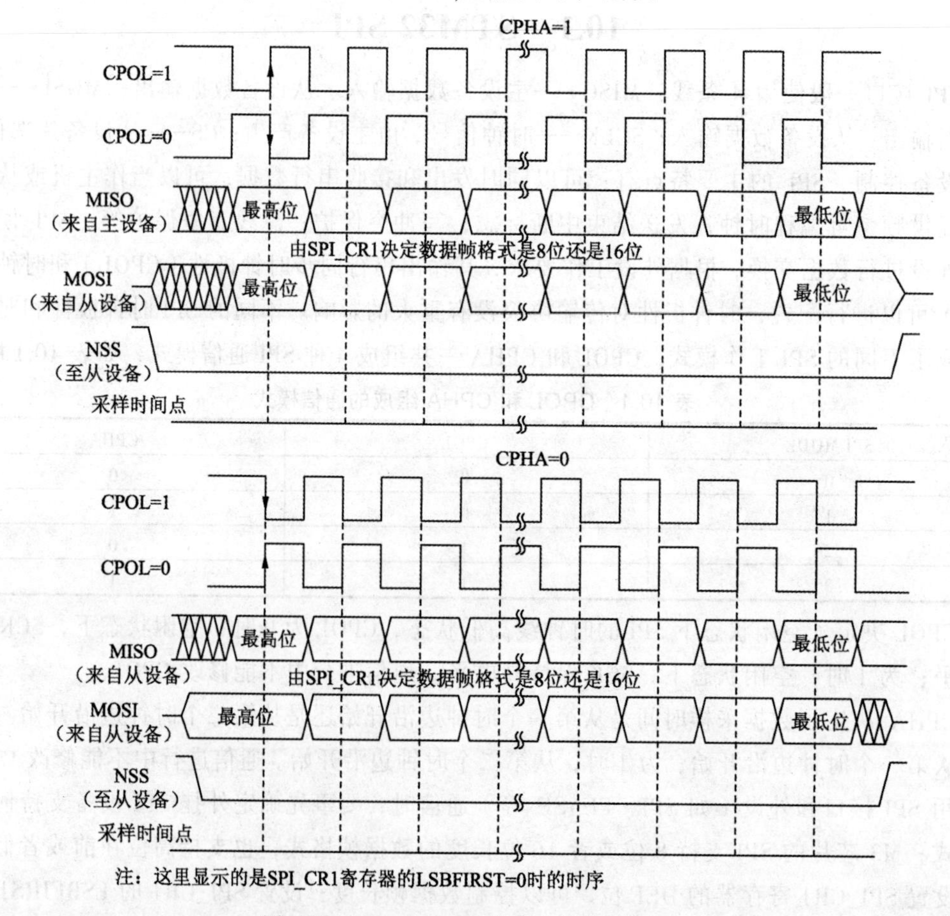

图 10.1 SPI 在 MSB 模式下通信时序图

10.1.1　NSS 引脚管理

SPI 通信过程的时钟信号由主设备提供；SPI 的 NSS 引脚并非是简单的片选引脚；有两种 NSS 引脚模式：软件 NSS 模式和硬件 NSS 模式。软件 NSS 模式可以通过设置 SPI_CR1 寄存器的 SSM 位来使能这种模式。在这种模式下，NSS 引脚可以用作他用，而内部 NSS 信号电平可以通过写 SPI_CR1 的 SSI 位来驱动。

硬件 NSS 模式，分两种情况，NSS 输出被使能和 NSS 输出被关闭。NSS 输出被使能：当 STM32F10xxx 工作为主 SPI，并且 NSS 输出已经通过 SPI_CR2 寄存器的 SSOE 位使能，这时 NSS 引脚被拉低，所有 NSS 引脚与这个主 SPI 的 NSS 引脚相连并配置为硬件 NSS 的 SPI 设备，将自动变成从 SPI 设备。当一个 SPI 设备需要发送广播数据，它必须拉低 NSS 信号，以通知所有其他的设备它是主设备；如果它不能拉低 NSS，意味着总线上有另外一个主设备在通信，这时将产生一个硬件失败错误（Hard Fault）。NSS 输出被关闭模式允许操作于多主环境。

10.1.2　主从模式选择

主模式下，M3 的 SPI 提供通信时钟；主模式配置步骤如下：

（1）通过 SPI_CR1 寄存器的 BR[2:0]位定义串行时钟波特率。

（2）选择 CPOL 和 CPHA 位，选择通信模式。

（3）设置 DFF 位来定义 8 位或 16 位数据帧格式。

（4）配置 SPI_CR1 寄存器的 LSBFIRST 位定义帧格式。

（5）如果需要 NSS 引脚工作在输入模式，硬件模式下，在整个数据帧传输期间应把 NSS 引脚连接到高电平；在软件模式下，需设置 SPI_CR1 寄存器的 SSM 位和 SSI 位。如果 NSS 引脚工作在输出模式，则只需设置 SSOE 位。

（6）设置 MSTR 位和 SPE 位（只当 NSS 脚被连到高电平时，这些位才能保持置位）。

在这个配置中，MOSI 引脚是数据输出，而 MISO 引脚是数据输入。

从模式配置步骤如下：在从模式下，SCK 引脚用于接收从主设备来的串行时钟。SPI_CR1 寄存器中 BR[2:0]的设置不影响数据传输速率。

（1）设置 DFF 位以定义数据帧格式为 8 位或 16 位。

（2）选择 CPOL 和 CPHA 位来定义数据传输和串行时钟之间的相位关系。为保证正确的数据传输，从设备和主设备的 CPOL 和 CPHA 位必须配置成相同的方式。

（3）帧格式（SPI_CR1 寄存器中的 LSBFIRST 位定义的“MSB 在前”还是“LSB 在前”）必须与主设备相同。

（4）硬件模式下，在完整的数据帧(8 位或 16 位)传输过程中，NSS 引脚必须为低电平。在 NSS 软件模式下，设置 SPI_CR1 寄存器中的 SSM 位清除 SSI 位。

（5）清除 MSTR 位、设置 SPE 位(SPI_CR1 寄存器)，使相应引脚工作于 SPI 模式下。

在这个配置中，MOSI 引脚是数据输入，MISO 引脚是数据输出。

10.1.3 数据发送和接收

1. 数据发送

当写入数据至发送缓冲器时，发送过程开始。发送数据串行地从 MOSI 引脚上输出，数据从发送缓冲器传输到移位寄存器时 TXE 标志将被置位。如果设置了 SPI_CR1 寄存器中的 TXEIE 位，将产生中断。

2. 数据接收

对于接收器来说，当数据传输完成时：传送移位寄存器中的数据到接收缓冲器，并且 RXNE 标志被置位。如果设置了 SPI_CR2 寄存器中的 RXNEIE 位，则产生中断。读 SPI_DR 寄存器时，SPI 设备返回接收缓冲器中的数据，同时清除 RXNE 位。

10.1.4 单工通信

SPI 通信一般采用 CS、MOSI、MISO、SCK 四线进行通信，在单工模式下，可以只用一条数据线；M3 的 SPI 支持两种单工通信方式：1 条时钟线和 1 条双向数据线；1 条时钟线和 1 条数据线（只接收或只发送）。

1 条时钟线和 1 条双向数据线(BIDIMODE=1) 设置 SPI_CR1 寄存器中的 BIDIMODE 位而启用此模式。在这个模式下，SCK 引脚作为时钟，主设备使用 MOSI 引脚而从设备使用 MISO 引脚作为数据通信。传输的方向由 SPI_CR1 寄存器中的 BIDIOE 控制，当这个位是 1 的时候，数据线输出，0 时数据线输入。

1 条时钟和 1 条单向数据线(BIDIMODE=0) 在这个模式下，SPI 模块可以作为只发送，或者作为只接收。只发送模式类似于全双工模式(BIDIMODE=0，RXONLY=0)：数据在发送引脚(主模式时是 MOSI、从模式时是 MISO)上传输，而接收引脚(主模式时是 MISO、从模式时是 MOSI)可以作为通用的 I/O 使用。此时，软件不必理会接收缓冲器中的数据(如果读出数据寄存器，它不包含任何接收数据)。在只接收模式，可以通过设置 SPI_CR2 寄存器的 RXONLY 位而关闭 SPI 的输出功能；此时，发送引脚（主模式时是 MOSI、从模式时是 MISO）被释放，可以作为其他功能使用。

配置并使能 SPI 模块为只接收模式的方式是：在主模式时，一旦使能 SPI，通信立即启动，当清除 SPE 位时立即停止当前的接收。在此模式下，不必读取 BSY 标志，在 SPI 通信期间这个标志始终为 1。在从模式时，只要 NSS 被拉低（或在 NSS 软件模式时，SSI 位为 0）同时 SCK 有时钟脉冲，SPI 就一直在接收。

10.1.5 关闭 SPI

当通信结束，可以通过关闭 SPI 模块来终止通信。清除 SPE 位即可关闭 SPI。在某些配置下，如果再传输还未完成时，就关闭 SPI 模块并进入停机模式，则可能导致当前的传输被破坏，而且 BSY 标志也变得不可信。为了避免发生这种情况，关闭 SPI 模块时，建议按照下述步骤操作：

（1）在主或从模式下的全双工模式(BIDIMODE=0，RXONLY=0)：

① 等待 RXNE=1 并接收最后一个数据。

② 等待 TXE=1。

③ 等待 BSY=0。

④ 关闭 SPI(SPE=0)，最后进入停机模式(或关闭该模块的时钟)。

（2）在主或从模式下的单向只发送模式(BIDIMODE=0，RXONLY=0)或双向的发送模式(BIDIMODE=1，BIDIOE=1) 在 SPI_DR 寄存器中写入最后一个数据后：

① 等待 TXE=1。

② 等待 BSY=0。

③ 关闭 SPI(SPE=0)，最后进入停机模式(或关闭该模块的时钟)。

（3）在主或从模式下的单向只接收模式(MSTR=1，BIDIMODE=0，RXONLY=1)或双向的接收模式(MSTR=1，BIDIMODE=1，BIDIOE=0)。这种情况需要特别地处理，以保证 SPI 不会开始一次新的传输：

① 等待倒数第二个（第 n-1 个）RXNE=1。

② 在关闭 SPI(SPE=0)之前等待一个 SPI 时钟周期(使用软件延迟)。

③ 在进入停机模式(或关闭该模块的时钟)之前等待最后一个 RXNE=1。

注：在主模式下的单向只发送模式(MSTR=1，BDM=1，BDOE=0)时，传输过程中 BSY 标志始终为低。

（4）从模式下的只接收模式(MSTR=0，BIDIMODE=0，RXONLY=1)或双向的接收模式(MSTR=0，BIDIMODE=1，BIDIOE=0)：

① 可以在任何时候关闭 SPI(SPE=0)，SPI 会在当前的传输结束后被关闭。

② 如果希望进入停机模式，在进入停机模式（或关闭该模块的时钟）之前必须首先等待 BSY=0。

10.1.6 SPI 中断

SPI 的各种中断如表 10.3 所示。

表 10.3 SPI 的各种中断

中断事件	事件标志	使能控制位
发送缓冲器空标志	TXE	TXEIE
接收缓冲器非空标志	RXNE	RXNEIE
主模式失效事件	MODF	ERRIE
溢出错误	OVR	
CRC 错误标志	CRCERR	

10.2 SPI 寄存器

SPI 寄存器介绍如下：

（1）控制寄存器 1 SPI_CR1 偏移地址：0x00；复位值：0x0000。各位的使用情况及相关说明如表 10.4 所示。

表 10.4　各位的使用情况及相关说明

15	14	13	12	11	10	9	8	7	6	5	4	3	2	1	0
BIDI MODE	BID IOE	CRCEN	CRC NEXT	DFF	RXO NLY	SSM	SSI	LSBFI RST	SPE	BR[2:0]			MSTR	CPOL	CPHA
RW	RW	RW	RW	RW	RW	RW	RW	RW	RW	RW	RW	RW	RW	RW	RW

位	说明
位 15	BIDIMODE：双向数据模式使能。 0：选择“双线双向”模式；1：选择“单线双向”模式。注：I2S 模式下不使用
位 14	BIDIOE：双向模式下的输出使能和 BIDIMODE 位一起决定在“单线双向”模式下数据的输出方向。0：输出禁止(只收模式)；1：输出使能(只发模式)。 这个“单线”数据线在主设备端为 MOSI 引脚，在从设备端为 MISO 引脚。 注：I2S 模式下不使用
位 13	CRCEN：硬件 CRC 校验使能。0：禁止 CRC 计算；1：启动 CRC 计算。 注：只有在禁止 SPI 时(SPE=0)，才能写该位，否则出错。该位只能在全双工模式下使用。 注：I2S 模式下不使用
位 12	CRCNEXT：下一个发送 CRC。 0：下一个发送的值来自发送缓冲区。1：下一个发送的值来自发送 CRC 寄存器。 注：在 SPI_DR 寄存器写入最后一个数据后应马上设置该位。注：I2S 模式下不使用
位 11	DFF：数据帧格式。 0：使用 8 位数据帧格式进行发送/接收；1：使用 16 位数据帧格式进行发送/接收。 注：只有当 SPI 禁止(SPE=0)时，才能写该位，否则出错。注：I2S 模式下不使用
位 10	RXONLY：只接收。该位和 BIDIMODE 位一起决定在“双线双向”模式下的传输方向。在多个从设备的配置中，在未被访问的从设备上该位被置 1，使得只有被访问的从设备有输出，从而不会造成数据线上数据冲突。 0：全双工(发送和接收)；1：禁止输出(只接收模式)。注：I2S 模式下不使用
位 9	SSM：软件从设备管理。 当 SSM 被置位时，NSS 引脚上的电平由 SSI 位的值决定。 0：禁止软件从设备管理；1：启用软件从设备管理。 注：I2S 模式下不使用
位 8	SSI：内部从设备选择。 该位只在 SSM 位为'1'时有意义。它决定了 NSS 上的电平，在 NSS 引脚上的 I/O 操作无效。 注：I2S 模式下不使用
位 7	LSBFIRST：帧格式 0：先发送 MSB；1：先发送 LSB。 注：当通信在进行时不能改变该位的值。注：I2S 模式下不使用
位 6	SPE：SPI 使能。0：禁止 SPI 设备；1：开启 SPI 设备。注：I2S 模式下不使用。 详细参考关闭 SPI 部分
位 5:3	BR[2:0]：波特率控制。 000：$f_{PCLK}/2$；001：$f_{PCLK/4}$；010：$f_{PCLK/8}$；011：$f_{PCLK/16}$；100：$f_{PCLK/32}$；101：$f_{PCLK/64}$；110：$f_{PCLK/128}$；111：$f_{PCLK/256}$。 当通信正在进行的时候，不能修改这些位。注意：I2S 模式下不使用
位 2	MSTR：主设备选择。0：配置为从设备；1：配置为主设备。 注：当通信正在进行的时候，不能修改该位。注：I2S 模式下不使用
位 1	CPOL：时钟极性。0：空闲状态时，SCK 保持低电平；1：空闲状态时，SCK 保持高电平。 注：当通信正在进行的时候，不能修改该位。注：I2S 模式下不使用
位 0	CPHA：时钟相位。 0：数据采样从第一个时钟边沿开始；1：数据采样从第二个时钟边沿开始。 注：当通信正在进行的时候，不能修改该位。注：I2S 模式下不使用

（2）控制寄存器 2 SPI_CR2 偏移地址：0x04；复位值：0x0000。各位的使用情况及相关说明如表 10.5 所示。

表 10.5　SPI_CR2 各位的使用情况及相关说明

15…8	7	6	5	4	3	2	1	0
保留	TXEIE	RXNEIE	ERRIE	保留		SSOE	TXDMAEN	RXDMAEN
	RW	RW	RW	RW	RW	RW	RW	RW

位	说明
位 15:8	保留位，硬件强制为 0
位 7	TXEIE：发送缓冲区空中断使能。 0：禁止 TXE 中断；1：允许 TXE 中断，当 TXE 标志置位为 1 时产生中断请求
位 6	RXNEIE：接收缓冲区非空中断使能。 0：禁止 RXNE 中断。1：允许 RXNE 中断，当 RXNE 标志置位时产生中断请求
位 5	ERRIR：错误中断使能。 当错误(CRCERR、OVR、MODF)产生时，该位控制是否产生中断。 0：禁止错误中断；1：允许错误中断
位 4:3	保留位，硬件强制为 0
位 2	SSOE：SS 输出使能。 0：禁止在主模式下 SS 输出，该设备可以工作在多主设备模式。 1：设备开启时，开启主模式下 SS 输出，该设备不能工作在多主设备模式。 注：I2S 模式下不使用
位 1	TXDMAEN：发送缓冲区 DMA 使能。 当该位被设置时，TXE 标志一旦被置位就发出 DMA 请求。 0：禁止发送缓冲区 DMA；1：启动发送缓冲区 DMA
位 0	RXDMAEN：接收缓冲区 DMA 使能。 当该位被设置时，RXNE 标志一旦被置位就发出 DMA 请求。 0：禁止接收缓冲区 DMA；1：启动接收缓冲区 DMA

（3）状态寄存器 SPI_SR 偏移地址：0x08；复位值：0x0000。各位的使用情况及相关说明如表 10.6 所示。

表 10.6　SPI_SR 各位的使用情况及相关说明

15…8	7	6	5	4	3	2	1	0
保留	BSY	OVR	MODF	CRCERR	UDR	CHSIDE	TXE	RXNE
	R	R	R	rc w0	R	R	R	R

位	说明
位 15:8	位 15:8 保留位，硬件强制为 0。
位 7	BSY：忙标志。0：SPI 不忙；1：SPI 正忙于通信，或者发送缓冲非空。 该位由硬件置位或者复位
位 6	OVR：溢出标志。0：没有出现溢出错误；1：出现溢出错误。 该位由硬件置位，由软件序列复位
位 5	MODF：模式错误。0：没有出现模式错误；1：出现模式错误。 该位由硬件置位，由软件序列复位。注：I2S 模式下不使用
位 4	CRCERR：CRC 错误标志。 0：收到的 CRC 值和 SPI_RXCRCR 寄存器中的值匹配。 1：收到的 CRC 值和 SPI_RXCRCR 寄存器中的值不匹配。 该位由硬件置位，由软件写 0 而复位。注：I2S 模式下不使用

续表

位3	UDR：下溢标志位。0：未发生下溢；1：发生下溢。 该标志位由硬件置1，由一个软件序列清0。注：在SPI模式下不使用
位2	CHSIDE：声道。0：需要传输或者接收左声道；1：需要传输或者接收右声道。 注：在SPI模式下不使用。在PCM模式下无意义
位1	TXE：发送缓冲为空。0：发送缓冲非空；1：发送缓冲为空
位0	RXNE：接收缓冲非空。0：接收缓冲为空；1：接收缓冲非空

（4）数据寄存器SPI_DR偏移地址：0x0C；复位值：0x0000。各位的使用情况及相关说明如表10.7所示。

表10.7 SPI_DR各位的使用情况及相关说明

15	14	13	12	11	10	9	8	7	6	5	4	3	2	1	0
DR[15:0]															
RW	RW	RW	RW	RW	RW	RW	RW	RW	RW	RW	RW	RW	RW	RW	RW

位15:0	DR[15:0]：数据寄存器待发送或者已经收到的数据。 数据寄存器对应两个缓冲区：一个用于写(发送缓冲)；另外一个用于读(接收缓冲)。写操作将数据写到发送缓冲区；读操作将返回接收缓冲区里的数据。 对SPI模式的注释：根据SPI_CR1的DFF位对数据帧格式的选择，数据的发送和接收可以是8位或者16位的。为保证正确的操作，需要在启用SPI之前就确定好数据帧格式。 对于8位的数据，缓冲器是8位的，发送和接收时只会用到SPI_DR[7:0]。在接收时，SPI_DR[15:8]被强制为0。 对于16位的数据，缓冲器是16位的，发送和接收时会用到整个数据寄存器，即SPI_DR[15:0]

（5）CRC多项式寄存器SPI_CRCPR偏移地址：0x10；复位值：0x0007。各位的使用情况及相关说明如表10.8所示。

表10.8 SPI_CRCPR各位的使用情况及相关说明

15	14	13	12	11	10	9	8	7	6	5	4	3	2	1	0
CRCPOLY[15:0]															
RW	RW	RW	RW	RW	RW	RW	RW	RW	RW	RW	RW	RW	RW	RW	RW

位15:0	CRCPOLY[15:0]：CRC多项式寄存器。 该寄存器包含了CRC计算时用到的多项式。其复位值为0x0007，根据应用可以设置其他数值。 注：在I2S模式下不使用

（6）Rx CRC寄存器SPI_RXCRCR偏移地址：0x14；复位值：0x0000。各位的使用情况及相关说明如表10.9所示。

表10.9 SPI_RXCRCR各位的使用情况及相关说明

15	14	13	12	11	10	9	8	7	6	5	4	3	2	1	0
RxCRC[15:0]															
RW	RW	RW	RW	RW	RW	RW	RW	RW	RW	RW	RW	RW	RW	RW	RW

续表

位 15:0	RxCRC[15:0]：接收 CRC 寄存器。 在启用 CRC 计算时，RxCRC[15:0]中包含了依据收到的字节计算的 CRC 数值。当在 SPI_CR1 的 CRCEN 位写入 1 时，该寄存器被复位。CRC 计算使用 SPI_CRCPR 中的多项式。 当数据帧格式被设置为 8 位时，仅低 8 位参与计算，并且按照 CRC8 的方法进行；当数据帧格式为 16 位时，寄存器中的所有 16 位都参与计算，并且按照 CRC16 的标准。 注：当 BSY 标志为 1 时读该寄存器，将可能读到不正确的数值；在 I2S 模式下不使用

（7）Tx CRC 寄存器 SPI_TXCRCR 偏移地址：0x18；复位值：0x0000。各位的使用情况及相关说明如表 10.10 所示。

表 10.10　SPI_TXCRCR 各位使用情况

15	14	13	12	11	10	9	8	7	6	5	4	3	2	1	0
TxCRC[15:0]															
RW	RW	RW	RW	RW	RW	RW	RW	RW	RW	RW	RW	RW	RW	RW	RW

位 15:0	TxCRC[15:0]：发送 CRC 寄存器。 在启用 CRC 计算时，TXCRC[15:0]中包含了依据将要发送的字节计算的 CRC 数值。当在 SPI_CR1 中的 CRCEN 位写入 1 时，该寄存器被复位。CRC 计算使用 SPI_CRCPR 中的多项式。 当数据帧格式被设置为 8 位时，仅低 8 位参与计算，并且按照 CRC8 的方法进行；当数据帧格式为 16 位时，寄存器中的所有 16 个位都参与计算，并且按照 CRC16 的标准。 注：当 BSY 标志为 1 时读该寄存器，将可能读到不正确的数值；在 I2S 模式下不使用

（8）I2S 配置寄存器 SPI_I2S_CFGR 偏移地址：0x1C；复位值：0x0000。各位的使用情况及相关说明如表 10.11 所示。

表 10.11　SPI_I2S_CFGR 各位使用情况及相关说明

15	14	13	12	11	10	9	8	7	6	5	4	3	2	1	0
保留				I2SMOD	I2SE	I2SCFG		PCMSYNC	保留	I2SSTD		CKPOL	DATLEN		CHLEN
				RW	RW	RW	RW	RW		RW	RW	RW	RW	RW	RW

位 15:12	保留位，硬件强制为 0
位 11	I2SMOD：I2S 模式选择。 0：选择 SPI 模式；1：选择 I2S 模式。 注：该位只有在关闭了 SPI 或者 I2S 时才能设置
位 10	I2SE：I2S 使能。 0：关闭 I2S；1：I2S 使能。 注：在 SPI 模式下不使用
位 9:8	I2SCFG：I2S 模式设置。 00：从设备发送；01：从设备接收；10：主设备发送；11：主设备接受。 注：该位只有在关闭了 I2S 时才能设置；在 SPI 模式下不使用
位 7	PCMSYNC：PCM 帧同步 0：短帧同步；1：长帧同步。 注：该位只在 I2SSTD = 11 (使用 PCM 标准)时有意义；在 SPI 模式下不使用
位 6	保留位，硬件强制为 0
位 5:4	I2SSTD：I2S 标准选择 00: I2S 飞利浦标准；01：高字节对齐标准 (左对齐)。 10：低字节对齐标准(右对齐)；11: PCM 标准

续表

位 3	CKPOL：静止态时钟极性 0: I2S 时钟静止态为低电平； 1: I2S 时钟静止态为高电平。 注：为了正确操作，该位只有在关闭了 I2S 时才能设置。 在 SPI 模式下不使用
位 2:1	DATLEN：待传输数据长度。 00: 16 位数据长度；01: 24 位数据长度；10: 32 位数据长度；11: 不允许。 注：为了正确操作，该位只有在关闭了 I2S 时才能设置；在 SPI 模式下不使用
位 0	CHLEN：声道长度 (每个音频声道的数据位数) 0: 16 位宽；1: 32 位宽。 只有在 DATLEN = 00 时该位的写操作才有意义，否则声道长度都由硬件固定为 32 位。 注：为了正确操作，该位只有在关闭了 I2S 时才能设置；在 SPI 模式下不使用

（9）预分频寄存器 SPI_I2SPR 偏移地址：0x20；复位值：0x0002。各位使用情况及相关说明如表 10.12 所示。

表 10.12　SPI_I2SPR 各位使用情况及相关说明

15…10	9	8	7	6	5	4	3	2	1	0
保留	MCKOE	ODD	I2SDIV							
	RW	RW	RW	RW	RW	RW	RW	RW	RW	RW

位 15:10	保留位，硬件强制为 0
位 9	MCKOE：主设备时钟输出使能。0: 关闭主设备时钟输出； 1: 主设备时钟输出使能。 注：为了正确操作，该位只有在关闭了 I2S 时才能设置；仅在 I2S 主设备模式下使用该位；在 SPI 模式下不使用
位 8	ODD：奇系数预分频。 0: 实际分频系数 = I2SDIV × 2；1: 实际分频系数 = (I2SDIV × 2)+1。 注：为了正确操作，该位只有在关闭了 I2S 时才能设置。仅在 I2S 主设备模式下使用该位；在 SPI 模式下不使用
位 7:0	I2SDIV：I2S 线性预分频，禁止设置 I2SDIV [7:0] = 0 或者 I2SDIV [7:0] = 1。 注：为了正确操作，该位只有在关闭了 I2S 时才能设置；仅在 I2S 主设备模式下使用该位；在 SPI 模式下不使用

10.3　SPI 寄存器开发实例

10.3.1　SPI 基本功能

1. spi.h 文件（引入头文件）

```
#ifndef __SPI_H
#define __SPI_H
#include "sys.h"
```

2. SPI 总线速度设置

```
#define SPI_SPEED_2   0
#define SPI_SPEED_8   1
#define SPI_SPEED_16  2
#define SPI_SPEED_256 3

extern void SPI1_Init(void);                    //初始化 SPI 口
extern void SPI1_SetSpeed(u8 SpeedSet);         //设置 SPI 速度
```

```
extern u8 SPI1_ReadWriteByte(u8 TxData);  //SPI 总线读写一个字节
extern void SPI2_Init(void);               //初始化 SPI 口
extern void SPI2_SetSpeed(u8 SpeedSet);   //设置 SPI 速度
extern u8 SPI2_ReadWriteByte(u8 TxData);  //SPI 总线读写一个字节

#endif
```

3．spi.c 文件（引入 SPI 用到的头文件）

```
#include "spi.h"
```

4．SPI 口初始化（这里针是对 SPI1 的初始化）

```
void SPI1_Init(void)
{
    RCC->APB2ENR|=1<<2;              //PORTA 时钟使能
    RCC->APB2ENR|=1<<12;             //SPI1 时钟使能
    //这里只针对 SPI 口初始化
    GPIOA->CRL&=0X000FFFFF;
    GPIOA->CRL|=0XBBB00000;          //PA5.6.7 复用
    GPIOA->ODR|=0X7<<5;              //PA5.6.7 上拉

    SPI1->CR1|=0<<10;                //全双工模式
    SPI1->CR1|=1<<9;                 //软件 nss 管理
    SPI1->CR1|=1<<8;

    SPI1->CR1|=1<<2;                 //SPI 主机
    SPI1->CR1|=0<<11;                //8 位数据格式
    SPI1->CR1|=1<<1;                 //空闲模式下 SCK 为 1 CPOL=1
    SPI1->CR1|=1<<0;                 //数据采样从第二个时间边沿开始,CPHA=1
    SPI1->CR1|=7<<3;                 //Fsck=Fpclk2/256
    SPI1->CR1|=0<<7;                 //MSBfirst
    SPI1->CR1|=1<<6;                 //SPI 设备使能
    SPI1_ReadWriteByte(0xff);        //启动传输
}
```

5．SPI1 速度设置函数

SpeedSet:0~7；SPI 速度=fAPB2/2^(SpeedSet+1)；APB2 时钟一般为 72 MHz。

```
void SPI1_SetSpeed(u8 SpeedSet)
{
    SpeedSet&=0X07;              //限制范围
    SPI1->CR1&=0XFFC7;
    SPI1->CR1|=SpeedSet<<3;      //设置 SPI2 速度
    SPI1->CR1|=1<<6;             //SPI 设备使能
}
```

SPI1_ReadWriteByte()函数功能 SPI1 读写一个字节；TxData:要写入的字节；返回值:读取到的字节。

```
u8 SPI1_ReadWriteByte(u8 TxData)
{
    u16 retry=0;
    while((SPI1->SR&1<<1)==0)        //等待发送区空
    {
        retry++;
        if(retry>=0XFFFE)return 0;  //超时退出
    }
```

```
    SPI1->DR=TxData;                        //发送一个字节
    retry=0;
    while((SPI1->SR&1<<0)==0)          //等待接收完一个字节
    {
        retry++;
        if(retry>=0XFFFE)return 0;  //超时退出
    }
    return SPI1->DR;                        //返回收到的数据
}
```

SPI2_Init()函数完成 SPI 口初始化，这里是针对 SPI1 的初始化。

```
void SPI2_Init(void)
{
    RCC->APB2ENR|=1<<3;           //PORTB 时钟使能
    //RCC->APB2ENR|=1<<12;        //SPI1 时钟使能
    RCC->APB1ENR|=1<<14;          //SPI2 时钟使能

    //这里只针对 SPI 口初始化
    GPIOB->CRH&=0X000FFFFF;
    GPIOB->CRH|=0XBBB00000;       //PB13,PB14,PB15 复用
    GPIOB->ODR|=0X7<<13;          //PB13,PB14,PB15 上拉

    SPI2->CR1|=0<<10;             //全双工模式
    SPI2->CR1|=1<<9;              //软件 nss 管理
    SPI2->CR1|=1<<8;

    SPI2->CR1|=1<<2;              //SPI 主机
    SPI2->CR1|=0<<11;             //8 位数据格式
    //对 24L01 要设置 CPHA=0;CPOL=0;
    SPI2->CR1|=0<<1;              //CPOL=0 时空闲模式下 SCK 为 1
    //SPI1->CR1|=1<<1;            //空闲模式下 SCK 为 1 CPOL=1
    SPI2->CR1|=0<<0;              //第一个时钟的下降沿,CPHA=1 CPOL=1
    SPI2->CR1|=7<<3;              //Fsck=Fcpu/256
    SPI2->CR1|=0<<7;              //MSBfirst
    SPI2->CR1|=1<<6;              //SPI 设备使能
    SPI2_ReadWriteByte(0xff);     //启动传输
}
```

SPI2_SetSpeed 为 SPI 速度设置函数，参数 SpeedSet:SPI_SPEED_2 为 2 分频(SPI 36M@sys 72 MHz);SPI_SPEED_8 为 8 分频(SPI 9M@sys 72 MHz);SPI_SPEED_16 为 16 分频 (SPI 4.5M@sys 72 MHz); SPI_SPEED_256 为 256 分频(SPI 281.25K@sys 72 MHz)。

```
void SPI2_SetSpeed(u8 SpeedSet)
{
    SPI2->CR1&=0XFFC7;                      //Fsck=Fcpu/256
    if(SpeedSet==SPI_SPEED_2)               //2 分频
    {
        SPI2->CR1|=0<<3;                    //Fsck=Fpclk/2=36MHz
    }else if(SpeedSet==SPI_SPEED_8)         //8 分频
    {
        SPI2->CR1|=2<<3;                    //Fsck=Fpclk/8=9MHz
    }else if(SpeedSet==SPI_SPEED_16)        //16 分频
    {
        SPI2->CR1|=3<<3;                    //Fsck=Fpclk/16=4.5MHz
```

```
    }else                                   //256 分频
    {
        SPI2->CR1|=7<<3;      //Fsck=Fpclk/256=281.25kHz 低速模式
    }
    SPI2->CR1|=1<<6;          //SPI 设备使能
}
```

SPI2_ReadWriteByte()函数为 SPIx 读写一个字节；参数 TxData:要写入的字节；返回值：读取到的字节。

```
u8 SPI2_ReadWriteByte(u8 TxData)
{
    u8 retry=0;
    while((SPI2->SR&1<<1)==0)               //等待发送区空
    {
        retry++;
        if(retry>200)return 0;
    }
    SPI2->DR=TxData;                        //发送一个字节
    retry=0;
    while((SPI2->SR&1<<0)==0)               //等待接收完一个字节
    {
        retry++;
        if(retry>200)return 0;
    }
    return SPI2->DR;                        //返回收到的数据
}
```

10.3.2 nRF24L01 无线通信模块使用

1. 模块简介

该模块集成了NORDIC公司生产的无线射频芯片nRF24L01:支持2.4 GHz的全球开放ISM频段，最大发射功率为0 dBm；2 Mbit/s，传输速率高；功耗低，等待模式时电流消耗仅22 μA；多频点（125个），满足多点通信及跳频通信需求。在空旷场地，有效通信距离：25 m（外置天线）、10 m（PCB天线）。

发射数据时，首先将nRF24L01配置为发射模式，接着把地址TX_ADDR和数据TX_PLD按照时序由SPI口写入nRF24L01缓存区，TX_PLD必须在CSN为低电平时连续写入，而TX_ADDR在发射时写入一次即可，然后CE置为高电平并保持至少10 μs，延迟130 μs后发射数据；若自动应答开启，那么nRF24L01在发射数据后立即进入接收模式，接收应答信号。如果收到应答，则认为此次通信成功，TX_DS置为高电平，同时TX_PLD从发送堆栈中清除；若未收到应答，则自动重新发射该数据（自动重发已开启），若重发次数（ARC_CNT）达到上限，MAX_RT置为高电平，TX_PLD不会被清除；MAX_RT或TX_DS置为高电平时，使IRQ变低，以便通知MCU。最后发射成功时，若CE为低，则nRF24L01进入待机模式1；若发送堆栈中有数据且CE置为高电平，则进入下一次发射；若发送堆栈中无数据且CE置为高电平，则进入待机模式2。

接收数据时，首先将nRF24L01配置为接收模式，接着延迟130 μs进入接收状态等待数据的到来。当接收方检测到有效的地址和CRC时，就将数据包存储在接收堆栈中，同时中断标志位 RX_DR 置为高电平，IRQ 变低，以便通知 MCU 去取数据。若此时自动应答开启，接收方则同时进入发射状态回传应答信号。最后接收成功时，若 CE 变为低电平，则 nRF24L01 进入空闲模式 1。

2. 模块引脚说明（见表 10.13）

表 10.13 nRF24L01 模块引脚说明

引　脚	符　号	功　能	方　向
1	GND	电源地	
2	IRQ	中断输出	O
3	MISO	SPI 输出	O
4	MOSI	SPI 输入	I
5	SCK	SPI 时钟	I
6	NC	空	
7	NC	空	
8	CSN	芯片片选信号	I
9	CE	工作模式选择	I
10	+5V	电源	

3. nRF24L01 模块与 STM32 单片机接口电路（见图 10.2）

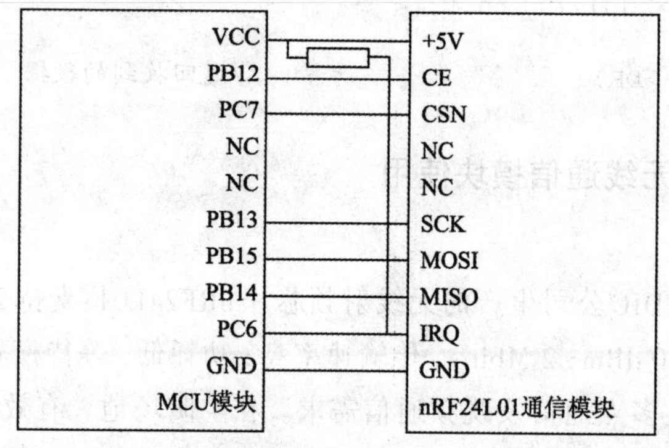

图 10.2 nRF24L01 模块与 STM32 单片机接口电路

4. 工作模式控制

工作模式由 CE 和 PWR_UP、PRIM_RX 两个寄存器共同控制，如表 10.14 所示。

表 10.14 工作模式控制

模　式	PWR_UP	PRIM_RX	CE	FIFO 寄存器状态
接收模式	1	1	1	–
发射模式	1	0	1[1]	数据存储在 FIFO 寄存器中，发射所有数据
发射模式	1	0	0→1[2]	数据存储在 FIFO 寄存器中，发射一个数据
待机模式 II	1	0	1	TX_FIFO 为空
待机模式 I	1	–	0	无正在传输的数据
掉电模式	0	–	–	–

注 1：进入此模式后，只要 CSN 置为高电平，在 FIFO 中的数据就会立即发射出去，直到所有数据数据发射完毕，之后进入待机模式 II。

注 2：正常的发射模式，CE 端的高电平应至少保持 10 μs。nRF24L01 将发射一个数据包，之后进入待机模式 I。

5. 数据和控制接口

通过IRQ（低电平有效，中断输出）、CE（高电平有效，发射或接收模式控制）、CSN（SPI信号）、SCK（SPI信号）、MOSI（SPI信号）和MISO（SPI信号）6个引脚，可实现模块的所有功能。

通过SPI接口，可激活在数据寄存器FIFO中的数据；或者通过SPI命令（1个字节长度）访问寄存器。

在待机或掉电模式下，单片机通过SPI接口配置模块；在发射或接收模式下，单片机通过SPI接口接收或发射数据。

（1）SPI指令。所有的SPI指令均在当CSN由低到高开始跳变时执行；从MOSI写命令的同时，MISO实时返回nRF24L01的状态值；SPI指令由命令字节和数据字节两部分组成。SPI命令字节表如表10.15所示。

表10.15 SPI命令字节表

指令名称	指令格式（二进制）	字节数	操作说明
R_REGISTER	000A AAAA	1~5	读寄存器。AAAAA表示寄存器地址
W_REGISTER	001A AAAA	1~5	写寄存器。AAAAA表示寄存器地址，只能在掉电或待机模式下操作
R_RX_PAYLOAD	0110 0001	1~32	在接收模式下读1~32字节RX有效数据。从字节0开始，数据读完后，FIFO寄存器清空
W_TX_PAYLOAD	1010 0000	1~32	在发射模式下写1~31字节TX有效数据。从字节0开始
FLUSH_TX	1110 0001	0	在发射模式下，清空TX FIFO寄存器
FLUSH_RX	1110 0010	0	在接收模式下，清空RX FIFO寄存器。在传输应答信号时不应执行此操作，否则不能传输完整的应答信号
REUSE_TX_PL	1110 0011	0	应用于发射端。重新使用上一次发射的有效数据，当CE=1时，数据将不断重新发射。在发射数据包过程中，应禁止数据包重用功能
NOP	1111 1111	0	空操作。可用于读状态寄存器

（2）SPI时序。SPI读写时序如图10.3所示。在写寄存器之前，一定要进入待机模式或掉电模式。其中，Cn——SPI指令位；Sn——状态寄存器位；Dn——数据位（低字节在前，高字节在后；每个字节中高位在前）

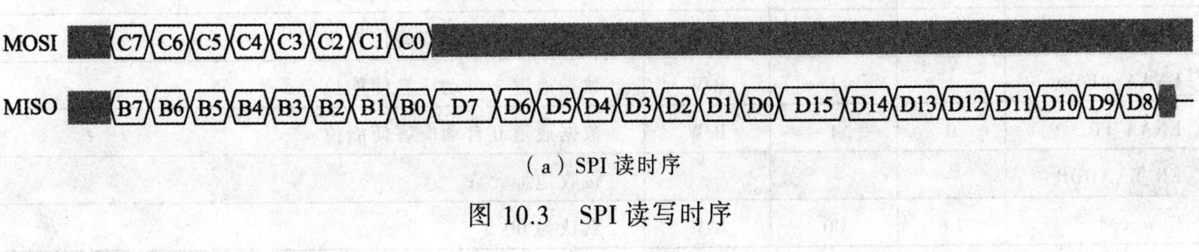

CSN
SCK
MOSI C7 C6 C5 C4 C3 C2 C1 C0
MISO B7 B6 B5 B4 B3 B2 B1 B0 D7 D6 D5 D4 D3 D2 D1 D0 D15 D14 D13 D12 D11 D10 D9 D8

（a）SPI读时序

图10.3 SPI读写时序

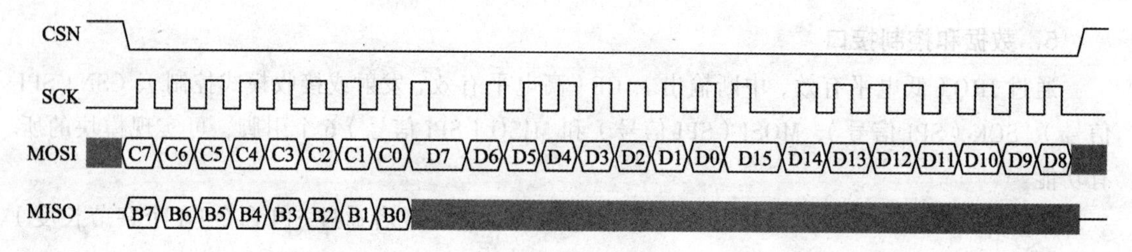

（b）SPI 写时序

图 10.3 SPI 读写时序（续）

6. 寄存器内容及说明（见表 10.16）

表 10.16 寄存器内容及说明

寄存器	位	复位值	类型	说明
CONFIG	—	—	—	配置寄存器
Reserved	7	0	R/W	默认为 0
MASK_RX_DR	6	0	R/W	可屏蔽中断 RX_RD。 1：中断产生时对 IRQ 没影响。 0：RX_RD 中断产生时，IRQ 引脚为低
MASK_TX_DS	5	0	R/W	可屏蔽中断 TX_RD。 1：中断产生时对 IRQ 没影响。 0：TX_RD 中断产生时，IRQ 引脚为低
MASK_MAX_RT	4	0	R/W	可屏蔽中断 MAX_RT。 1：中断产生时对 IRQ 没影响。 0：MAX_RT 中断产生时，IRQ 引脚为低
EN_CRC	3	1	R/W	CRC 使能。如果 EN_AA 中任意一位为高，则 EN_CRC 为高
CRCO	2	0	R/W	CRC 校验值。0：1 字节；1：2 字节
PWR_UP	1	0	R/W	0：掉电；1：上电
PRIM_RX	0	0	R/W	0：发射模式；1：接收模式
EN_AA Enhanced ShockBurst™	—	—	—	使能“自动应答”功能
Reserved	7:6	00	R/W	默认为 00
ENAA_P5	5	1	R/W	数据通道 5 自动应答使能位
ENAA_P4	4	1	R/W	数据通道 4 自动应答使能位
ENAA_P3	3	1	R/W	数据通道 3 自动应答使能位
ENAA_P2	2	1	R/W	数据通道 2 自动应答使能位
ENAA_P1	1	1	R/W	数据通道 1 自动应答使能位
ENAA_P0	0	1	R/W	数据通道 0 自动应答使能位
EN_RXADDR	—	—	—	接收地址允许
Reserved	7:6	00	R/W	默认为 00

续表

寄 存 器	位	复位值	类型	说 明
ERX _P5	5	0	R/W	数据通道 5 接收数据使能位
ERX _P4	4	0	R/W	数据通道 4 接收数据使能位
ERX _P3	3	0	R/W	数据通道 3 接收数据使能位
ERX _P2	2	0	R/W	数据通道 2 接收数据使能位
ERX _P1	1	1	R/W	数据通道 1 接收数据使能位
ERX _P0	0	1	R/W	数据通道 0 接收数据使能位
SETUP_AW	—	—	—	设置地址宽度（所有数据通道）
Reserved	7:2	000000	R/W	默认为 00000
AW	1:0	11	R/W	接收/发射地址宽度。00：无效；01：3 字节；10：4 字节；11：5 字节
SETUP_RETR	—	—	—	自动重发
ARD	7:4	0000	R/W	自动重发延时时间。0000：250μs；0001：500μs；…；1111：4000μs
ARC	3:0	0011	R/W	自动重发计数。0000：禁止自动重发；0001：自动重发 1 次……1111：自动重发 15 次
RF_CH	—	—	—	射频通道
Reserved	7	0	R/W	默认为 0
RF_CH	6:0	0000010	R/W	设置工作通道频率
RF_SETUP	—	—	—	射频寄存器
Reserved	7:5	000	R/W	默认为 000
PLL_LOCK	4	0	R/W	锁相环使能，测试下使用
RF_DR	3	1	R/W	数据传输速率。0：1Mbit/s；1：2Mbit/s
RF_PWR	2:1	11	R/W	发射功率。00：-18 dBm；01：-12dBm；10：-6dBm；11：0dBm
LNA_HCURR	0	1	R/W	低噪声放大器增益
STATUS	—	—	—	状态寄存器
Reserved	7	0	R/W	默认值为 0
RX_DR	6	0	R/W	接收数据中断位。当收到有效数据包后置 1，写 1 清除中断
TX_DS	5	0	R/W	发送数据中断。如果工作在自动应答模式下，只有当接收到应答信号后置 1。 写 1 清除中断
MAX_RT	4	0	R/W	重发次数溢出中断。写 1 清除中断。 如果 MAX_RT 中断产生，则必须清除后才能继续通信
RX_P_NO	3:1	111	R	接收数据通道号：000 ~ 101：数据通道号；110：未使用；111：RX FIFO 寄存器为空
TX_FULL	0	0	R	TX FIFO 寄存器满标志位
OBSERVE_TX	—	—	—	发送检测寄存器

续表

寄 存 器	位	复位值	类型	说 明
PLOS_CNT	7:4	0	R	数据包丢失计数器。当写 RF_CH 寄存器时，此寄存器复位。当丢失 15 个数据包后，此寄存器重启
ARC_CNT	3:0	0	R	重发计数器。当发送新数据包时，此寄存器复位
CD	—	—	—	载波检测
Reserved	7:1	000000	R	—
CD	0	0	R	—
RX_ADDR_P0	39:0	E7E7E7E7E7	R/W	数据通道 0 接收地址。最大长度为 5 字节
RX_ADDR_P1	39:0	C2C2C2C2C2	R/W	数据通道 1 接收地址。最大长度为 5 字节
RX_ADDR_P2	7:0	C3	R/W	数据通道 2 接收地址。最低字节可设置，高字节必须与 RX_ADDR_P1[39:8]相等
RX_ADDR_P3	7:0	C4	R/W	数据通道 3 接收地址。最低字节可设置，高字节必须与 RX_ADDR_P1[39:8]相等
RX_ADDR_P4	7:0	C5	R/W	数据通道 4 接收地址。最低字节可设置，高字节必须与 RX_ADDR_P1[39:8]相等
RX_ADDR_P5	7:0	C6	R/W	数据通道 5 接收地址。最低字节可设置，高字节必须与 RX_ADDR_P1[39:8]相等
TX_ADDR	39:0	E7E7E7E7E7	R/W	发送地址。在 ShockBurst™模式，设置 RX_ADDR_P0 与此地址相等来接收应答信号
RX_PW_P0	—	—	—	—
Reserved	7:6	00	R/W	默认为 00
RX_PW_P0	5:0	0	R/W	数据通道 0 接收数据有效宽度：0：无效；1：1 字节……32：32 字节
RX_PW_P1	—	—	—	—
Reserved	7:6	00	R/W	默认为 00
RX_PW_P1	5:0	0	R/W	数据通道 1 接收数据有效宽度：0：无效；1：1 个字节 ……32：32 字节
RX_PW_P2	—	—	—	—
Reserved	7:6	00	R/W	默认为 00
RX_PW_P2	5:0	0	R/W	数据通道 2 接收数据有效宽度：0：无效；1：1 个字节……32：32 字节
RX_PW_P3	—	—	—	—
Reserved	7:6	00	R/W	默认为 00
RX_PW_P3	5:0	0	R/W	数据通道 3 接收数据有效宽度：0：无效；1：1 字节……32：32 字节
RX_PW_P4	—	—	—	—
Reserved	7:6	00	R/W	默认为 00

续表

寄存器	位	复位值	类型	说明
RX_PW_P4	5:0	0	R/W	数据通道4接收数据有效宽度： 0：无效；1：1字节……32：32字节
RX_PW_P5	—	—	—	—
Reserved	7:6	00	R/W	默认为00
RX_PW_P5	5:0	0	R/W	数据通道5接收数据有效宽度： 0：无效；1：1字节……32：32字节
FIFO_STATUS	—	—	—	FIFO状态寄存器
Reserved	7	0	R/W	默认为0
TX_REUSE	6	0	R	若TX_REUSE=1，则当CE置高时，不断发送上一数据包。TX_REUSE通过SPI指令REUSE_TX_PL设置；通过W_TX_PALOAD或FLUSH_TX复位
TX_FULL	5	0	R	TX_FIFO寄存器满标志： 1：寄存器满；0：寄存器未满，有可用空间
TX_EMPTY	4	1	R	TX_FIFO寄存器空标志： 1：寄存器空；0：寄存器非空
Reserved	3:2	00	R/W	默认为00
RX_FULL	1	0	R	RX FIFO寄存器满标志： 1：寄存器满；0：寄存器未满，有可用空间
RX_EMPTY	0	1	R	RX FIFO寄存器空标志： 1：寄存器空；0：寄存器非空
TX_PLD	255:0	X	W	—
RX_PLD	255:0	X	R	—

防止重复定义NRF24L01.h文件，引入sys.h头文件。

```
#ifndef __NRF24L01_H
#define __NRF24L01_H
#include "sys.h"
```

定义/NRF24L01寄存器操作命令：

```
#define READ_REG        0x00    //读配置寄存器,低5位为寄存器地址
#define WRITE_REG       0x20    //写配置寄存器,低5位为寄存器地址
#define RD_RX_PLOAD     0x61    //读RX有效数据,1~32字节
#define WR_TX_PLOAD     0xA0    //写TX有效数据,1~32字节
#define FLUSH_TX        0xE1    //清除TX FIFO寄存器,发射模式下用
#define FLUSH_RX        0xE2    //清除RX FIFO寄存器,接收模式下用
#define REUSE_TX_PL     0xE3    //重新使用上一包数据,CE为高,数据包被不断发送
#define NOP             0xFF    //空操作,可以用来读状态寄存器
```

定义SPI(NRF24L01)寄存器地址：

```
#define CONFIG          0x00    //配置寄存器地址;bit0:1接收模式,0发射模式;bit1:
                                //电选择;bit2:CRC模式;bit3:CRC使能;
                                //bit4:中断MAX_RT(达到最大重发次数中断)使能;
```

```
                                  //bit5:中断TX_DS使能;bit6:中断RX_DR使能
#define EN_AA          0x01       //使能自动应答功能  bit0~5,对应通道0~5
#define EN_RXADDR       0x02      //接收地址允许,bit0~5,对应通道0~5
#define SETUP_AW        0x03      //设置地址宽度(所有数据通道):bit1,0:00,3字节;01,
                                  //4字节;02,5字节;
#define SETUP_RETR      0x04      //建立自动重发;bit3:0,自动重发计数器;bit7:4,
                                  //自动重发延时 250*x+86μs
#define RF_CH          0x05       //RF通道,bit6:0,工作通道频率
#define RF_SETUP   0x06           //RF寄存器;bit3:传输速率(0:1Mbps,1:2Mbps);
                                  //bit2:1,发射功率;bit0:低噪声放大器增益
#define STATUS         0x07       //状态寄存器;bit0:TX FIFO满标志;bit3:1,接收
                                  //数据通道号(最大:6);bit4,达到最多次重发
                                  //bit5:数据发送完成中断;bit6:接收数据中断
#define MAX_TX      0x10          //达到最大发送次数中断
#define TX_OK       0x20          //TX发送完成中断
#define RX_OK       0x40          //接收到数据中断

#define OBSERVE_TX      0x08      //发送检测寄存器,bit7:4,数据包丢失计数器;bit3:0,
                                  //重发计数器
#define CD              0x09      //载波检测寄存器,bit0,载波检测
#define RX_ADDR_P0      0x0A      //数据通道0接收地址,最大长度5字节,低字节在前
#define RX_ADDR_P1      0x0B      //数据通道1接收地址,最大长度5字节,低字节在前
#define RX_ADDR_P2      0x0C      //数据通道2接收地址,最低字节可设置,高字节,必须
                                  //同RX_ADDR_P1[39:8]相等
#define RX_ADDR_P3     0x0D       //数据通道3接收地址,最低字节可设置,高字节,必须
                                  //同RX_ADDR_P1[39:8]相等
#define RX_ADDR_P4     0x0E       //数据通道4接收地址,最低字节可设置,高字节,必须
                                  //同RX_ADDR_P1[39:8]相等
#define RX_ADDR_P5     0x0F       //数据通道5接收地址,最低字节可设置,高字节,必须
                                  //同RX_ADDR_P1[39:8]相等
#define TX_ADDR      0x10         //发送地址(低字节在前),ShockBurstTM模式下,RX_
                                  //ADDR_P0与此地址相等
#define RX_PW_P0    0x11      //接收数据通道0有效数据宽度(1~32字节),设置为0则非法
#define RX_PW_P1    0x12      //接收数据通道1有效数据宽度(1~32字节),设置为0则非法
#define RX_PW_P2    0x13      //接收数据通道2有效数据宽度(1~32字节),设置为0则非法
#define RX_PW_P3    0x14      //接收数据通道3有效数据宽度(1~32字节),设置为0则非法
#define RX_PW_P4    0x15      //接收数据通道4有效数据宽度(1~32字节),设置为0则非法
#define RX_PW_P5    0x16      //接收数据通道5有效数据宽度(1~32字节),设置为0则非法
#define FIFO_STATUS  0x17     //FIFO状态寄存器;bit0,RX FIFO寄存器空标志;bit1,
                              //RX FIFO满标志;bit2,3,保留bit4,TX FIFO空标志;
                              //bit5,TX FIFO满标志;bit6,1,循环发送上一数据包.0,
                              //不循环
```

定义nRF24L01操作线:

```
#define NRF24L01_CE   PBout(12)              //24L01片选信号
#define NRF24L01_CSN  PCout(7)               //SPI片选信号
#define NRF24L01_IRQ  PCin(6)                //IRQ主机数据输入
```

nRF24L01发送接收数据宽度定义:

```
#define TX_ADR_WIDTH    5                    //5字节的地址宽度
```

```
#define RX_ADR_WIDTH    5                              //5字节的地址宽度
#define TX_PLOAD_WIDTH  32                             //20字节的用户数据宽度
#define RX_PLOAD_WIDTH  1                              //20字节的用户数据宽度
```

声明函数:

```
extern void NRF24L01_Init(void);                       //初始化
extern void NRF24L01_RX_Mode(void);                    //配置为接收模式
extern void NRF24L01_TX_Mode(void);                    //配置为发送模式
extern u8 NRF24L01_Write_Buf(u8 reg, u8*pBuf, u8 u8s);  //写数据区
extern u8 NRF24L01_Read_Buf(u8 reg, u8*pBuf, u8 u8s);   //读数据区
extern u8 NRF24L01_Read_Reg(u8 reg);                    //读寄存器
extern u8 NRF24L01_Write_Reg(u8 reg, u8 value);         //写寄存器
extern u8 NRF24L01_Check(void);                        //检查24L01是否存在
extern u8 NRF24L01_TxPacket(u8 *txbuf);                //发送一个包的数据
extern u8 NRF24L01_RxPacket(u8 *rxbuf);                //接收一个包的数据

#endif
#include <stm32f10x_lib.h>
#include "NRF24L01.h"
#include "spi.h"

const u8 TX_ADDRESS[TX_ADR_WIDTH]={0x34,0x43,0x10,0x10,0x01}; //发送地址
const u8 RX_ADDRESS[RX_ADR_WIDTH]={0x34,0x43,0x10,0x10,0x01}; //发送地址
```

NRF24L01_Init 初始化 24L01 的 I/O 端口:

```
void NRF24L01_Init(void)
{
    RCC->APB2ENR|=1<<3;                                //使能PORTB口时钟
    RCC->APB2ENR|=1<<4;                                //使能PORTC口时钟
    GPIOB->CRH&=0XFFF0FFFF;                            //PB12输出--NRF_CE
    GPIOB->CRH|=0X00030000;
    GPIOB->ODR|=1<<12;                                 //PB12 输出1
    GPIOC->CRL&=0X00FFFFFF;//PC6输入--NRF_IRQ  PC7输出--NRF_CSN
    GPIOC->CRL|=0X38000000;
    GPIOC->ODR|=3<<6;                                  //上拉
    SPI2_Init();                                       //初始化SPI
    NRF24L01_CE=0;                                     //使能24L01
    NRF24L01_CSN=1;                                    //SPI片选取消
}
```

NRF24L01_Check()检测 24L01 是否存在。返回值：0，成功；1，失败。

```
u8 NRF24L01_Check(void)
{
    u8 buf[5]={0XA5,0XA5,0XA5,0XA5,0XA5};
    u8 i;
    SPI2_SetSpeed(SPI_SPEED_8);//spi速度为9 MHz(24L01的最大SPI时钟为10MHz)
    NRF24L01_Write_Buf(WRITE_REG+TX_ADDR,buf,5);  //写入5个字节的地址
    NRF24L01_Read_Buf(TX_ADDR,buf,5);             //读出写入的地址
    for(i=0;i<5;i++)if(buf[i]!=0XA5)break;
    if(i!=5)return 1;                     //检测24L01错误
```

```
    return 0;                              //检测到 24L01
}
```

NRF24L01_Write_Reg SPI()写寄存器。reg：指定寄存器地址；value：写入的值。

```
u8 NRF24L01_Write_Reg(u8 reg,u8 value)
{
    u8 status;
    NRF24L01_CSN=0;                          //使能 SPI 传输
    status=SPI2_ReadWriteByte(reg);          //发送寄存器号
    SPI2_ReadWriteByte(value);               //写入寄存器的值
    NRF24L01_CSN=1;                          //禁止 SPI 传输
    return(status);                          //返回状态值
}
```

NRF24L01_Read_Reg()读取 SPI 寄存器值。reg：要读的寄存器：

```
u8 NRF24L01_Read_Reg(u8 reg)
{
    u8 reg_val;
    NRF24L01_CSN = 0;                        //使能 SPI 传输
    SPI2_ReadWriteByte(reg);                 //发送寄存器号
    reg_val=SPI2_ReadWriteByte(0XFF);        //读取寄存器内容
    NRF24L01_CSN = 1;                        //禁止 SPI 传输
    return(reg_val);                         //返回状态值
}
```

NRF24L01_Read_Buf()在指定位置读出指定长度的数据。reg：寄存器(位置)；*pBuf：数据指针；len：数据长度。NRF24L01_Read_Buf()返回值为此次读到的状态寄存器值：

```
u8 NRF24L01_Read_Buf(u8 reg,u8 *pBuf,u8 len)
{
    u8 status,u8_ctr;
    NRF24L01_CSN=0;                          //使能 SPI 传输
    status=SPI2_ReadWriteByte(reg);//发送寄存器值(位置),并读取状态值
    for(u8_ctr=0;u8_ctr<len;u8_ctr++)pBuf[u8_ctr]=SPI2_ReadWriteByte(0XFF);
                                             //读出数据
    NRF24L01_CSN=1;                          //关闭 SPI 传输
    return status;                           //返回读到的状态值
}
```

函数 NRF24L01_Write_Buf()在指定位置写指定长度的数据。reg：寄存器(位置)；*pBuf：数据指针；len：数据长度；返回值为此次读到的状态寄存器值。

```
u8 NRF24L01_Write_Buf(u8 reg, u8 *pBuf, u8 len)
{
    u8 status,u8_ctr;
    NRF24L01_CSN=0;                          //使能 SPI 传输
    status=SPI2_ReadWriteByte(reg);          //发送寄存器值(位置),并读取状态值
    for(u8_ctr=0; u8_ctr<len; u8_ctr++)SPI2_ReadWriteByte(*pBuf++);
                                             //写入数据
    NRF24L01_CSN=1;                          //关闭 SPI 传输
    return status;                           //返回读到的状态值
}
```

NRF24L01_TxPacket()函数启动 NRF24L01 发送一次数据。txbuf: 待发送数据首地址；返回值：发送完成状况。

```
u8 NRF24L01_TxPacket(u8 *txbuf)
{
    u8 sta;
    SPI2_SetSpeed(SPI_SPEED_8);//spi速度为9Mhz(24L01的最大SPI时钟为10MHz)
    NRF24L01_CE=0;
    NRF24L01_Write_Buf(WR_TX_PLOAD,txbuf,TX_PLOAD_WIDTH);//写数据到TX BUF
                                                      //32 字节
    NRF24L01_CE=1;                                   //启动发送
    while(NRF24L01_IRQ!=0);                          //等待发送完成
    sta=NRF24L01_Read_Reg(STATUS);                   //读取状态寄存器的值
    NRF24L01_Write_Reg(WRITE_REG+STATUS,sta); //清除TX_DS或MAX_RT中断标志
    if(sta&MAX_TX)//达到最大重发次数
    {
        NRF24L01_Write_Reg(FLUSH_TX,0xff);      //清除TX FIFO寄存器
        return MAX_TX;
    }
    if(sta&TX_OK)                                    //发送完成
    {
        return TX_OK;
    }
    return 0xff;                                     //其他原因发送失败
}
```

函数 NRF24L01_RxPacket()启动 NRF24L01 发送一次数据。txbuf: 待发送数据首地址；返回值：0，接收完成；其他，错误代码。

```
u8 NRF24L01_RxPacket(u8 *rxbuf)
{
    u8 sta;
    SPI2_SetSpeed(SPI_SPEED_8);                      //spi速度为9Mhz(24L01的最
                                                     //大SPI时钟为10MHz)
    sta=NRF24L01_Read_Reg(STATUS);                   //读取状态寄存器的值
    NRF24L01_Write_Reg(WRITE_REG+STATUS,sta);           //清除TX_DS或MAX_RT中
    断标志 if(sta&RX_OK)                                 //接收到数据
    {
        NRF24L01_Read_Buf(RD_RX_PLOAD,rxbuf,RX_PLOAD_WIDTH); //读取数据
        NRF24L01_Write_Reg(FLUSH_RX,0xff);              //清除RX FIFO寄存器
        return 0;
    }
    return 1;//没收到任何数据
}
```

NRF24L01_RX_Mode()函数初始化 NRF24L01 到 RX 模式，设置 RX 地址，写 RX 数据宽度,选择 RF 频道，波特率和 LNA HCURR。当 CE 变高后,即进入 RX 模式,并可以接收数据了。

```
void NRF24L01_RX_Mode(void)
{
    NRF24L01_CE=0;
    NRF24L01_Write_Buf(WRITE_REG+RX_ADDR_P0,(u8*)RX_ADDRESS,RX_ADR_WIDTH);
```

```
                                                        //写 RX 结点地址
    NRF24L01_Write_Reg(WRITE_REG+EN_AA,0x01);          //使能通道 0 的自动应答
    NRF24L01_Write_Reg(WRITE_REG+EN_RXADDR,0x01);//使能通道 0 的接收地址
    NRF24L01_Write_Reg(WRITE_REG+RF_CH,40);            //设置 RF 通信频率
    NRF24L01_Write_Reg(WRITE_REG+RX_PW_P0,RX_PLOAD_WIDTH);
                                                    //选择通道 0 的有效数据宽度
    NRF24L01_Write_Reg(WRITE_REG+RF_SETUP,0x0f);
                                 //设置 TX 发射参数,0db 增益,2Mbps,低噪声增益开启
    NRF24L01_Write_Reg(WRITE_REG+CONFIG, 0x0f);
                      //配置基本工作模式的参数;PWR_UP,EN_CRC,16BIT_CRC,接收模式
    NRF24L01_CE=1;                                    //CE 为高,进入接收模式
}
```

NRF24L01_TX_Mode()函数初始化 NRF24L01 到 TX 模式，设置 TX 地址，写 TX 数据宽度，设置 RX 自动应答的地址，填充 TX 发送数据，选择 RF 频道、波特率和 LNA HCURR、PWR_UP，CRC 使能。当 CE 变高后，即进入 RX 模式，并可以接收数据，片选 CE 引脚为高电平，且存在时间大于 10 μs，则启动发送。

```
void NRF24L01_TX_Mode(void)
{
    NRF24L01_CE=0;
    NRF24L01_Write_Buf(WRITE_REG+TX_ADDR,(u8*)TX_ADDRESS,TX_ADR_WIDTH);
                                                        //写 TX 结点地址
    NRF24L01_Write_Buf(WRITE_REG+RX_ADDR_P0,(u8*)RX_ADDRESS,RX_ADR_WIDTH);
                                           //设置 TX 结点地址,主要为了使能 ACK
        NRF24L01_Write_Reg(WRITE_REG+EN_AA,0x01);      //使能通道 0 的自动应答
        NRF24L01_Write_Reg(WRITE_REG+EN_RXADDR,0x01); //使能通道 0 的接收地址
        NRF24L01_Write_Reg(WRITE_REG+SETUP_RETR,0x1a);
                    //设置自动重发间隔时间:500 μs + 86 μs;最大自动重发次数:10 次
        NRF24L01_Write_Reg(WRITE_REG+RF_CH,40);          //设置 RF 通道为 40
        NRF24L01_Write_Reg(WRITE_REG+RF_SETUP,0x0f);
                              //设置 TX 发射参数,0db 增益,2 Mbit/s,低噪声增益开启
        NRF24L01_Write_Reg(WRITE_REG+CONFIG,0x0e);
      //配置基本工作模式的参数;PWR_UP,EN_CRC,16BIT_CRC,接收模式,开启所有中断
    NRF24L01_CE=1;                            //CE 为高电平,10 μs 后启动发送
}
```

10.4 SPI 库函数解读

下面对 SPI 涉及的一些库函数进行解读，方便读者更容易理解；更多函数详解参考官网的 API 函数源码或者固件库手册说明。

1. SPI_InitTypeDef structure

```
typedef struct
{
    u16 SPI_Direction;
    u16 SPI_Mode;
    u16 SPI_DataSize;
    u16 SPI_CPOL;
    u16 SPI_CPHA;
```

```
    u16 SPI_NSS;
    u16 SPI_BaudRatePrescaler;
    u16 SPI_FirstBit;
    u16 SPI_CRCPolynomial;
}SPI_InitTypeDef;
```

（1）SPI_Direction：设置了 SPI 单向或者双向的数据模式，其值及相关说明如表 10.17 所示。

表 10.17　SPI_Direction 的值及相关说明

SPI_Direction	描述 CR.15/14/10	组合的意义
SPI_Direction_2Lines_FullDuplex	SPI 设置为双线双向全双工	BIDIMODE=0（双线双向）： RXONLY：全双工、只接收
SPI_Direction_2Lines_RxOnly	SPI 设置为双线单向接收	
SPI_Direction_1Line_Rx	SPI 设置为单线双向接收	BIDIMODE=1（单线双向）： BIDIOE：只接收、只发送
SPI_Direction_1Line_Tx	SPI 设置为单线双向发送	

（2）SPI_Mode：设置了 SPI 工作模式，其值及相关说明如表 10.18 所示。

表 10.18　SPI_Mode 值及相关说明

SPI_Mode	描述/CR1.8/2	值	组合的意义
SPI_Mode_Master	设置为主 SPI	0x0104	SSI=1；MSTR=1
SPI_Mode_Slave	设置为从 SPI	0x0000	

（3）SPI_DataSize：设置了 SPI 的数据大小，其值及相关说明如表 10.19 所示。

表 10.19　SPI_DataSize 的值及相关知识

SPI_DataSize	描述/CR1.DFF/bit11	值
SPI_DataSize_16b	SPI 发送接收 16 位帧结构	0x0800
SPI_DataSize_8b	SPI 发送接收 8 位帧结构	0x0000

（4）SPI_CPOL：选择了串行时钟的稳态，其值及相关说明如表 10.20 所示。

表 10.20　SPI_CPOL 的值及相关说明

SPI_CPOL	CR1.CPOL	位值
SPI_CPOL_High	时钟悬空高	0x0002
SPI_CPOL_Low	时钟悬空低	0x0000

（5）SPI_CPHA：设置了位捕获的时钟活动沿，其值及相关说明如表 10.21 所示。

表 10.21　SPI_CPHA 的值及相关说明

SPI_CPHA	描述/CR1.CPHA/bit0	值
SPI_CPHA_2Edge	数据捕获于第二个时钟沿	0x0001
SPI_CPHA_1Edge	数据捕获于第一个时钟沿	0x0000

（6）SPI_NSS：指定了 NSS 信号由硬件（NSS 引脚）还是软件（使用 SSI 位）管理，其值及相关说明如表 10.22 所示。

表 10.22　SPI_NSS 的值及相关说明

SPI_NSS	描述/CR1.SSM/bit9	值
SPI_NSS_Hard	NSS 由外部引脚管理	0x0000
SPI_NSS_Soft	内部 NSS 信号由 SSI 位控制	0x0200

（7）SPI_BaudRatePrescaler：用来定义波特率预分频的值，这个值用以设置发送和接收的 SCK 时钟，其值及相关说明如表 10.23 所示。

表 10.23　SPI_BaudRatePrescaler 的值及相关说明

SPI_BaudRatePrescaler	描述/CR1.BR[2:0]	位 5、4 值
SPI_BaudRatePrescaler2	波特率预分频值为 2	0x0000
SPI_BaudRatePrescaler4	波特率预分频值为 4	0x0008
SPI_BaudRatePrescaler8	波特率预分频值为 8	0x0010
SPI_BaudRatePrescaler16	波特率预分频值为 16	0x0018
SPI_BaudRatePrescaler32	波特率预分频值为 32	0x0020
SPI_BaudRatePrescaler64	波特率预分频值为 64	0x0028
SPI_BaudRatePrescaler128	波特率预分频值为 128	0x0030
SPI_BaudRatePrescaler256	波特率预分频值为 256	0x0038

注意：

通信时钟由主 SPI 的时钟分频而得，不需要设置从 SPI 的时钟。

（8）SPI_FirstBit：指定了数据传输从 MSB 位还是 LSB 位开始，其值及相关说明如表 10.24 所示。

表 10.24　SPI_FirstBit 的值及相关说明

SPI_FirstBit	描述/CR1. LSBFIRST	位 7 值
SPI_FisrtBit_MSB	数据传输从 MSB 位开始	0x0000
SPI_FisrtBit_LSB	数据传输从 LSB 位开始	0x0080

（9）SPI_CRCPolynomial：定义了用于 CRC 值计算的多项式>= 0x1。例如：

```
SPI_InitTypeDef SPI_InitStructure;
SPI_InitStructure.SPI_Direction=SPI_Direction_2Lines_FullDuplex;
SPI_InitStructure.SPI_Mode=SPI_Mode_Master;
SPI_InitStructure.SPI_DatSize=SPI_DatSize_16b;
SPI_InitStructure.SPI_CPOL=SPI_CPOL_Low;
SPI_InitStructure.SPI_CPHA=SPI_CPHA_2Edge;
SPI_InitStructure.SPI_NSS=SPI_NSS_Soft;
SPI_InitStructure.SPI_BaudRatePrescaler=SPI_BaudRatePrescaler_128;
SPI_InitStructure.SPI_FirstBit=SPI_FirstBit_MSB;
SPI_InitStructure.SPI_CRCPolynomial=7;
SPI_Init(SPI1, &SPI_InitStructure);
```

2．结构体 I2S_InitTypeDef 定义

```
typedef struct
{
  u16 I2S_Mode;
  u16 I2S_Standard;
  u16 I2S_DataFormat;
  u16 I2S_MCLKOutput;
  u16 I2S_AudioFreq;
  u16 I2S_CPOL;
}I2S_InitTypeDef;
```

（1）I2S_Mode：I2S 模式设置，设置主/从模式的发送/接收，其值及相关说明如表 10.25 所示。

表 10.25　I2S_Mode 的值及相关说明

I2S_Mode	意义/I2SCFGR.bit9-8	#define Val
I2S_Mode_SlaveTx	从模式发送	0x0000
I2S_Mode_SlaveRx	从模式接收	0x0100
I2S_Mode_MasterTx	主模式发送	0x0200
I2S_Mode_MasterRx	主模式接收	0x0300

（2）I2S_Standard：I2S 标准选择，I2S 标准选择值如表 10.26 所示。

表 10.26　I2S_Standard 的值及相关说明

I2S_Standard	意义/I2SCFGR	#define	单位或组合意义
I2S_Standard_Phillips	I2S 飞利浦标准	0x0000	bit5-4 = I2SSTD =0b00
I2S_Standard_MSB	左<高位>对齐标准	0x0010	bit5-4 = I2SSTD =0b01
I2S_Standard_LSB	右<低位>对齐标准	0x0020	bit5-4 = I2SSTD =0b10
I2S_Standard_PCMShort	PCM 模式下的短帧同步	0x0030	I2SSTD=11（bit5-4/PCM 标准）下，PMCSYNC（bit7）才有意义：0——短帧同步，1——短帧同步
I2S_Standard_PCMLong	PCM 模式下的长帧同步	0x00B0	

（3）I2S_DataFormat：设定通道数据长度值，其值及相关说明如表 10.27 所示。

表 10.27　I2S_DataFormat 的值及相关说明

I2S_DataFormat	意义/I2SCFGR	#define	单位或组合意义
I2S_DataFormat_16b	待传输数据长度 16 位	0x0000	bit0（CHLEN）=0：通道数据长度固定为 16 位。
I2S_DataFormat_16bextended	待传输数据长度扩展 16 位	0x0001	bit2-1（DATLEN）为任何值都是 16 位数据。
I2S_DataFormat_24b	待传输数据长度 24 位	0x0003	bit0=1（32 位位宽）:
I2S_DataFormat_32b	待传输数据长度 32 位	0x0005	bit2-1=00—16 位扩展数据 bit2-1=01—24 位数据 bit2-1=10—32 位数据 bit2-1=11—保留

上述“扩展 16 位”“24 位”“32 位”表示数据以 32 位包的形式传输。由 CHLEN = 1(32 位包)决定。对于“扩展 16 位”，数据 16 位放在 32 位包的 MSB 处，后 16 位 LSB 强制位 0 填充；对于“24 位”“32 位”，放在 MSB 处，LSB 也强制填充为 0，发送时分 2 次发送。

（4）I2S_MCLKOutput：主设备时钟输出使能，其值及相关说明如表 10.28 所示。

表 10.28　I2S_MCLKOutput 的值及相关说明

I2S_MCLKOutput	意义/I2SPR.bit9	#define
I2S_MCLKOutput_Enable	使能主设备时钟输出	0x0200
I2S_MCLKOutput_Disable	关闭主设备时钟输出	0x0000

（5）I2S_AudioFreq：从定义的音频通道采样频率计算出 I2SDIV[7:0]的值，其值及相关说明如表 10.29 所示。

表 10.29　I2S_AudioFreq 的值及相关说明

I2S_AudioFreq	意义：实际目标值[频率]	目标频率值	获取 I2SDIV 值的方法
I2S_AudioFreq_48k	通道数据频率 48kHz	(u16)48000	I2S 的音频采样频率[Fs]： 通过 RCC_GetClocksFreq ( ) 获取系统时间，然后根据 I2SPR 的 ODD 位及 I2SDIV 位，计算出填入 I2SDIV[7:0]内的线性分频值。而不是直接把“目标频率值”直接填入 I2SDIV[7:0]内。同时 I2SDIV 的最终值，要受 MCKOE 控制
I2S_AudioFreq_44k	通道数据频率 44.1kHz	(u16)44100	
I2S_AudioFreq_22k	通道数据频率 22.05kHz	(u16)22050	
I2S_AudioFreq_16k	通道数据频率 16kHz	(u16)16000	
I2S_AudioFreq_8k	通道数据频率 8kHz	(u16)8000	
I2S_AudioFreq_Default	通道数据频率 2Hz	(u16)2	

（6）I2S_CPOL：I2S 静止态时钟极性为高电平还是位低电平，其值及相关说明如表 10.30 所示。

表 10.30　I2S_CPOL 的值及相关说明

I2S_CPOL	描述/I2SCFGR.bit3	#define
I2S_CPOL_Low	I2S 时钟静止态为低电平	((u16)0x0000)
I2S_CPOL_High	I2S 时钟静止态为高电平	((u16)0x0008)

在调用本函数之前，必须对上述结构体成员进行数据初始化设置，如表 10.30 所示。

表 10.31　数据成员初始化

成　员	默 认 值
SPI_Direction	SPI_Direction_2Lines_FullDuplex
SPI_Mode	SPI_Mode_Slave
SPI_DataSize	SPI_DataSize_8b
SPI_CPOL	SPI_CPOL_Low
SPI_CPHA	SPI_CPHA_1Edge
SPI_NSS	SPI_NSS_Hard
SPI_BaudRatePrescaler	SPI_BaudRatePrescaler_2
SPI_FirstBit	SPI_FirstBit_MSB
SPI_CRCPolynomial	7

结构体 I2S_InitTypeDef 定义如下：

```
typedef struct
{
  u16 I2S_Mode;
  u16 I2S_Standard;
  u16 I2S_DataFormat;
  u16 I2S_MCLKOutput;
  u16 I2S_AudioFreq;
  u16 I2S_CPOL;
}I2S_InitTypeDef;
```

例：初始化一个 SPI_InitTypeDef 类型的结构体变量。

```
SPI_InitTypeDef SPI_InitStructure;
SPI_StructInit(&SPI_InitStructure);
```

SPI_IT：输入参数 SPI_IT 使能或者失能 SPI 的中断。可以取表 10.32 中的一个或者多个取值的组合作为该参数的值。

表 10.32 参数 SPI_IT 取值

SPI_I2S_IT	描述/CR2	值	CR2 中的位置
SPI_I2S_IT_TXE	发送缓存空中断屏蔽	0x71	bit7
SPI_I2S_IT_RXNE	接收缓存非空中断屏蔽	0x60	bit6
SPI_I2S_IT_ERR	错误中断屏蔽	0x50	bit5

例：使能 SPI2 Tx buffer empty interrupt。

```
SPI_ITConfig(SPI2, SPI_IT_TXE, ENABLE);
```

SPI_DataSize：设置 8 位或者 16 位数据帧结构，如表 10.33 所示。

表 10.33 设置数据帧结构

SPI_DataSize	描述/CR1.DFF/bit11	值
SPI_DataSize_8b	设置数据帧格式为 8 位	0x0000
SPI_DataSize_16b	设置数据帧格式为 16 位	0x0800

例：Set 8bit data frame format for SPI1。

```
SPI_DataSizeConfig(SPI1, SPI_DataSize_8b);
/*Set 16bit data frame format for SPI2 */
SPI_DataSizeConfig(SPI2, SPI_DataSize_16b);
```

SPI_CRC：SPI_CRC 选择 SPI Rx 或 SPI Tx 的 CRC 寄存器，如表 10.34 所示。

表 10.34 选择 SPI Rx 或 SPI Tx 寄存器

SPI_CRC	描述	值
SPI_CRC_Tx	选择 Tx CRC 寄存器	(u8)0x00
SPI_CRC_Rx	选择 Rx CRC 寄存器	(u8)0x01

例：Returns the SPI1 transmit CRC register。

```
u16 CRCValue;
CRCValue = SPI_GetCRC(SPI1, SPI_CRC_Tx);
```

SPI_Direction：SPI_Direction 选择 SPI 在双向模式下的数据传输方向，如表 10.35 所示。

表 10.35 SPI 在双向模式下的传输方向

SPI_Direction	描述/CR1.	bit14 值
SPI_Direction_Tx	选择 Tx 发送方向	0x4000
SPI_Direction_Rx	选择 Rx 接受方向	0xBFFF

例如：设置 SPI2 为单发模式。

```
SPI_BiDirectionalLineConfig(SPI_Direction_Tx);
```

SPI_FLAG：Table 441. 给出了所有可以被函数 SPI_GetFlagStatus 检查的标志位列表，如表 10.36 所示。

表 10.36 被 SPI_GetFlagStatus()检查的标志列表

SPI_FLAG	描述/SR.bit7-0	#Val	控制位
SPI_I2S_FLAG_BSY	忙标志位	0x0080	——
SPI_I2S_FLAG_OVR	超出标志位（overrun）	0x0040	ERRIE
SPI_I2S_FLAG_MODF	模式错位标志位	0x0020	

续表

SPI_FLAG	描述/SR.bit7-0	#Val	控制位
SPI_I2S_FLAG_CRCERR	CRC 错误标志位	0x0010	ERRIE
SPI_I2S_FLAG_UDR	发生下溢（underrun）	0x0008	
SPI_I2S_FLAG_CHSIDE	需要传输或者接收右声道	0x0004	
SPI_I2S_FLAG_TXE	发送缓存空标志位	0x0002	TXEIE
SPI_I2S_FLAG_RXNE	接受缓存非空标志位	0x0001	RXNEIE

可以清除的 Flag 只有 4 个：可以清除的中断标志位如表 10.37 所示。

表 10.37　可以清除的中断标志位

SPI_I2S_FLAG	描述/SR.bit7-0	#Val	可否清除	清除方式	控制位
SPI_I2S_FLAG_BSY	忙标志位	0x0080	×	——	——
SPI_I2S_FLAG_OVR	超出标志位（overrun）	0x0040	√	读 SR	ERRIE
SPI_FLAG_MODF	模式错位标志位	0x0020	√	读 SR->写 CR1	
SPI_FLAG_CRCERR	CRC 错误标志位	0x0010	√	直接写 0	
I2S_FLAG_UDR	发生下溢（underrun）	0x0008	√	读 SR	
I2S_FLAG_CHSIDE	需要传输或者接收右声道	0x0004	×	读 SR，但要求 OVR、UDR、ERRIE 被清除之后	
SPI_I2S_FLAG_TXE	发送缓存空标志位	0x0002	×	写数据到 DR 或令 I2SE =0	TXEIE
SPI_I2S_FLAG_RXNE	接收缓存非空标志位	0x0001	×	从 DR 读数据	RXNEIE

SPI_I2S_IT：表 10.38 给出了所有可以被函数 SPI_GetITStatus 检查的中断标志位列表。SPI_IT 值（SR 中的 CHSIDE 和 BUSY 位本函数不检查）

表 10.38　可以被 SPI_GetITStatus 检查的中断标志位列表

SPI_I2S_IT	描述/SR	#Value	SR 中的位置	在 CR2 中控制位位置
SPI_I2S_IT_TXE	发送缓存空中断标志位	(u8)0x71	bit1	bit7=TXEIE
SPI_I2S_IT_RXNE	接受缓存非空中断标志位	(u8)0x60	bit0	bit6=RXNEIE
SPI_I2S_IT_OVR	超出中断标志位	(u8)0x56	bit6	bit5=ERRIE OVR、MODF、CRCERR、UDR 标志位只有在 ERRIE=1 时才能产生
SPI_IT_MODF	模式错误标志位	(u8)0x55	bit5	
SPI_IT_CRCERR	CRC 错误标志位	(u8)0x54	bit4	
I2S_IT_UDR	下溢中断标志位	(u8)0x53	bit3	

例：测试判断 SPI1 超载中断发生与否。

```
ITStatus Status;
Status = SPI_GetITStatus(SPI1, SPI_IT_OVR);
```

10.5　SPI 库函数开发实例

以库函数开发智能充电器的显示模块，采用诺基亚 5110 液晶显示，显示的字符用取字模软件提取字模，引脚连接图如图 10.4 所示。

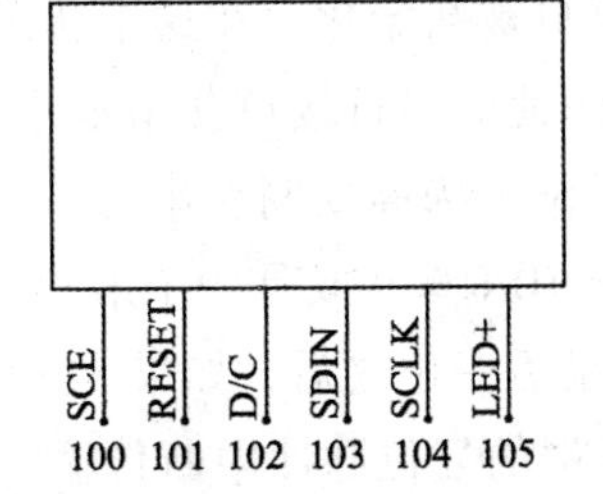

图 10.4　诺基亚 5110 液晶显示引脚连接图

诺基亚 5110 液晶显示模块的引脚说明如表 10.39 所示。

表 10.39　诺基亚 5110 液晶显示模块的引脚

引　脚	名　称	功　能	引　脚	名　称	功　能
1	SDIN	串行数据线	5	RES	复位
2	SCLK	串行时钟线	6	VCC	电源正
3	D/C	模式选择	7	LIGHT	背光灯
4	SCE	芯片使能	8	GND	电源地

相关指令说明如表 10.40 所示。

表 10.40　相关指令说明

指令	D/C	命令字								描述
		DB7	DB6	DB5	DB4	DB3	DB2	DB1	DB0	
(H = 0 or 1)										
NOP	0	0	0	0	0	0	0	0	0	空操作
功能设置	0	0	0	1	0	0	PD	V	H	掉电控制；进入模式；扩展指令设置（H）
写数据	1	D7	D6	D5	D4	D3	D2	D1	D0	写数据到显示 RAM
(H = 0)										
保留	0	0	0	0	0	0	1	X	X	不可使用
显示控制	0	0	0	0	0	1	D	0	E	设置显示配置
保留	0	0	0	0	1	X	X	X	X	不可使用
设置 RAM 的 Y 地址	0	0	1	0	0	0	Y2	Y1	Y0	Y 从 0 到 5
设置 RAM 的 X 地址	0	1	X6	X5	X4	X3	X2	X1	X0	X 从 0 到 83
(H = 1)										
温度控制	0	0	0	0	0	0	1	TC1	TC0	设置温度系数
偏置系统	0	0	0	0	1	0	BS2	BS1	BS0	设置偏置系数
设置 V_{op}	0	1	Vop6	Vop5	Vop4	Vop3	Vop2	Vop1	Vop0	写 V_{op} 到寄存器

PCD8544 指令格式分为两种模式：如果 D/C（模式选择）置为低电平，当前字节解释为命令字节（见表 10.39）。

如果 D/C 置为高电平，接下来的字节将存储到显示数据 RAM。每一个数据字节存入之后，地址计数自动递增。在数据字节最后一位期间会读取 D/C 信号的电平。每一条指令可用任意次序发送到 PCD8544。首先传送的是字节的 MSB（高位）。图 10.5 所示为一个可能的命令流，用来设置 LCD 驱动器。当 SCE 为高时，串行接口被初始化。在这个状态，SCLK 时钟脉冲不起作用，串行接口不消耗电力。SCE 上的负边缘使能串行接口并指示开始数据传输。

当 SCE 为高时，忽略 SCLK 时钟信号；在 SCE 为高期间，串行接口被初始化。SDIN 在 SCLK 的正边缘取样。D/C 指出字节是一个命令 (D/C = 0)或是一个 RAM 数据(D/C = 1)；它在第八个 SCLK 脉冲被读出。在命令/数据字节的最后一位之后，如果 SCE 为低，串行接口在下一个 SCLK 正边缘等待下一个字节的位 7。RES 端的复位脉冲中断传输，数据不会写进 RAM，寄存器被清除。如果在 RES 正边缘之后 SCE 为低，串行接口准备接收命令/数据字节的位 7。

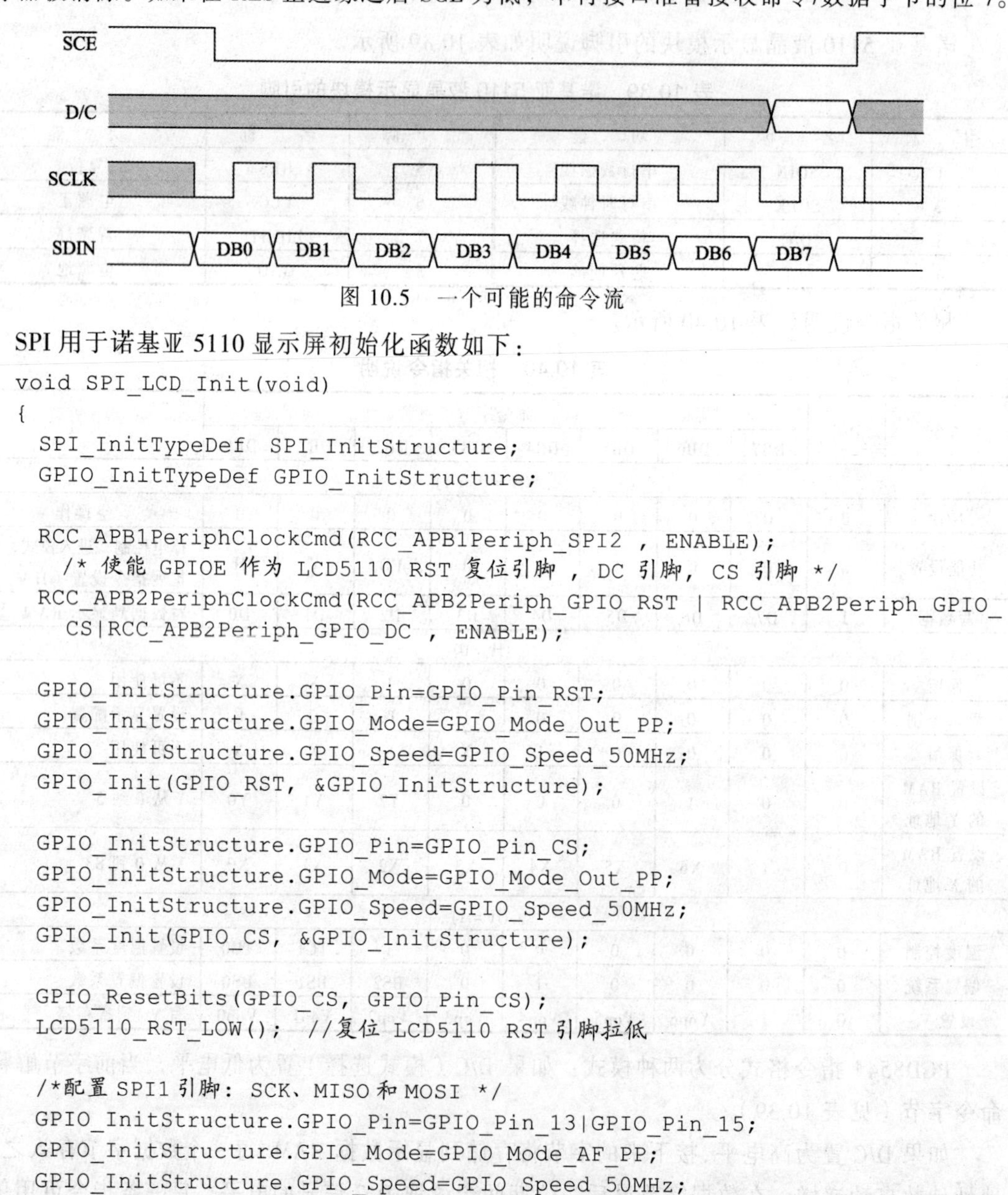

图 10.5　一个可能的命令流

SPI 用于诺基亚 5110 显示屏初始化函数如下：

```
void SPI_LCD_Init(void)
{
  SPI_InitTypeDef  SPI_InitStructure;
  GPIO_InitTypeDef GPIO_InitStructure;

  RCC_APB1PeriphClockCmd(RCC_APB1Periph_SPI2 , ENABLE);
    /* 使能 GPIOE 作为 LCD5110 RST 复位引脚 , DC 引脚, CS 引脚 */
  RCC_APB2PeriphClockCmd(RCC_APB2Periph_GPIO_RST | RCC_APB2Periph_GPIO_
    CS|RCC_APB2Periph_GPIO_DC , ENABLE);

  GPIO_InitStructure.GPIO_Pin=GPIO_Pin_RST;
  GPIO_InitStructure.GPIO_Mode=GPIO_Mode_Out_PP;
  GPIO_InitStructure.GPIO_Speed=GPIO_Speed_50MHz;
  GPIO_Init(GPIO_RST, &GPIO_InitStructure);

  GPIO_InitStructure.GPIO_Pin=GPIO_Pin_CS;
  GPIO_InitStructure.GPIO_Mode=GPIO_Mode_Out_PP;
  GPIO_InitStructure.GPIO_Speed=GPIO_Speed_50MHz;
  GPIO_Init(GPIO_CS, &GPIO_InitStructure);

  GPIO_ResetBits(GPIO_CS, GPIO_Pin_CS);
  LCD5110_RST_LOW();  //复位 LCD5110 RST 引脚拉低

  /*配置 SPI1 引脚: SCK、MISO 和 MOSI */
  GPIO_InitStructure.GPIO_Pin=GPIO_Pin_13|GPIO_Pin_15;
  GPIO_InitStructure.GPIO_Mode=GPIO_Mode_AF_PP;
  GPIO_InitStructure.GPIO_Speed=GPIO_Speed_50MHz;
  GPIO_Init(GPIOB, &GPIO_InitStructure);
```

```
    /*配置 I/O 引脚作为 LCD5110 DC */
    GPIO_InitStructure.GPIO_Pin=GPIO_Pin_DC;
    GPIO_InitStructure.GPIO_Mode=GPIO_Mode_Out_PP;
    GPIO_Init(GPIO_DC, &GPIO_InitStructure);

    /* SPI1 配置*/
    SPI_InitStructure.SPI_Direction=SPI_Direction_2Lines_FullDuplex ;
                                                    //SPI 设置为双线双向全双工
    SPI_InitStructure.SPI_Mode=SPI_Mode_Master;     //设置为主 SPI
    SPI_InitStructure.SPI_DataSize=SPI_DataSize_8b; //SPI 发送接收 8 位帧结构
    SPI_InitStructure.SPI_CPOL=SPI_CPOL_High;   //时钟悬空高
    SPI_InitStructure.SPI_CPHA=SPI_CPHA_2Edge; //数据捕获于第二个时钟沿
    SPI_InitStructure.SPI_NSS=SPI_NSS_Soft;//内部 NSS 信号有 SSI 位控制
    SPI_InitStructure.SPI_BaudRatePrescaler=SPI_BaudRatePrescaler_256;
    //波特率预分频值为 256
    SPI_InitStructure.SPI_FirstBit=SPI_FirstBit_MSB;//数据传输从 MSB 位开始
    SPI_InitStructure.SPI_CRCPolynomial=7;//定义了用于 CRC 值计算的多项式 7
    SPI_Init(SPI2, &SPI_InitStructure);

    /* 使能 SPI1  */
    SPI_Cmd(SPI2, ENABLE);
}

u8 SPI2_ReadByte(void)
{
    return (SPI2_SendByte(0x00));
}

u8 SPI2_SendByte(u8 byte)
{
    /* 循环等待 DR 寄存器为非空值 */
    while (SPI_I2S_GetFlagStatus(SPI2, SPI_I2S_FLAG_TXE)==RESET);
    /* 通过 SPI 外设发送字节 */
    SPI_I2S_SendData(SPI2, byte);
    /* 等待接收一个字节 */
    while (SPI_I2S_GetFlagStatus(SPI2, SPI_I2S_FLAG_RXNE)==RESET);
    /* 返回从 SP2 总线读取的字节 */
    return SPI_I2S_ReceiveData(SPI2);
}
```

LCD5110_Init()函数用于对 LCD5110 进行初始化，先复位，然后调用 SPI2_SendByte 发送指令进行初始化设置。

```
void LCD5110_Init(void)
{
    LCD5110_RST_HIGH();       //复位 LCD5110 RST 引脚拉高
    LCD5110_SEND_CMD();
     SPI2_SendByte(0x21);    //使用扩展命令设置 LCD 模式
     SPI2_SendByte(0xC8);    //设置偏置电压
     SPI2_SendByte(0x06);    //温度校正
     SPI2_SendByte(0x13);    //1:48
```

```
    SPI2_SendByte(0x20);     //使用基本命令
    SPI2_SendByte(0x0C);     //设定显示模式，正常显示
}
```

LCD5110_CLS()的功能是诺基亚5110清屏，光标复位。

```
void LCD5110_CLS(void)
{
  INT16U i=0;
  LCD5110_SEND_CMD();        //光标回到0列
  SPI2_SendByte( 128 );      //光标回到0行
  SPI2_SendByte( 64 );
  LCD5110_SEND_DATA();
    for( i=0; i<504; i++)  //写504个0数据,就是清屏
    SPI2_SendByte( 0 );
}
```

LCD_GOTOXY()函数是光标定位，x(0-83)是列地址，y(0-5)是行地址。

```
void LCD_GOTOXY( u8 x , u8 y )
{
  LCD5110_SEND_CMD();
  SPI2_SendByte( x+128 );
  SPI2_SendByte( y+64 );
}
```

set_cursor()函数功能是设置光标。

```
void set_cursor(INT8U x,INT8U y)
{   cursor_x=x;
    cursor_y=y;
}
```

LCD5110_PUT_ASCII()函数以ASCII值的方式显示一个变量。

```
void LCD5110_PUT_ASCII(u8 ASCII)
{
  u8 i;
  INT16U index;
  index=ASCII-32;            //字模数据由空格' '开始，空格的ASCII值为32
  index=index*5;             //每个字符的字模是5个字节
  LCD5110_SEND_DATA();       //一个字符的字模是5个字节，就是5×8点阵
  for(i=0;i<5;i++)
    {
      SPI2_SendByte( ASCLL_DATA[index++] );
    }
  SPI2_SendByte(0);                   //每个字符之间空一列
}

void LCD5110_PUT_STR(u8 *str , u8 n)
{
  while( n-- )
  {
     LCD5110_PUT_ASCII( *str++ ); //顺序显示字符
  }
}
```

第 11 章　通用定时器

M3 芯片包含 3 种定时器:高级控制定时器(TIM1 和 TIM8)、通用定时器(TIM2、TIM3、TIM4、TIM5)、基本定时器(TIM6 和 TIM7)。高级控制定时器可以测量输入信号的脉冲宽度(输入捕获)或者产生输出波形(输出比较、PWM、嵌入死区时间的互补 PWM 等); 通用定时器可以测量输入信号的脉冲长度(输入捕获)或者产生输出波形(输出比较和 PWM); 基本定时器可以为通用定时器提供时间基准，也可以为数模转换器(DAC)提供时钟。本章将对通用定时器进行讲解。

11.1　通用定时器概述

通用 TIMx (TIM2、TIM3、TIM4 和 TIM5)定时器的功能包括:

（1）16 位向上、向下、向上/向下自动装载计数器。

（2）16 位可编程（可以实时修改）预分频器，计数器时钟频率的分频系数为 1 ~ 65 536 之间的任意数值。

（3）4 个独立通道:

① 输入捕获

② 输出比较

③ PWM 生成(边缘或中间对齐模式)。

④ 单脉冲模式输出。

（4）使用外部信号控制定时器和定时器互连的同步电路。

（5）如下事件发生时产生中断/DMA:

① 更新：计数器向上溢出/向下溢出，计数器初始化（通过软件或者内部/外部触发）。

② 触发事件（计数器启动、停止、初始化或者由内部/外部触发计数）。

③ 输入捕获。

④ 输出比较。

（6）支持针对定位的增量（正交）编码器和霍尔传感器电路。

（7）触发输入作为外部时钟或者按周期的电流管理。

11.2　通用定时器基本功能

通用定时器的功能模式包括计数模式、捕获模式、输出模式、比较模式、PWM 模式、单脉冲模式、编码接口模式、输入异或模式、同步模式、调试模式等；限于篇幅，本节重点讲解计数器模式和 PWM 模式。

11.2.1 时基单元

通用定时器的主要部分是一个 16 位计数器和与其相关的自动装载寄存器。这个计数器可以向上计数、向下计数或者向上向下双向计数。计数器时钟由预分频器分频得到。

计数器、自动装载寄存器和预分频器寄存器可以由软件读写，在计数器运行时仍可以读写。

时基单元包含：

（1）计数器寄存器(TIMx_CNT)。

（2）预分频器寄存器 (TIMx_PSC)。

（3）自动装载寄存器 (TIMx_ARR)。

自动装载寄存器是预先装载的，写或读自动重装载寄存器将访问预装载寄存器。根据在 TIMx_CR1 寄存器中的自动装载预装载使能位(ARPE)的设置，预装载寄存器的内容被立即或在每次的更新事件 UEV 时传送到影子寄存器。当计数器达到溢出条件并当 TIMx_CR1 寄存器中的 UDIS 位等于 0 时，产生更新事件。

计数器由预分频器的时钟输出 CK_CNT 驱动，仅当设置了计数器 TIMx_CR1 寄存器中的计数器使能位(CEN)时，CK_CNT 才有效。

预分频器可以将计数器的时钟频率按 1～65 536 之间的任意值分频。预分频器寄存器被设为 x 时，就表示经过 x+1 个定时器时钟后，计数器寄存器加 1。它是基于一个（在 TIMx_PSC 寄存器中的）16 位寄存器控制的 16 位计数器。这个控制寄存器带有缓冲器，它能够在工作时被改变。新的预分频器参数在下一次更新事件到来时被采用。图 11.1 所示为当预分频器的参数从 1 变到 2 时计数器的时序图。

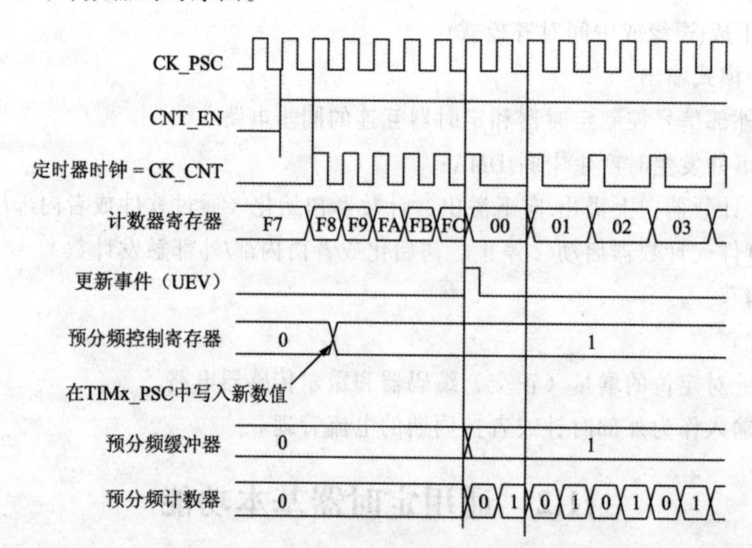

图 11.1 当预分频器的参数从 1 变到 2 时，计数器的时序图

图 11.2 所示为当预分频器的参数从 1 变到 4 时，计数器的时序图。

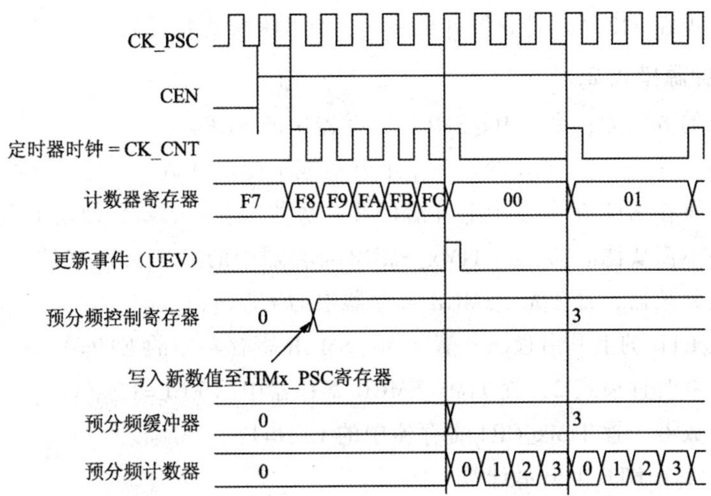

图 11.2 当预分频器的参数从 1 变到 4 时，计数器的时序图

11.2.2 时钟选择

计数器时钟可由下列时钟源提供：

（1）内部时钟(CK_INT)。

（2）外部时钟模式 1：外部输入脚(TIx)。

（3）外部时钟模式 2：外部触发输入(ETR)。

（4）内部触发输入(ITRx)：使用一个定时器作为另一个定时器的预分频器，如可以配置一个定时器 Timer1 而作为另一个定时器 Timer2 的预分频器。

1. 内部时钟源(CK_INT)

当 TIMx_SMCR 寄存器的 SMS=000 时，则 CEN、DIR(TIMx_CR1 寄存器)和 UG 位(TIMx_EGR 寄存器)是事实上的控制位，并且只能被软件修改(UG 位仍被自动清除)。只要 CEN 位被写成 1，预分频器的时钟就由内部时钟 CK_INT 提供。

2. 外部时钟源模式 1

当 TIMx_SMCR 寄存器的 SMS=111 时，此模式被选中。计数器可以在选定输入端的每个上升沿或下降沿计数。

例如，要配置向上计数器在 T12 输入端的上升沿计数，使用下列步骤：

（1）配置 TIMx_CCMR1 寄存器 CC2S='01'，配置通道 2 检测 TI2 输入的上升沿。

（2）配置 TIMx_CCMR1 寄存器的 IC2F[3:0]，选择输入滤波器带宽（如果不需要滤波器，保持 IC2F=0000），捕获预分频器不用作触发，所以不需要对它进行配置。

（3）配置 TIMx_CCER 寄存器的 CC2P='0'，选定上升沿极性。

（4）配置 TIMx_SMCR 寄存器的 SMS='111'，选择定时器外部时钟模式 1。

（5）配置 TIMx_SMCR 寄存器中的 TS='110'，选定 TI2 作为触发输入源。

（6）设置 TIMx_CR1 寄存器的 CEN='1'，启动计数器。

当上升沿出现在 TI2 时，计数器计数一次，且 TIF 标志被设置。

3．外部时钟源模式 2

选定此模式的方法为：令 TIMx_SMCR 寄存器中的 ECE=1。

计数器能够在外部触发 ETR 的每一个上升沿或下降沿计数。

例如，要配置在 ETR 下每 2 个上升沿计数一次的向上计数器，使用下列步骤：

（1）本例中不需要滤波器，置 TIMx_SMCR 寄存器中的 ETF[3:0]=0000。

（2）设置预分频器，置 TIMx_SMCR 寄存器中的 ETPS[1:0]=01。

（3）设置在 ETR 的上升沿检测，置 TIMx_SMCR 寄存器中的 ETP=0。

（4）开启外部时钟模式 2，置 TIMx_SMCR 寄存器中的 ECE=1。

（5）启动计数器，置 TIMx_CR1 寄存器中的 CEN=1。

计数器在每 2 个 ETR 上升沿计数一次。

11.2.3 计数器模式

计数模式包括：向上计数模式、向下计数模式和中央对齐模式（向上/向下模式）。

1．向上计数模式

在向上计数模式中，计数器从 0 计数到自动加载值(TIMx_ARR 计数器的内容)，然后重新从 0 开始计数并且产生一个计数器溢出事件。

每次计数器溢出时可以产生更新事件，在 TIMx_EGR 寄存器中设置 UG 位也同样可以产生一个更新事件。

设置 TIMx_CR1 寄存器中的 UDIS 位，可以禁止更新事件；这样可以避免在向预装载寄存器中写入新值时更新影子寄存器。

当发生一个更新事件时，所有的寄存器都被更新，硬件同时（依据 URS 位）设置更新标志位（TIMx_SR 寄存器中的 UIF 位）。预分频器的缓冲区被置入预装载寄存器的值（TIMx_PSC 寄存器的内容）。自动装载影子寄存器被重新置入预装载寄存器的值（TIMx_ARR）。

当 TIMx_ARR=0x36 时，计数器在不同时钟频率下的动作如图 11.3～图 11.6 所示。

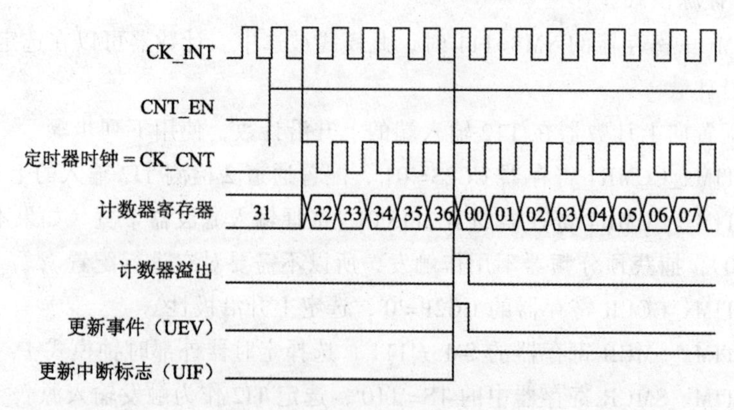

图 11.3 计数器时序图，内部时钟分频因子为 1

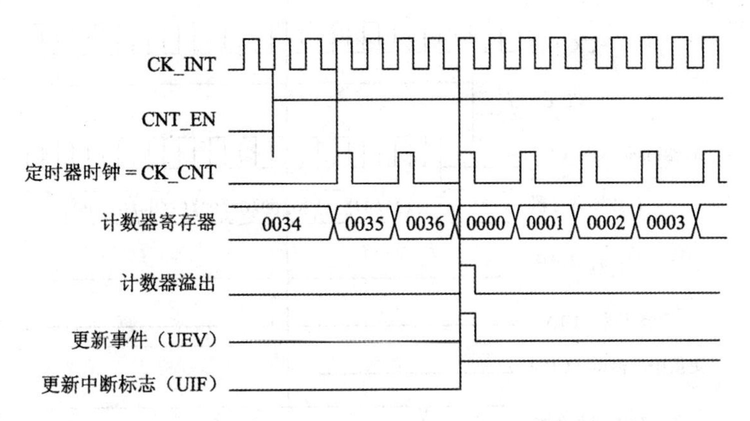

图 11.4　计数器时序图，内部时钟分频因子为 2

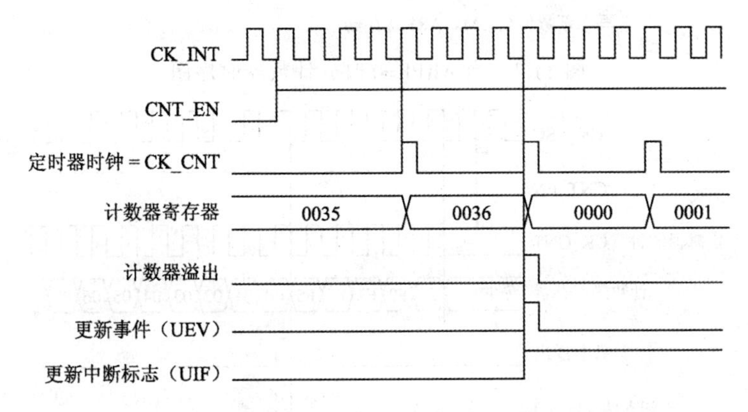

图 11.5　计数器时序图，内部时钟分频因子为 4

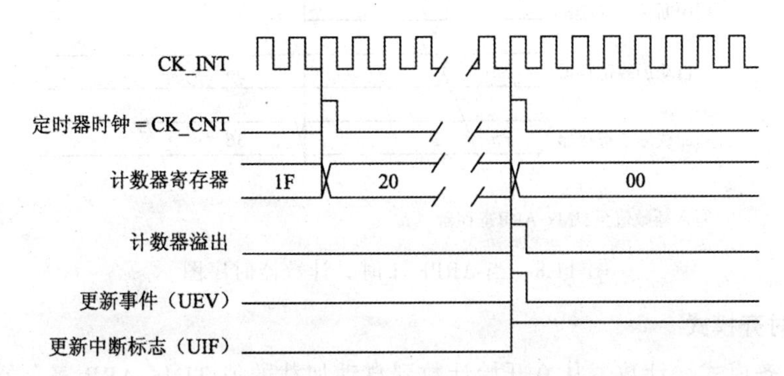

图 11.6　计数器时序图，内部时钟分频因子为 *N*

当 ARPE=0 时的更新事件(TIMx_ARR 没有预装入)，计数器时序图如图 11.7 所示。

当 ARPE=1 时的更新事件(预装了 TIMx_ARR)，计数器时序图如图 11.8 所示。

2．向下计数模式

在向下模式中，计数器从自动加载值(TIMx_ARR 计数器的内容)开始向下计数到 0，然后从自动装入的值重新开始并且产生一个计数器向下溢出事件。

具体用法同向上计数模式一样。

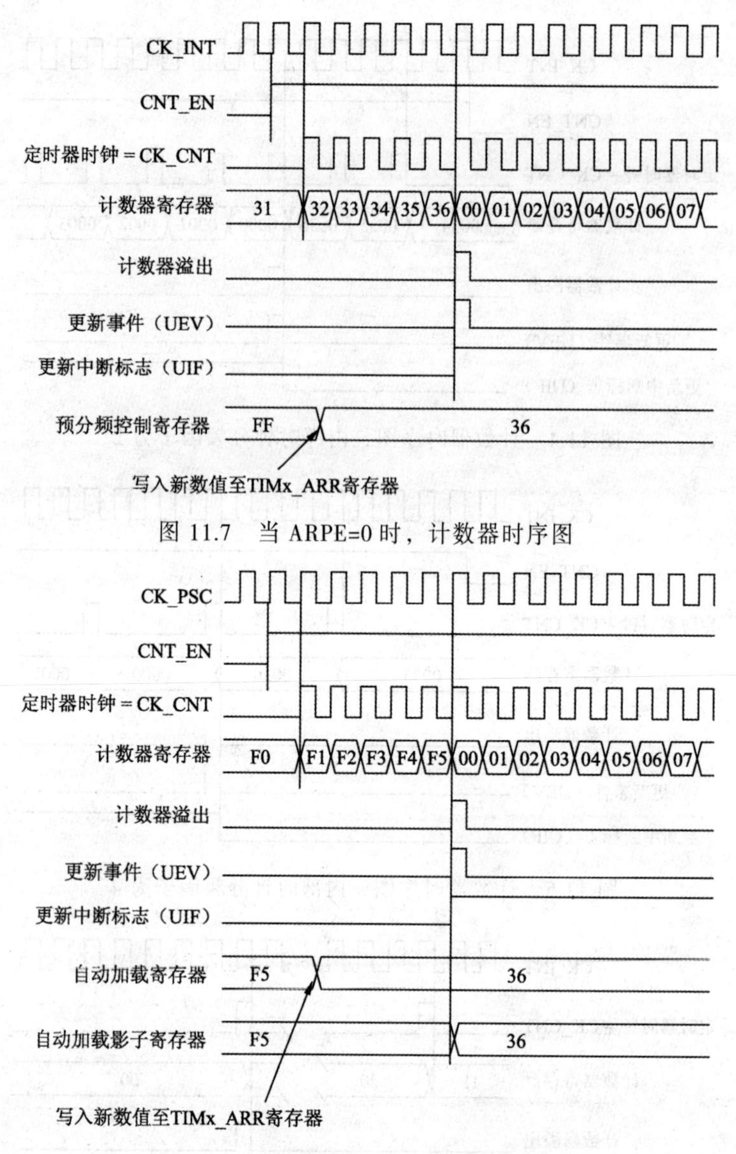

图 11.7 当 ARPE=0 时，计数器时序图

图 11.8 当 ARPE=1 时，计数器时序图

3．中央对齐模式

在中央对齐模式，计数器从 0 开始计数到自动加载的值(TIMx_ARR 寄存器)−1，产生一个计数器溢出事件，然后向下计数到 1 并且产生一个计数器下溢事件；然后再从 0 开始重新计数。

在这个模式，不能写入 TIMx_CR1 中的 DIR 方向位。它由硬件更新并指示当前的计数方向。

各种事件响应和向上计数器模式一样。当 TIMx_APR=0x06，内部时钟分频因子为 1 时，计数器时序图如图 11.9 所示。

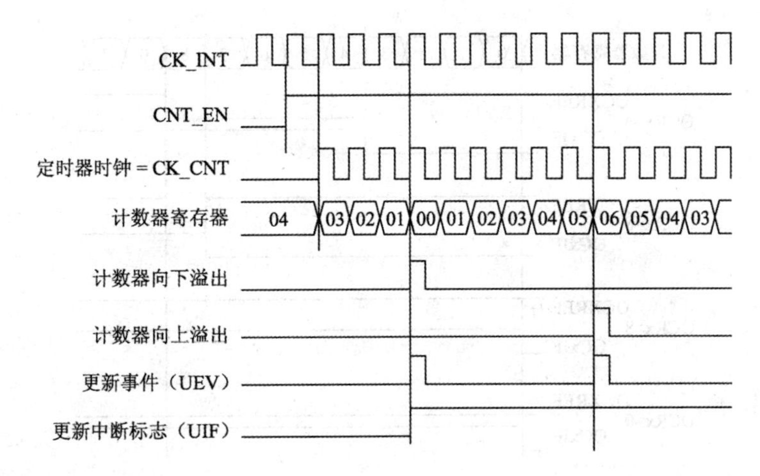

图 11.9　计数器时序图（内部时钟分频因子为 1，TIMx_ARR=0x06）

11.2.4　PWM 模式

PWM 模式下可以用通用定时器产生一个由 TIMx_ARR 寄存器确定频率、由 TIMx_CCRx 寄存器确定占空比的信号。在 TIMx_CCMRx 寄存器中的 OCxM 位写入 110(PWM 模式 1)或 111(PWM 模式 2)，能够独立地设置每个 OCx 输出通道产生一路 PWM。必须设置 TIMx_CCMRx 寄存器 OCxPE 位以使能相应的预装载寄存器，最后还要设置 TIMx_CR1 寄存器的 ARPE 位，(在向上计数或中心对称模式中)使能自动重装载的预装载寄存器。

仅当发生一个更新事件的时候，预装载寄存器才能被传送到影子寄存器，因此在计数器开始计数之前，必须通过设置 TIMx_EGR 寄存器中的 UG 位来初始化所有的寄存器。OCx 的极性可以通过软件在 TIMx_CCER 寄存器中的 CCxP 位设置，它可以设置为高电平有效或低电平有效。TIMx_CCER 寄存器中的 CCxE 位控制 OCx 输出使能。根据 TIMx_CR1 寄存器中 CMS 位的状态，定时器能够产生边沿对齐的 PWM 信号或中央对齐的 PWM 信号。

1．PWM 边沿对齐模式

向上计数配置模式下，PWM 模式 1 下，当 TIMx_CNT<TIMx_CCRx 时 PWM 参考信号 OCxREF 为高电平，否则为低电平。如果 TIMx_CCRx 中的比较值大于自动重装载值(TIMx_ARR)，则 OCxREF 始终保持为 1。如果 TIMx_CCRx 为 0，则 OCxREF 始终保持为 0。例如，边沿对齐的 PWM 波形(ARR=8)：PWM 波形如图 11.10 所示。

向下计数模式下，PWM 模式 1 下，当 TIMx_CNT>TIMx_CCRx 时参考信号 OCxREF 为低，否则为高。如果 TIMx_CCRx 中的比较值大于 TIMx_ARR 中的自动重装载值，则 OCxREF 保持为 1。该模式下不能产生占空比为 0%的 PWM 波形。

2．PWM 中央对齐模式

当 TIMx_CR1 寄存器中的 CMS 位不为 00 时，为中央对齐模式(所有其他的配置对 OCxREF/OCx 信号都有相同的作用)。根据不同的 CMS 位设置，比较标志可以在计数器向上计数时被置 1、在计数器向下计数时被置 1，或在计数器向上和向下计数时被置 1。TIMx_CR1 寄存器中的计数方向位(DIR)由硬件更新，不要用软件修改它。

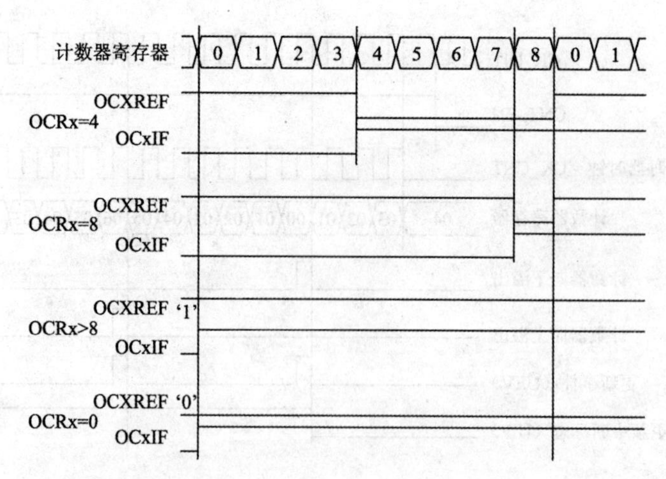

图 11.10　ARR=8，向上计数，PWM 边沿对齐波形

图 11.11 给出了一些中央对齐的 PWM 波形的例子。

（1）TIMx_ARR=8。

（2）PWM 模式 1。

（3）TIMx_CR1 寄存器中的 CMS=01，在中央对齐模式 1 时，当计数器向下计数时设置比较标志。

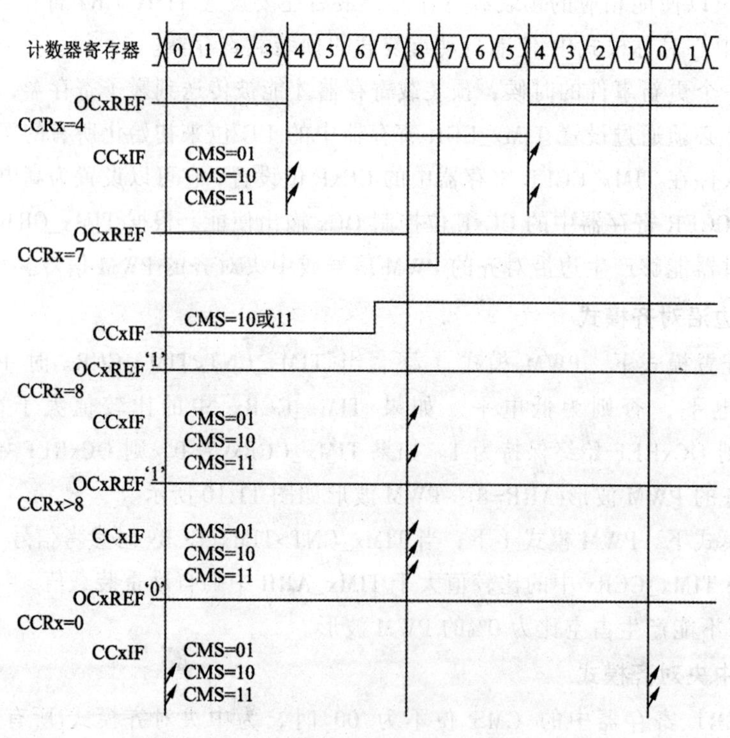

图 11.11　中央对齐的 PWM 波形(APR=8)

使用中央对齐模式的提示：

（1）进入中央对齐模式时，使用当前的向上/向下计数配置；这就意味着计数器向上还

是向下计数取决于 TIMx_CR1 寄存器中 DIR 位的当前值。此外，软件不能同时修改 DIR 和 CMS 位。

（2）不推荐当运行在中央对齐模式时改写计数器，因为这会产生不可预知的结果。特别地：

① 如果写入计数器的值大于自动重加载的值(TIMx_CNT>TIMx_ARR)，则方向不会被更新。例如，如果计数器正在向上计数，它就会继续向上计数。

② 如果将 0 或者 TIMx_ARR 的值写入计数器，方向被更新，但不产生更新事件 UEV。

（3）使用中央对齐模式最保险的方法，就是在启动计数器之前产生一个软件更新(设置 TIMx_EGR 位中的 UG 位)，不要在计数进行过程中修改计数器的值。

11.3　通用定时器寄存器

下面具体介绍一下通用定时器寄存器。

（1）控制寄存器 1 TIMx_CR1 偏移地址：0x00；复位值：0x0000。各位使用情况及相关说明如表 11.1 所示。

表 11.1　TIMx_CR1 各位使用情况及相关说明

15	14	13	12	11	10	9	8	7	6	5	4	3	2	1	0
保留						CKD[1:0]		ARPE	CMS[1:0]		DIR	OPM	URS	UDIS	CEN
						RW	RW	RW	RW	RW	RW	RW	RW	RW	RW

位	说明
位 15:10	保留，始终读为 0
位 9:8	CKD[1:0]: 时钟分频因子。 定义在定时器时钟(CK_INT)频率与数字滤波器(ETR，TIx)使用的采样频率之间的分频比例。 00：tDTS = tCK_INT；01：tDTS = 2 x tCK_INT；10：tDTS = 4 x tCK_INT；11：保留
位 7	ARPE：自动重装载预装载允许位。 0：TIMx_ARR 寄存器没有缓冲；1：TIMx_ARR 寄存器被装入缓冲器
位 6:5	CMS[1:0]：选择中央对齐模式。 00：边沿对齐模式。计数器依据方向位(DIR)向上或向下计数。 01：中央对齐模式 1。计数器交替地向上和向下计数。配置为输出的通道(TIMx_CCMRx 寄存器中 CCxS=00)的输出比较中断标志位，只在计数器向下计数时被设置。 10：中央对齐模式 2。计数器交替地向上和向下计数。配置为输出的通道(TIMx_CCMRx 寄存器中 CCxS=00)的输出比较中断标志位，只在计数器向上计数时被设置。 11：中央对齐模式 3。计数器交替地向上和向下计数。配置为输出的通道(TIMx_CCMRx 寄存器中 CCxS=00)的输出比较中断标志位，在计数器向上和向下计数时均被设置。 注：在计数器开启时(CEN=1)，不允许从边沿对齐模式转换到中央对齐模式
位 4	DIR：方向。 0：计数器向上计数；1：计数器向下计数。 注：当计数器配置为中央对齐模式或编码器模式时，该位为只读
位 3	OPM：单脉冲模式。 0：在发生更新事件时，计数器不停止。 1：在发生下一次更新事件(清除 CEN 位)时，计数器停止

续表

位 2	URS：更新请求源。 软件通过该位选择 UEV 事件的源。 0：如果使能了更新中断或 DMA 请求，则下述任一事件产生更新中断或 DMA 请求： （1）计数器溢出/下溢。 （2）设置 UG 位。 （3）从模式控制器产生的更新。 1：如果使能了更新中断或 DMA 请求，则只有计数器溢出/下溢才产生更新中断或 DMA 请求
位 1	UDIS：禁止更新。 软件通过该位允许/禁止 UEV 事件的产生。 0：允许 UEV。更新(UEV)事件由下述任一事件产生： （1）计数器溢出/下溢。 （2）设置 UG 位。 （3）从模式控制器产生的更新。 具有缓存的寄存器被装入它们的预装载值。(译注：更新影子寄存器) 1：禁止 UEV。不产生更新事件，影子寄存器(ARR、PSC、CCRx)保持它们的值。如果设置了 UG 位或从模式控制器发出了一个硬件复位，则计数器和预分频器被重新初始化。
位 0	位 0 CEN：使能计数器。 0：禁止计数器；1：使能计数器。 注：在软件设置了 CEN 位后，外部时钟、门控模式和编码器模式才能工作。触发模式可以自动地通过硬件设置 CEN 位。 在单脉冲模式下，当发生更新事件时，CEN 被自动清除。

（2）控制寄存器 2 TIMx_CR2 偏移地址：0x04；复位值：0x0000。各位使用情况及相关说明如表 11.2 所示。

表 11.2 各位使用情况及相关说明

15…8	7	6	5	4	3	2	1	0
保留	TI1S	MMS[2:0]			CCDS	保留		
	RW	RW	RW	RW	RW			

位 15:8	保留，始终读为 0。
位 7	TI1S：TI1 选择。 0：TIMx_CH1 引脚连到 TI1 输入。 1：TIMx_CH1、TIMx_CH2 和 TIMx_CH3 引脚经异或后连到 TI1 输入
位 6:4	MMS[2:0]：主模式选择。 这 3 位用于选择在主模式下送到从定时器的同步信息。 000：复位。TIMx_EGR 寄存器的 UG 位被用于作为触发输出(TRGO)。如果是触发输入产生的复位(从模式控制器处于复位模式)，则 TRGO 上的信号相对实际的复位会有一个延迟。 001：使能。计数器使能信号 CNT_EN 被用于作为触发输出(TRGO)。有时需要在同一时间启动多个定时器或控制在一段时间内使能从定时器。计数器使能信号是通过 CEN 控制位和门控模式下的触发输入信号的逻辑或产生。 当计数器使能信号受控于触发输入时，TRGO 上会有一个延迟，除非选择了主/从模式(见 TIMx_SMCR 寄存器中 MSM 位的描述)。 010：更新。更新事件被选为触发输入(TRGO)。例如，一个主定时器的时钟可以被用作一个从定时器的预分频器。 011：比较脉冲。在发生一次捕获或一次比较成功时，当要设置 CC1IF 标志时(即使它已经为高)，触发输出送出一个正脉冲(TRGO)。

续表

位 6:4	100：比较。OC1REF 信号被用于作为触发输出(TRGO)。 101：比较。OC2REF 信号被用于作为触发输出(TRGO)。 110：比较。OC3REF 信号被用于作为触发输出(TRGO)。 111：比较。OC4REF 信号被用于作为触发输出(TRGO)
位 3	位 3 CCDS：捕获/比较的 DMA 选择。 0：当发生 CCx 事件时，送出 CCx 的 DMA 请求。 1：当发生更新事件时，送出 CCx 的 DMA 请求
位 2:0	保留，始终读为 0。

（3）从模式控制寄存器 TIMx_SMCR 偏移地址：0x08；复位值：0x0000。各位使用情况及相关说明如表 11.3 所示。

表 11.3 TIMx_SMCR 各位使用情况及相关说明

15	14	13	12	11	10	9	8	7	6	5	4	3	2	1	0
ETP	ECE	ETPS[1:0]		ETF[3:0]				MSM	TS[2:0]			保留	SMS[2:0]		
RW	RW	RW	RW	RW	RW	RW	RW	RW	RW	RW	RW		RW	RW	RW

位 15	ETP：外部触发极性。该位选择是用 ETR 还是 ETR 的反相来作为触发操作。 0：ETR 不反相，高电平或上升沿有效； 1：ETR 被反相，低电平或下降沿有效
位 14	ECE：外部时钟使能位，该位启用外部时钟模式 2。 0：禁止外部时钟模式 2。 1：使能外部时钟模式 2。计数器由 ETRF 信号上的任意有效边沿驱动。 注 1：设置 ECE 位与选择外部时钟模式 1 并将 TRGI 连到 ETRF(SMS=111 和 TS=111)具有相同功效。 注 2：下述从模式可以与外部时钟模式 2 同时使用：复位模式、门控模式和触发模式；但是，这时 TRGI 不能连到 ETRF(TS 位不能是 111)。 注 3：外部时钟模式 1 和外部时钟模式 2 同时被使能时，外部时钟的输入是 ETRF
位 13:12	ETPS[1:0]：外部触发预分频。 外部触发信号 ETRP 的频率必须最多是 CK_INT 频率的 1/4。当输入较快的外部时钟时，可以使用预分频降低 ETRP 的频率。 00：关闭预分频；01：ETRP 频率除以 2；10：ETRP 频率除以 4；11：ETRP 频率除以 8
位 11:8	ETF[3:0]：外部触发滤波。 这些位定义了对 ETRP 信号采样的频率和对 ETRP 数字滤波的带宽。实际上，数字滤波器是一个事件计数器，它记录到 N 个事件后会产生一个输出的跳变。 0000：无滤波器，以 fDTS 采样 0001：采样频率 $f_{SAMPLING}=f_{CK\_INT}$，N=2 0010：采样频率 $f_{SAMPLING}=f_{CK\_INT}$，N=4 0011：采样频率 $f_{SAMPLING}=f_{CK\_INT}$，N=8 0100：采样频率 $f_{SAMPLING}=f_{DTS/2}$，N=6 0101：采样频率 $f_{SAMPLING}=f_{DTS/2}$，N=8 0110：采样频率 $f_{SAMPLING}=f_{DTS/4}$，N=6 0111：采样频率 $f_{SAMPLING}=f_{DTS/4}$，N=8 1000：采样频率 $f_{SAMPLING}=f_{DTS/8}$，N=6 1001：采样频率 $f_{SAMPLING}=f_{DTS/8}$，N=8 1010：采样频率 $f_{SAMPLING}=f_{DTS/16}$，N=5 1011：采样频率 $f_{SAMPLING}=f_{DTS/16}$，N=6 1100：采样频率 $f_{SAMPLING}=f_{DTS/16}$，N=8 1101：采样频率 $f_{SAMPLING}=f_{DTS/32}$，N=5 1110：采样频率 $f_{SAMPLING}=f_{DTS/32}$，N=6 1111：采样频率 $f_{SAMPLING}=f_{DTS/32}$，N=8
位 7	MSM：主/从模式。 0：无作用。 1：触发输入(TRGI)上的事件被延迟了，以允许在当前定时器(通过 TRGO)与它的从定时器间的完美同步。这对要求把几个定时器同步到一个单一的外部事件时是非常有用的。

续表

位 6:4	TS[2:0]：触发选择。 这 3 位选择用于同步计数器的触发输入。 000：内部触发 0(ITR0)，TIM1　　100：TI1 的边沿检测器(TI1F_ED) 001：内部触发 1(ITR1)，TIM2　　101：滤波后的定时器输入 1(TI1FP1) 010：内部触发 2(ITR2)，TIM3　　110：滤波后的定时器输入 2(TI2FP2) 011：内部触发 3(ITR3)，TIM4　　111：外部触发输入(ETRF) 具体细节见（表 11.4）TIMx 内部触发连接与 TS 对应关系。 注：这些位只能在未用到(如 SMS=000)时被改变，以避免在改变时产生错误的边沿检测
位 3	保留，始终读为 0
位 2:0	SMS[2:0]：从模式选择。 当选择了外部信号，触发信号(TRGI)的有效边沿与选中的外部输入极性相关(见输入控制寄存器和控制寄存器的说明) 000：关闭从模式 – 如果 CEN=1，则预分频器直接由内部时钟驱动。 001：编码器模式 1 – 根据 TI1FP1 的电平，计数器在 TI2FP2 的边沿向上/下计数。 010：编码器模式 2 – 根据 TI2FP2 的电平，计数器在 TI1FP1 的边沿向上/下计数。 011：编码器模式 3 – 根据另一个信号的输入电平，计数器在 TI1FP1 和 TI2FP2 的边沿向上/下计数。 100：复位模式 – 选中的触发输入(TRGI)的上升沿重新初始化计数器，并且产生一个更新寄存器的信号。 101：门控模式 – 当触发输入(TRGI)为高时，计数器的时钟开启。一旦触发输入变为低，则计数器停止(但不复位)。计数器的启动和停止都是受控的。 110：触发模式 – 计数器在触发输入 TRGI 的上升沿启动(但不复位)，只有计数器的启动是受控的。 111：外部时钟模式 1 – 选中的触发输入(TRGI)的上升沿驱动计数器。 注：如果 TI1F_EN 被选为触发输入(TS=100)时，不要使用门控模式。这是因为，TI1F_ED 在每次 TI1F 变化时输出一个脉冲，然而门控模式是要检查触发输入的电平

TIMx 内部触发连接与 TS 对应关系如表 11.4 所示。

表 11.4　TIMx 内部触发连接与 TS 对应关系

从定时器	ITR0 (TS = 000)	ITR1 (TS = 001)	ITR2 (TS = 010)	ITR3 (TS = 011)
TIM2	TIM1	TIM8	TIM3	TIM4
TIM3	TIM1	TIM2	TIM5	TIM4
TIM4	TIM1	TIM2	TIM3	TIM8
TIM5	TIM2	TIM3	TIM4	TIM8

（4）DMA/中断使能寄存器 TIMx_DIER 偏移地址：0x0C；复位值：0x0000。各位使用情况及相关说明如表 11.5 所示。

表 11.5　TIMx_DIER 各位使用情况及相关说明

15	14	13	12	11	10	9	8	7	6	5	4	3	2	1	0
保留	TDE	保留	CC4DE	CC3DE	CC2DE	CC1DE	UDE	保留	TIE	保留	CC4IE	CC3IE	CC2IE	CC1IE	UIE
	RW		RW	RW	RW	RW	RW		RW		RW		RW	RW	RW

位 15	保留，始终读为 0
位 14	TDE：允许触发 DMA 请求。0：禁止触发 DMA 请求；1：允许触发 DMA 请求
位 13	保留，始终读为 0
位 12	CC4DE：允许捕获/比较 4 的 DMA 请求。 0：禁止捕获/比较 4 的 DMA 请求；1：允许捕获/比较 4 的 DMA 请求
位 11	CC3DE：允许捕获/比较 3 的 DMA 请求。 0：禁止捕获/比较 3 的 DMA 请求；1：允许捕获/比较 3 的 DMA 请求
位 10	CC2DE：允许捕获/比较 2 的 DMA 请求。 0：禁止捕获/比较 2 的 DMA 请求；1：允许捕获/比较 2 的 DMA 请求

续表

位 9	CC1DE：允许捕获/比较 1 的 DMA 请求。 0：禁止捕获/比较 1 的 DMA 请求；1：允许捕获/比较 1 的 DMA 请求
位 8	UDE：允许更新的 DMA 请求。0：禁止更新的 DMA 请求；1：允许更新的 DMA 请求
位 7	保留，始终读为 0
位 6	TIE：触发中断使能。0：禁止触发中断；1：使能触发中断
位 5	保留，始终读为 0
位 4	CC4IE：允许捕获/比较 4 中断。0：禁止捕获/比较 4 中断；1：允许捕获/比较 4 中断
位 3	CC3IE：允许捕获/比较 3 中断。0：禁止捕获/比较 3 中断；1：允许捕获/比较 3 中断
位 2	CC2IE：允许捕获/比较 2 中断。0：禁止捕获/比较 2 中断；1：允许捕获/比较 2 中断
位 1	CC1IE：允许捕获/比较 1 中断。0：禁止捕获/比较 1 中断；1：允许捕获/比较 1 中断
位 0	UIE：允许更新中断 0：禁止更新中断；1：允许更新中断

（5）状态寄存器 TIMx_SR 偏移地址：0x10；复位值：0x0000。各位使用情况及相关说明如表 11.6 所示。

表 11.6　TIMx_SR 各位使用情况及相关说明

15	14	13	12	11	10	9	8	7	6	5	4	3	2	1	0
保留			CC4OF	CC3OF	CC2OF	CC1OF	保留		TIF	保留	CC4IF	CC3IF	CC2IF	CC1IF	UIF
			rc w0	rc w0	rc w0	rc w0			rc w0		rc w0	rc w0	rc w0	rc w0	rc w0

位 15:13	保留，始终读为 0
位 12	CC4OF：捕获/比较 4 重复捕获标记。 仅当相应的通道被配置为输入捕获时，该标记可由硬件置 1。写'0'可清除该位。 0：无重复捕获产生。 1：当计数器的值被捕获到 TIMx_CCR4 寄存器时，CC4IF 的状态已经为 1
位 11	CC3OF：捕获/比较 3 重复捕获标记。 仅当相应的通道被配置为输入捕获时，该标记可由硬件置 1，写 0 可清除该位。 0：无重复捕获产生。 1：当计数器的值被捕获到 TIMx_CCR3 寄存器时，CC3IF 的状态已经为 1
位 10	CC2OF：捕获/比较 2 重复捕获标记。 仅当相应的通道被配置为输入捕获时，该标记可由硬件置 1，写'0'可清除该位。 0：无重复捕获产生。 1：当计数器的值被捕获到 TIMx_CCR2 寄存器时，CC2IF 的状态已经为 1。
位 9	CC1OF：捕获/比较 1 重复捕获标记。 仅当相应的通道被配置为输入捕获时，该标记可由硬件置 1，写'0'可清除该位。 0：无重复捕获产生。 1：当计数器的值被捕获到 TIMx_CCR1 寄存器时，CC1IF 的状态已经为 1
位 8:7	保留，始终读为 0
位 6	TIF：触发器中断标记。 当发生触发事件(当从模式控制器处于除门控模式外的其他模式时，在 TRGI 输入端检测到有效边沿，或门控模式下的任一边沿)时由硬件对该位置 1。它由软件清 0。 0：无触发器事件产生；1：触发器中断等待响应
位 5	保留，始终读为 0

续表

位 4	CC4IF：捕获/比较 4 中断标记。 如果通道 CC4 配置为输出模式： 当计数器值与比较值匹配时该位由硬件置'1'，但在中心对称模式下除外(参考 TIMx_CR1 寄存器的 CMS 位)。它由软件清 0。 0：无匹配发生；1：TIMx_CNT 的值与 TIMx_CCR4 的值匹配。 如果通道 CC4 配置为输入模式： 当捕获事件发生时该位由硬件置 1，它由软件清 0 或通过读 TIMx_CCR4 清 0。 0：无输入捕获产生。 1：计数器值已被捕获(拷贝)至 TIMx_CCR4(在 IC4 上检测到与所选极性相同的边沿)
位 3	CC3IF：捕获/比较 3 中断标记。 如果通道 CC3 配置为输出模式： 当计数器值与比较值匹配时该位由硬件置 1,但在中心对称模式下除外(参考 TIMx_CR1 寄存器的 CMS 位)。它由软件清 0。 0：无匹配发生；1：TIMx_CNT 的值与 TIMx_CCR3 的值匹配。 如果通道 CC3 配置为输入模式： 当捕获事件发生时该位由硬件置 1，它由软件清'0'或通过读 TIMx_CCR3 清 0。 0：无输入捕获产生。 1：计数器值已被捕获(拷贝)至 TIMx_CCR3(在 IC3 上检测到与所选极性相同的边沿)
位 2	CC2IF：捕获/比较 2 中断标记。 如果通道 CC2 配置为输出模式： 当计数器值与比较值匹配时该位由硬件置 1,但在中心对称模式下除外(参考 TIMx_CR1 寄存器的 CMS 位)。它由软件清 0。 0：无匹配发生；1：TIMx_CNT 的值与 TIMx_CCR2 的值匹配。 如果通道 CC2 配置为输入模式： 当捕获事件发生时该位由硬件置'1'，它由软件清'0'或通过读 TIMx_CCR2 清 0。 0：无输入捕获产生。 1：计数器值已被捕获(拷贝)至 TIMx_CCR2(在 IC2 上检测到与所选极性相同的边沿)
位 1	CC1IF：捕获/比较 1 中断标记。 如果通道 CC1 配置为输出模式： 当计数器值与比较值匹配时该位由硬件置'1'，但在中心对称模式下除外(参考 TIMx_CR1 寄存器的 CMS 位)。它由软件清'0'。 0：无匹配发生； 1：TIMx_CNT 的值与 TIMx_CCR1 的值匹配。 如果通道 CC1 配置为输入模式： 当捕获事件发生时该位由硬件置 1，它由软件清'0'或通过读 TIMx_CCR1 清 0。 0：无输入捕获产生。 1：计数器值已被捕获(拷贝)至 TIMx_CCR1(在 IC1 上检测到与所选极性相同的边沿)
位 0	UIF：更新中断标记。 当产生更新事件时该位由硬件置 1，它由软件清 0。 0：无更新事件产生； 1：更新中断等待响应。当寄存器被更新时该位由硬件置 1： (1)若 TIMx_CR1 寄存器的 UDIS=0、URS=0，当 TIMx_EGR 寄存器的 UG=1 时产生更新事件(软件对计数器 CNT 重新初始化)。 (2)若 TIMx_CR1 寄存器的 UDIS=0、URS=0，当计数器 CNT 被触发事件重初始化时产生更新事件

（6）事件产生寄存器 TIMx_EGR 偏移地址：0x14；复位值：0x0000。各位使用情况及相关说明如表 11.7 所示。

表 11.7　TIMx_EGR 各位使用情况及相关说明

15…7	6	5	4	3	2	1	0
保留	TG	保留	CC4G	CC3G	CC2G	CC1G	UG
	W		W	W	W	W	W

位	说明
位 15:7	保留，始终读为 0
位 6	TG：产生触发事件。该位由软件置 1，用于产生一个触发事件，由硬件自动清 0。 0：无动作。 1：TIMx_SR 寄存器的 TIF=1，若开启对应的中断和 DMA，则产生相应的中断和 DMA
位 5	保留，始终读为 0
位 4	CC4G：产生捕获/比较 4 事件。 该位由软件置 1，用于产生一个捕获/比较事件，由硬件自动清 0。 0：无动作；1：在通道 CC4 上产生一个捕获/比较事件。 （1）若通道 CC4 配置为输出： 设置 CC4IF=1，若开启对应的中断和 DMA，则产生相应的中断和 DMA。 （2）若通道 CC4 配置为输入： 当前的计数器值捕获至 TIMx_CCR4 寄存器；设置 CC4IF=1，若开启对应的中断和 DMA，则产生相应的中断和 DMA。若 CC1IF 已经为 1，则设置 CC4OF=1
位 3	CC3G：产生捕获/比较 3 事件。 该位由软件置 1，用于产生一个捕获/比较事件，由硬件自动清 0。 0：无动作。 1：在通道 CC3 上产生一个捕获/比较事件： （1）若通道 CC3 配置为输出： 设置 CC3IF=1，若开启对应的中断和 DMA，则产生相应的中断和 DMA。 （2）若通道 CC3 配置为输入： 当前的计数器值捕获至 TIMx_CCR3 寄存器；设置 CC3IF=1，若开启对应的中断和 DMA，则产生相应的中断和 DMA。若 CC1IF 已经为 1，则设置 CC3OF=1
位 2	CC2G：产生捕获/比较 2 事件。 该位由软件置 1，用于产生一个捕获/比较事件，由硬件自动清 0。 0：无动作。 1：在通道 CC2 上产生一个捕获/比较事件： （1）若通道 CC2 配置为输出： 设置 CC2IF=1，若开启对应的中断和 DMA，则产生相应的中断和 DMA。 （2）若通道 CC2 配置为输入： 当前的计数器值捕获至 TIMx_CCR2 寄存器；设置 CC2IF=1，若开启对应的中断和 DMA，则产生相应的中断和 DMA。若 CC2IF 已经为 1，则设置 CC2OF=1

续表

位 1	CC1G：产生捕获/比较 1 事件。 该位由软件置 1，用于产生一个捕获/比较事件，由硬件自动清 0。 0：无动作；1：在通道 CC1 上产生一个捕获/比较事件： （1）若通道 CC1 配置为输出： 设置 CC1IF=1，若开启对应的中断和 DMA，则产生相应的中断和 DMA。 （2）若通道 CC1 配置为输入： 当前的计数器值捕获至 TIMx_CCR1 寄存器；设置 CC1IF=1，若开启对应的中断和 DMA，则产生相应的中断和 DMA。若 CC1IF 已经为 1，则设置 CC1OF=1
位 0	UG：产生更新事件 该位由软件置 1，由硬件自动清 0。 0：无动作；1：重新初始化计数器，并产生一个更新事件。 注意预分频器的计数器也被清 0(但是预分频系数不变)。若在中心对称模式下或 DIR=0(向上计数)则计数器被清 0，若 DIR=1(向下计数)则计数器取 TIMx_ARR 的值

（7）捕获/比较模式寄存器 1 TIMx_CCMR1 偏移地址：0x18；复位值：0x0000。各位使用情况及相关说明如表 11.8 所示。

通道可用于输入（捕获模式）或输出(比较模式)，通道的方向由相应的 CCxS 定义。该寄存器其他位的作用在输入和输出模式下不同。OCxx 描述了通道在输出模式下的功能，ICxx 描述了通道在输出模式下的功能。因此必须注意，同一个位在输出模式和输入模式下的功能是不同的。

表 11.8 TIMx_CCMR1 各位使用情况

<table>
<tr><td>15</td><td>14</td><td>13</td><td>12</td><td>11</td><td>10</td><td>9</td><td>8</td><td>7</td><td>6</td><td>5</td><td>4</td><td>3</td><td>2</td><td>1</td><td>0</td></tr>
<tr><td>OC2IE</td><td colspan="3">OC2M[2:0]</td><td>OC2PE</td><td>OC2FE</td><td colspan="2" rowspan="2">CC2S[1:0]</td><td>OC1CE</td><td colspan="3">OC1M[2:0]</td><td>OC1PE</td><td>OC1FE</td><td colspan="2" rowspan="2">CC1S[1:0]</td></tr>
<tr><td colspan="4">IC2F[3:0]</td><td colspan="2">IC2PSC[1:0]</td><td colspan="4">IC1F[3:0]</td><td colspan="2">IC1PSC[1:0]</td></tr>
<tr><td>RW</td><td>RW</td><td>RW</td><td>RW</td><td>RW</td><td>RW</td><td>RW</td><td>RW</td><td>RW</td><td>RW</td><td>RW</td><td>RW</td><td>RW</td><td>RW</td><td>RW</td><td>RW</td></tr>
</table>

输出比较模式：

位 15	OC2CE：输出比较 2 清 0 使能
位 14:12	OC2M[2:0]：输出比较 2 模式 ，参考 OC1M[2:0]
位 11	OC2PE：输出比较 2 预装载使能 ，参考 OC1PE
位 10	OC2FE：输出比较 2 快速使能，参考 OC1FE
位 9:8	CC2S[1:0]：捕获/比较 2 选择。 该位定义通道的方向(输入/输出)，及输入脚的选择： 00：CC2 通道被配置为输出；01：CC2 通道被配置为输入，IC2 映射在 TI2 上。 10：CC2 通道被配置为输入，IC2 映射在 TI1 上。 11：CC2 通道被配置为输入，IC2 映射在 TRC 上。此模式仅工作在内部触发器输入被选中时(由 TIMx_SMCR 寄存器的 TS 位选择)。 注：CC2S 仅在通道关闭时(TIMx_CCER 寄存器的 CC2E='0')才是可写的
位 7	OC1CE：输出比较 1 清 0 使能。 0：OC1REF 不受 ETRF 输入的影响。 1：一旦检测到 ETRF 输入高电平，清除 OC1REF=0

续表

位 6:4	OC1M[2:0]：输出比较 1 模式。 该 3 位定义了输出参考信号 OC1REF 的动作，而 OC1REF 决定了 OC1 的值。OC1REF 是高电平有效，而 OC1 的有效电平取决于 CC1P 位。 000：冻结。输出比较寄存器 TIMx_CCR1 与计数器 TIMx_CNT 间的比较对 OC1REF 不起作用。 001：匹配时设置通道 1 为有效电平。当计数器 TIMx_CNT 的值与捕获/比较寄存器 1 (TIMx_CCR1)相同时，强制 OC1REF 为高。 010：匹配时设置通道 1 为无效电平。当计数器 TIMx_CNT 的值与捕获/比较寄存器 1 (TIMx_CCR1)相同时，强制 OC1REF 为低。 011：翻转。当 TIMx_CCR1=TIMx_CNT 时，翻转 OC1REF 的电平。 100：强制为无效电平。强制 OC1REF 为低。 101：强制为有效电平。强制 OC1REF 为高。 110：PWM 模式 1。在向上计数时，一旦 TIMx_CNT<TIMx_CCR1 时通道 1 为有效电平，否则为无效电平；在向下计数时，一旦 TIMx_CNT>TIMx_CCR1 时通道 1 为无效电平(OC1REF=0)，否则为有效电平(OC1REF=1)。 111：PWM 模式 2。在向上计数时，一旦 TIMx_CNT<TIMx_CCR1 时通道 1 为无效电平，否则为有效电平；在向下计数时，一旦 TIMx_CNT>TIMx_CCR1 时通道 1 为有效电平，否则为无效电平。 注 1：一旦 LOCK 级别设为 3(TIMx_BDTR 寄存器中的 LOCK 位)并且 CC1S='00'(该通道配置成输出)则该位不能被修改。 注 2：在 PWM 模式 1 或 PWM 模式 2 中，只有当比较结果改变了或在输出比较模式中从冻结模式切换到 PWM 模式时，OC1REF 电平才改变
位 3	OC1PE：输出比较 1 预装载使能。 0：禁止 TIMx_CCR1 寄存器的预装载功能，可随时写入 TIMx_CCR1 寄存器，并且新写入的数值立即起作用。 1：开启 TIMx_CCR1 寄存器的预装载功能，读写操作仅对预装载寄存器操作，TIMx_CCR1 的预装载值在更新事件到来时被传送至当前寄存器中。 注 1：一旦 LOCK 级别设为 3(TIMx_BDTR 寄存器中的 LOCK 位)并且 CC1S='00'(该通道配置成输出)，则该位不能被修改。 注 2：仅在单脉冲模式下(TIMx_CR1 寄存器的 OPM=1)，可以在未确认预装载寄存器情况下使用 PWM 模式，否则其动作不确定。
位 2	OC1FE：输出比较 1 快速使能。 该位用于加快 CC 输出对触发器输入事件的响应。 0：根据计数器与 CCR1 的值，CC1 正常操作，即使触发器是打开的。当触发器的输入出现一个有效沿时，激活 CC1 输出的最小延时为 5 个时钟周期。 1：输入到触发器的有效沿的作用就像发生了一次比较匹配。因此，OC 被设置为比较电平而与比较结果无关。采样触发器的有效沿和 CC1 输出间的延时被缩短为 3 个时钟周期。该位只在通道被配置成 PWM1 或 PWM2 模式时起作用
位 1:0	CC1S[1:0]：捕获/比较 1 选择。 这 2 位定义通道的方向(输入/输出)，及输入脚的选择： 00：CC1 通道被配置为输出；01：CC1 通道被配置为输入，IC1 映射在 TI1 上。 10：CC1 通道被配置为输入，IC1 映射在 TI2 上。 11：CC1 通道被配置为输入，IC1 映射在 TRC 上。此模式仅工作在内部触发器输入被选中时(由 TIMx_SMCR 寄存器的 TS 位选择)。 注：CC1S 仅在通道关闭时(TIMx_CCER 寄存器的 CC1E='0')才是可写的

输入捕获模式：

续表

位 15:12	IC2F[3:0]：输入捕获 2 滤波器，参考 IC1F[3:0]
位 11:10	IC2PSC[1:0]：输入/捕获 2 预分频器，参考 IC1PSC[1:0]
位 9:8	CC2S[1:0]：捕获/比较 2 选择，参考 CC1S[1:0]
位 7:4	IC1F[3:0]：输入捕获 1 滤波器。 这几位定义了 TI1 输入的采样频率及数字滤波器长度。数字滤波器由一个事件计数器组成，它记录到 N 个事件后会产生一个输出的跳变： 0000：无滤波器，以 fDTS 采样　1000：采样频率 fSAMPLING=fDTS/8，N=6 0001：采样频率 fSAMPLING=fCK_INT，N=2　1001：采样频率 fSAMPLING=fDTS/8，N=8 0010：采样频率 fSAMPLING=fCK_INT，N=4　1010：采样频率 fSAMPLING=fDTS/16，N=5 0011：采样频率 fSAMPLING=fCK_INT，N=8　1011：采样频率 fSAMPLING=fDTS/16，N=6 0100：采样频率 fSAMPLING=fDTS/2，N=6　1100：采样频率 fSAMPLING=fDTS/16，N=8 0101：采样频率 fSAMPLING=fDTS/2，N=8　1101：采样频率 fSAMPLING=fDTS/32，N=5 0110：采样频率 fSAMPLING=fDTS/4，N=6　1110：采样频率 fSAMPLING=fDTS/32，N=6 0111：采样频率 fSAMPLING=fDTS/4，N=8　1111：采样频率 fSAMPLING=fDTS/32，N=8 注：在现在的芯片版本中，当 ICxF[3:0]=1、2 或 3 时，公式中的 fDTS 由 CK_INT 替代
位 3:2	IC1PSC[1:0]：输入/捕获 1 预分频器。 这 2 位定义了 CC1 输入(IC1)的预分频系数。一旦 CC1E='0'(TIMx_CCER 寄存器中)，则预分频器复位。 00：无预分频器，捕获输入口上检测到的每一个边沿都触发一次捕获。 01：每 2 个事件触发一次捕获；10：每 4 个事件触发一次捕获。 11：每 8 个事件触发一次捕获
位 1:0	CC1S[1:0]：捕获/比较 1 选择。 这 2 位定义通道的方向(输入/输出)，及输入脚的选择： 00：CC1 通道被配置为输出；01：CC1 通道被配置为输入，IC1 映射在 TI1 上。 10：CC1 通道被配置为输入，IC1 映射在 TI2 上。 11：CC1 通道被配置为输入，IC1 映射在 TRC 上。此模式仅工作在内部触发器输入被选中时(由 TIMx_SMCR 寄存器的 TS 位选择)。 注：CC1S 仅在通道关闭时(TIMx_CCER 寄存器的 CC1E='0')才是可写的

（8）捕获/比较寄存器 2 TIMx_CCMR2 偏移地址：0x18；复位值：0x0000。各位使用情况如表 11.9 所示。

表 11.9　TIMx_CCMR2 各位使用情况

15	14	13	12	11	10	9	8	7	6	5	4	3	2	1	0
OC4IE	OC4M[2:0]			OC4PE	OC4FE	CC4S[1:0]		OC3CE	OC3M[2:0]			OC3PE	OC3FE	CC3S[1:0]	
IC4F[3:0]				IC4PSC[1:0]				IC3F[3:0]				IC3PSC[1:0]			
RW	RW	RW	RW	RW	RW	RW	RW	RW	RW	RW	RW	RW	RW	RW	RW

寄存器说明参考 TIMx_CCMR11。

（9）捕获/比较使能寄存器 TIMx_CCER 偏移地址：0x20；复位值：0x0000。各位使用情况及相关说明如表 11.10 所示。

表 11.10　各位使用情况及相关说明

15	14	13	12	11	10	9	8	7	6	5	4	3	2	1	0
保留		CC4P	CC4E	保留		CC3P	CC3E	保留		CC2P	CC2E	保留		CC1P	CC1E
		RW	RW			RW	RW			RW	RW			RW	RW

续表

位 15:14	保留，始终读为 0
位 13	CC4P：输入/捕获 4 输出极性，参考 CC1P
位 12	CC4E：输入/捕获 4 输出使能，参考 CC1E
位 11:10	保留，始终读为 0。
位 9	CC3P：输入/捕获 3 输出极性，参考 CC1P
位 8	CC3E：输入/捕获 3 输出使能，参考 CC1E
位 7:6	保留，始终读为 0
位 5	CC2P：输入/捕获 2 输出极性，参考 CC1P
位 4	CC2E：输入/捕获 2 输出使能，参考 CC1E
位 3:2	保留，始终读为 0
位 1	CC1P：输入/捕获 4 输出极性。 CC1 通道配置为输出：0：OC1 高电平有效；1：OC1 低电平有效。 CC1 通道配置为输入：该位选择是 IC1 或者 IC1 的反相信号作为触发或捕获信号。 0：不反相：捕获发生在 IC1 的上升沿；当用作外部触发器时，IC1 不反相。 1：反相：捕获发生在 IC1 的下降沿；当用作外部触发器时，IC1 反相
位 0	CC0E：输入/捕获 4 输出使能 CC1 通道配置为输出： 0：关闭－OC1 禁止输出。1：开启－OC1 信号输出到对应的输出引脚。 CC1 通道配置为输入：该位决定了计数器的值是否能捕获入 TIMx_CCR1 寄存器。 0：捕获禁止；　1：捕获使能

（10）计数器 TIMx_CNT 偏移地址：0x24；复位值：0x0000。各位使用情况及相关说明如表 11.11 所示。

表 11.11　TIMx_CNT 各位使用情况及相关说明

15	14	13	12	11	10	9	8	7	6	5	4	3	2	1	0
CNT[15:0]															
RW	RW	RW	RW	RW	RW	RW	RW	RW	RW	RW	RW	RW	RW	RW	RW

位 15:0	CNT[15:0]：计数器的值

（11）预分频器 TIMx_PSC 偏移地址：0x28；复位值：0x0000。各位使用情况及相关说明如表 11.12 所示。

表 11.12　TIMx_PSC 各位使用情况及相关说明

15	14	13	12	11	10	9	8	7	6	5	4	3	2	1	0
PSC[15:0]															
RW	RW	RW	RW	RW	RW	RW	RW	RW	RW	RW	RW	RW	RW	RW	RW

位 15:0	PSC[15:0]：预分频器的值。 计数器的时钟频率 CK_CNT 等于 f_{CK_PSC}/(PSC[15:0]+1)。PSC 包含了当更新事件产生时装入当前预分频器寄存器的值

（12）自动重装载寄存器 TIMx_ARR 偏移地址：0x2C；复位值：0x0000。各位使用情况及相关说明如表 11.13 所示。

表 11.13　TIMx_ARR 各位使用情况及相关说明

15	14	13	12	11	10	9	8	7	6	5	4	3	2	1	0
ARR[15:0]															
RW	RW	RW	RW	RW	RW	RW	RW	RW	RW	RW	RW	RW	RW	RW	RW

位 15:0	ARR[15:0]: 自动重装载的值。ARR 包含了将要传送至实际的自动重装载寄存器的数值。 当自动重装载的值为空时，计数器不工作

（13）捕获/比较寄存器 1 TIMx_CCR1 偏移地址：0x34；复位值：0x0000。各位使用情况及相关说明如表 11.14 所示。

表 11.14　TIMx_CCR1 各位使用情况及相关说明

15	14	13	12	11	10	9	8	7	6	5	4	3	2	1	0
CCR1[15:0]															
RW	RW	RW	RW	RW	RW	RW	RW	RW	RW	RW	RW	RW	RW	RW	RW

位 15:0	CCR1[15:0]: 捕获/比较 1 的值。 （1）若 CC1 通道配置为输出： CCR1 包含了装入当前捕获/比较 1 寄存器的值(预装载值)。 如果在 TIMx_CCMR1 寄存器(OC1PE 位)中未选择预装载特性，写入的数值会被立即传输至当前寄存器中。否则，只有当更新事件发生时，此预装载值才传输至当前捕获/比较 1 寄存器中。当前捕获/比较寄存器参与同计数器 TIMx_CNT 的比较，并在 OC1 端口上产生输出信号。 （2）若 CC1 通道配置为输入： CCR1 包含了由上一次输入捕获 1 事件(IC1)传输的计数器值

（14）DMA 控制寄存器 TIMx_DCR 偏移地址：0x48；复位值：0x0000。各位使用情况及相关说明如表 11.15 所示。

表 11.15　TIMx_DCR 各位使用情况及相关说明

15	14	13	12	11	10	9	8	7	6	5	4	3	2	1	0
保留			DBL[4:0]					保留			DBA[4:0]				
			RW	RW	RW	RW	RW				RW	RW	RW	RW	RW

位 15:12	保留，始终读为 0
位 12:8	DBL[4:0]: DMA 连续传送长度。 这些位定义了 DMA 在连续模式下的传送长度(当对 TIMx_DMAR 寄存器进行读或写时，定时器则进行一次连续传送)，即定义传输的字节数目： 00000：1 个字节；00001：2 个字节；00010：3 个字节……10001：18 个字节
位 7:5	保留，始终读为 0
位 4:0	DBA[4:0]: DMA 基地址。 这些位定义了 DMA 在连续模式下的基地址(当对 TIMx_DMAR 寄存器进行读或写时)，DBA 定义为从 TIMx_CR1 寄存器所在地址开始的偏移量： 00000：TIMx_CR1；00001：TIMx_CR2；00010：TIMx_SMCR……

（15）连续模式的 DMA 地址 TIMx_DMAR 偏移地址：0x4C；复位值：0x0000。各位使用情况及相关说明如表 11.16 所示。

表 11.16 各位使用情况及相关说明

15	14	13	12	11	10	9	8	7	6	5	4	3	2	1	0
DMAB[15:0]															
RW	RW	RW	RW	RW	RW	RW	RW	RW	RW	RW	RW	RW	RW	RW	RW

位 15:0	DMAB[15:0]: DMA 连续传送寄存器。 对 TIMx_DMAR 寄存器的读或写会导致对以下地址所在寄存器的存取操作： TIMx_CR1 地址 + DBA + DMA 索引。其中： TIMx_CR1 地址是控制寄存器 1(TIMx_CR1)所在的地址。 DBA 是 TIMx_DCR 寄存器中定义的基地址。 DMA 索引是由 DMA 自动控制的偏移量，它取决于 TIMx_DCR 寄存器中定义的 DBL

（16）捕获/比较寄存器 2 TIMx_CCR2，偏移地址：0x38；复位值：0x0000，相关说明参考 TIMx_CCR1。

（17）捕获/比较寄存器 3 TIMx_CCR3，偏移地址：0x3C；复位值：0x0000，相关说明参考 TIMx_CCR1。

（18）捕获/比较寄存器 4 TIMx_CCR4，偏移地址：0x40；复位值：0x0000，相关说明参考 TIMx_CCR1。

main.c 代码部分：

```
#include "timerx.h"
#include "led.h"
#include "usart.h"
u32 uip_timer=0;              //uip 计时器，每 10 ms 增加 1.
TIM3_IRQHandler 为定时器 3 中断服务程序:
void TIM3_IRQHandler(void)
{
    if(TIM3->SR&0X0001)       //溢出中断
    {
    uip_timer++;              //uip 计时器增加 1
    }
TIM3->SR&=~(1<<0);            //清除中断标志位
}
```

Timerx_Init()函数为通用定时器中断初始化。这里时钟选择为 APB1 的 2 倍，而 APB1 为 36 MHz。参数 arr：自动重装；psc：时钟预分频数，这里使用的是定时器 3。

```
void Timerx_Init(u16 arr,u16 psc)
{
RCC->APB1ENR|=1<<1;           //TIM3 时钟使能
    TIM3->ARR=arr;            //设定计数器自动重装值，刚好 1 ms
TIM3->PSC=psc;                //预分频器 7200,得到 10Khz 的计数时钟
//这两个东东要同时设置才可以使用中断
TIM3->DIER|=1<<0;             //允许更新中断
TIM3->DIER|=1<<6;             //允许触发中断

TIM3->CR1|=0x01;              //使能定时器 3
    MY_NVIC_Init(1,3,TIM3_IRQChannel,2);      //抢占 1，子优先级 3，组 2
```

```
}
```

PWM_Init()函数为PWM输出初始化，参数arr：自动重装值；psc：时钟预分频数。

```
void PWM_Init(u16 arr,u16 psc)
{
//此部分需手动修改I/O端口设置
RCC->APB1ENR|=1<<1;          //TIM3时钟使能

GPIOA->CRH&=0XFFFFFFF0;      //PA8输出
GPIOA->CRH|=0X00000004;      //浮空输入

GPIOA->CRL&=0X0FFFFFFF;      //PA7输出
GPIOA->CRL|=0XB0000000;      //复用功能输出
GPIOA->ODR|=1<<7;            //PA7上拉

TIM3->ARR=arr;               //设定计数器自动重装值
TIM3->PSC=psc;               //预分频器不分频

TIM3->CCMR1|=7<<12;      //CH2 PWM2模式
TIM3->CCMR1|=1<<11;      //CH2预装载使能

TIM3->CCER|=1<<4;        //OC2 输出使能

TIM3->CR1=0x8000;        //ARPE使能
TIM3->CR1|=0x01;         //使能定时器3

}
```

11.4　TIM库函数解读

下面对TIM涉及的一些库函数进行解读，方便读者更容易理解；更多函数详解参考ST公司官网的API函数源码或者ST公司的固件库手册说明；TIM_TypeDeff，在文件stm32f10x_map.h中定义如下：

```
typedef struct
{
    vu16 CR1;
    u16 RESERVED0;
    vu16 CR2;
    u16 RESERVED1;
    vu16 SMCR;
    u16 RESERVED2;
    vu16 DIER;
    u16 RESERVED3;
    vu16 SR;
    u16 RESERVED4;
    vu16 EGR;
    u16 RESERVED5;
```

```
    vu16 CCMR1;
    u16 RESERVED6;
    vu16 CCMR2;
    u16 RESERVED7;
    vu16 CCER;
    u16 RESERVED8;
    vu16 CNT;
    u16 RESERVED9;
    vu16 PSC;
    u16 RESERVED10;
    vu16 ARR;
    u16 RESERVED11[3];
    vu16 CCR1;
    u16 RESERVED12;
    vu16 CCR2;
    u16 RESERVED13;
    vu16 CCR3;
    u16 RESERVED14;
    vu16 CCR4;
    u16 RESERVED15[3];
    vu16 DCR;
    u16 RESERVED16;
    vu16 DMAR;
    u16 RESERVED17;
}
TIM_TypeDef;
```

1．函数 TIM_DeInit()

功能描述：将外设 TIMx 寄存器重设为缺省值，例如 TIM_DeInit(TIM2)。

2．函数 TIM_TimeBaseInit()

功能描述：根据 TIM_TimeBaseInitStruct 中指定的参数初始化 TIMx 的时间基数单位。例如：

```
TIM_TimeBaseInitTypeDef TIM_TimeBaseStructure;
TIM_TimeBaseStructure.TIM_Period=0xFFFF;
TIM_TimeBaseStructure.TIM_Prescaler=0xF;
TIM_TimeBaseStructure.TIM_ClockDivision=0x0;
TIM_TimeBaseStructure.TIM_CounterMode=TIM_CounterMode_Up;
TIM_TimeBaseInit(TIM2, & TIM_TimeBaseStructure);
TIM_TimeBaseInitTypeDef structure
```

TIM_TimeBaseInitTypeDef 定义于文件 stm32f10x_tim.h：

```
typedef struct
{
    u16 TIM_Period;
    u16 TIM_Prescaler;
    u8 TIM_ClockDivision;
    u16 TIM_CounterMode;
} TIM_TimeBaseInitTypeDef;
```

TIM_Period 设置了在下一个更新事件装入活动的自动重装载寄存器周期的值。它的取值必须在 0x0000～0xFFFF 之间。

TIM_Prescaler 设置了用来作为 TIMx 时钟频率除数的预分频值。它的取值必须在 0x0000 和 0xFFFF 之间。

TIM_ClockDivision 设置了时钟分割：

```
TIM_CKD_DIV1: TDTS=Tck_tim
TIM_CKD_DIV2: TDTS=2Tck_tim
TIM_CKD_DIV4: TDTS=4Tck_tim
```

TIM_CounterMode 选择了计数器模式：

TIM_CounterMode_Up：TIM 向上计数模式。

TIM_CounterMode_Down：TIM 向下计数模式。

TIM_CounterMode_CenterAligned1：TIM 中央对齐模式 1 计数模式。

TIM_CounterMode_CenterAligned2：TIM 中央对齐模式 2 计数模式。

TIM_CounterMode_CenterAligned3：TIM 中央对齐模式 3 计数模式。

3. 函数 TIM_OCInit()

功能描述：根据 TIM_OCInitStruct 中指定的参数初始化外设 TIMx。例如：

```
TIM_OCInitTypeDef TIM_OCInitStructure;
TIM_OCInitStructure.TIM_OCMode=TIM_OCMode_PWM1;
TIM_OCInitStructure.TIM_Channel=TIM_Channel_1;
TIM_OCInitStructure.TIM_Pulse=0x3FFF;
TIM_OCInitStructure.TIM_OCPolarity=TIM_OCPolarity_High;
TIM_OCInit(TIM2, & TIM_OCInitStructure);
TIM_OCInitStruct:
```

指向结构 TIM_OCInitTypeDef 的指针，包含了 TIMx 时间基数单位的配置信息：

```
TIM_OCInitTypeDef structure
```

TIM_OCInitTypeDef 定义于文件 stm32f10x_tim.h：

```
typedef struct
{
    u16 TIM_OCMode;
    u16 TIM_Channel;
    u16 TIM_Pulse;
    u16 TIM_OCPolarity;
}
TIM_OCInitTypeDef;
```

TIM_OCMode 选择定时器模式。

```
TIM_OCMode_Timing: TIM 输出比较时间模式
TIM_OCMode_Active: TIM 输出比较主动模式
TIM_OCMode_Inactive: TIM 输出比较非主动模式
TIM_OCMode_Toggle: TIM 输出比较触发模式
TIM_OCMode_PWM1: TIM 脉冲宽度调制模式 1
TIM_OCMode_PWM2: TIM 脉冲宽度调制模式 2
```

TIM_Channel 选择通道。

```
TIM_Channel_1: 使用 TIM 通道 1
TIM_Channel_2: 使用 TIM 通道 2
TIM_Channel_3: 使用 TIM 通道 3
TIM_Channel_4: 使用 TIM 通道 4
```

TIM_Pulse 设置了待装入捕获比较寄存器的脉冲值。它的取值必须在 0x0000 和 0xFFFF 之间。

TIM_OCPolarity 输出极性：

TIM_OCPolarity_High：TIM 输出比较极性高。

TIM_OCPolarity_Low：TIM 输出比较极性低。

4. 函数 TIM_ICInit()

功能描述：根据 TIM_ICInitStruct 中指定的参数初始化外设 TIMx。例如：

```
TIM_DeInit(TIM2);
TIM_ICStructInit(&TIM_ICInitStructure);
TIM_ICInitStructure.TIM_ICMode=TIM_ICMode_PWMI;
TIM_ICInitStructure.TIM_Channel=TIM_Channel_1;
TIM_ICInitStructure.TIM_ICPolarity=TIM_ICPolarity_Rising;
TIM_ICInitStructure.TIM_ICSelection=TIM_ICSelection_DirectTI;
TIM_ICInitStructure.TIM_ICPrescaler=TIM_ICPSC_DIV1;
TIM_ICInitStructure.TIM_ICFilter=0x0;
TIM_ICInit(TIM2, &TIM_ICInitStructure);
```

TIM_ICInitStruct：指向结构 TIM_ICInitTypeDef 的指针，包含了 TIMx 的配置信息

```
TIM_ICInitTypeDef structure
```

TIM_ICInitTypeDef 定义于文件 stm32f10x_tim.h：

```
typedef struct
{
   u16 TIM_ICMode;
   u16 TIM_Channel;
   u16 TIM_ICPolarity;
   u16 TIM_ICSelection;
   u16 TIM_ICPrescaler;
   u16 TIM_ICFilter;
}
TIM_ICInitTypeDef;
```

（1）TIM_ICMode：

TIM_ICMode：选择了 TIM 输入捕获模式。

TIM_ICMode_ICAP：TIM 使用输入捕获模式。

TIM_ICMode_PWMI：TIM 使用输入 PWM 模式。

（2）TIM_Channel：

TIM_Channel：选择通道。

TIM_Channel_1：使用 TIM 通道 1。

TIM_Channel_2：使用 TIM 通道 2。

TIM_Channel_3：使用 TIM 通道 3。

TIM_Channel_4：使用 TIM 通道 4。

（3）TIM_ICPolarity

TIM_ICPolarity：输入活动沿。

TIM_ICPolarity_Rising：TIM 输入捕获上升沿。

TIM_ICPolarity_Falling：TIM 输入捕获下降沿。

（4）TIM_ICSelection：

TIM_ICSelection：选择输入。

TIM_ICSelection_DirectTI：TIM 输入 2、3 或 4 选择对应地与 IC1 或 IC2 或 IC3 或 IC4 相连。

TIM_ICSelection_IndirectTI：TIM 输入 2、3 或 4 选择对应地与 IC2 或 IC1 或 IC4 或 IC3 相连。

TIM_ICSelection_TRC：TIM 输入 2，3 或 4 选择与 TRC 相连。

（5）TIM_ICPrescaler

TIM_ICPrescaler：设置输入捕获预分频器。

TIM_ICPSC_DIV1：TIM 捕获在捕获输入上每探测到一个边沿执行一次。

TIM_ICPSC_DIV2：TIM 捕获每 2 个事件执行一次。

TIM_ICPSC_DIV3：TIM 捕获每 3 个事件执行一次。

TIM_ICPSC_DIV4：TIM 捕获每 4 个事件执行一次。

（6）TIM_ICFilter

TIM_ICFilter：选择输入比较滤波器，该参数取值在 0x0 和 0xF 之间。

5．函数 TIM_TimeBaseStructInit()

功能描述：把 TIM_TimeBaseInitStruct 中的每一个参数按默认值填入。

TIM_TimeBaseInitStruct：指向结构 TIM_TimeBaseInitTypeDef 的指针，待初始化。

TIM_TimeBaseInitStruct 默认值：

```
TIM_Period: TIM_Period_Reset_Mask
TIM_Prescaler: TIM_Prescaler_Reset_Mask
TIM_CKD: TIM_CKD_DIV1
TIM_CounterMode: TIM_CounterMode_Up
```

例如：

```
TIM_TimeBaseInitTypeDef TIM_TimeBaseInitStructure;
TIM_TimeBaseStructInit(& TIM_TimeBaseInitStructure);
```

6．函数 TIM_OCStructInit()

功能描述：把 TIM_OCInitStruct 中的每一个参数按默认值填入。

TIM_OCInitStruct：指向结构 TIM_OCInitTypeDef 的指针，待初始化。例如：

```
TIM_OCInitTypeDef TIM_OCInitStructure;
TIM_OCStructInit(& TIM_OCInitStructure);
```

TIM_OCInitStruct 默认值：

```
TIM_OCMode: TIM_OCMode_Timing
TIM_Channel: TIM_Channel_1
TIM_Pulse: TIM_Pulse_Reset_Mask
TIM_OCPolarity: TIM_OCPolarity_High
```

7．函数 TIM_ICStructInit()

功能描述：把 TIM_ICInitStruct 中的每一个参数按默认值填入。

TIM_ICInitStruct：指向结构 TIM_ICInitTypeDef 的指针，待初始化。例如：

```
TIM_ICInitTypeDef TIM_ICInitStructure;
TIM_ICStructInit(& TIM_ICInitStructure);
```

TIM_ICInitStruct 默认值：

```
TIM_ICMode: TIM_ICMode_ICAP
TIM_Channel: TIM_Channel_1
TIM_ICPolarity: TIM_ICPolarity_Rising
TIM_ICSelection: TIM_ICSelection_DirectTI
TIM_ICPrescaler: TIM_ICPSC_DIV1
TIM_ICFilter: TIM_ICFilter_Mask
```

8．函数 TIM_Cmd()

功能描述：使能或者失能 TIMx 外设。例如：

```
TIM_Cmd(TIM2, ENABLE);
```

9．函数 TIM _ITConfig()

功能描述：使能或者失能指定的 TIM 中断。例如：

```
TIM_ITConfig(TIM2, TIM_IT_CC1, ENABLE );
```

输入参数 TIM_IT 使能或者失能 TIM 的中断：

TIM_IT_Update：TIM 中断源。

TIM_IT_CC1：TIM 捕获/比较 1 中断源。

TIM_IT_CC2：TIM 捕获/比较 2 中断源。

TIM_IT_CC3：TIM 捕获/比较 3 中断源。

TIM_IT_CC4：TIM 捕获/比较 4 中断源。

TIM_IT_Trigger：TIM 触发中断源。

10．函数 TIM_InternalClockConfig()

功能描述：设置 TIMx 内部时钟。例如：

```
TIM_InternalClockConfig(TIM2);
```

11．函数 TIM_ITRxExternalClockConfig()

功能描述：设置 TIMx 内部触发为外部时钟模式。例如：

```
TIM_ITRxExternalClockConfig(TIM2, TIM_TS_ITR3);
```

TIM_InputTriggerSource：选择 TIM 输入触发。

TIM_TS_ITRx：TIM 内部触发 x（0--3）

12. 函数 TIM_TIxExternalClockConfig

功能描述：设置TIMx触发为外部时钟。例如：

```
TIM_TIxExternalClockConfig(TIM2, TIM_TS_TI1FP1,
TIM_ICPolarity_Rising, 0);
```

TIM_TIxExternalCLKSource：选择TIMx外部时钟源。

TIM_TS_TI1FP1：TIM IC1连接到TI1。

TIM_TS_TI1FP2：TIM IC2连接到TI2。

TIM_TS_TI1F_ED：TIM IC1连接到TI1，使用边沿探测。

13. 函数 TIM_ETRClockMode1Config()

功能描述：配置TIMx外部时钟模式1。例如：

```
TIM_ExternalCLK1Config(TIM2,TIM_ExtTRGPSC_DIV2,TIM_ExtTRGPolarity_NonI
  nverted, 0x0)
```

TIM_ExtTRGPrescaler：设置TIMx外部触发预分频。

TIM_ExtTRGPSC_OFF：TIM ETRP预分频OFF。

TIM_ExtTRGPSC_DIV2：TIM ETRP频率除以2。

TIM_ExtTRGPSC_DIV4：TIM ETRP频率除以4。

TIM_ExtTRGPSC_DIV8：TIM ETRP频率除以8。

TIM_ExtTRGPolarity：设置TIMx外部触发极性。

TIM_ExtTRGPolarity_Inverted：TIM外部触发极性翻转，低电平或下降沿有效。

TIM_ExtTRGPolarity_NonInverted：TIM外部触发极性非翻转，高电平或上升沿有效。

14. 函数 TIM_ETRClockMode2Config()

功能描述：配置TIMx外部时钟模式2。例如：

```
TIM_ExternalCLK2Config(TIM2, TIM_ExtTRGPSC_DIV2,
TIM_ExtTRGPolarity_NonInverted, 0x0);
```

15. 函数 TIM_ETRConfig()

功能描述：配置TIMx外部触发。例如：

```
TIM_ExternalCLK2Config(TIM2, TIM_ExtTRGPSC_DIV2,
TIM_ExtTRGPolarity_NonInverted, 0x0);
```

16. 函数 TIM_SelectInputTrigger()

功能描述：选择TIMx输入触发源。例如：

```
void TIM_SelectInputTrigger(TIM2, TIM_TS_ITR3);
```

TIM_InputTriggerSource：选择TIMx输入触发源。

TIM_TS_ITR0：TIM内部触发0。

TIM_TS_ITR1：TIM内部触发1。

TIM_TS_ITR2：TIM内部触发2。

TIM_TS_ITR3：TIM内部触发3。

TIM_TS_TI1F_ED：TIM TL1 边沿探测器。

TIM_TS_TI1FP1：TIM 经滤波定时器输入 1。

TIM_TS_TI2FP2：TIM 经滤波定时器输入 2。

TIM_TS_ETRF：TIM 外部触发输入。

17. 函数 TIM_PrescalerConfig()

功能描述：设置 TIMx 预分频。例如：

```
u16 TIMPrescaler=0xFF00;
TIM_PrescalerConfig(TIM2, TIMPrescalcr, TIM_PSCReloadMode_Immediate);
```

TIM_PSCReloadMode：选择预分频重载模式。

TIM_PSCReloadMode_Update：TIM 预分频值在更新事件装入。

TIM_PSCReloadMode_Immediate：TIM 预分频值即时装入。

18. 函数 TIM_CounterModeConfig()

功能描述：设置 TIMx 计数器模式。例如：

```
TIM_CounterModeConfig(TIM2, TIM_Counter_CenterAligned1);
```

19. 函数 TIM_ForcedOC1Config()

功能描述：置 TIMx 输出 1 为活动或者非活动电平。例如：

```
TIM_ForcedOC1Config(TIM2, TIM_ForcedAction_Active);
```

TIM_ForcedAction：输出信号的设置动作取值。

TIM_ForcedAction_Active：置为 OCxREF 上的活动电平。

TIM_ForcedAction_InActive：置为 OCxREF 上的非活动电平。

20. 函数 TIM_ForcedOC2Config()

功能描述：置 TIMx 输出 2 为活动或者非活动电平。例如：

```
TIM_ForcedOC2Config(TIM2, TIM_ForcedAction_Active);
```

21. 函数 TIM_ARRPreloadConfig()

功能描述：使能或者失能 TIMx 在 ARR 上的预装载寄存器。

```
TIM_ARRPreloadConfig(TIM2, ENABLE);
```

22. 函数 TIM_SelectCCDMA()

功能描述：选择 TIMx 外设的捕获比较 DMA 源。例如：

```
TIM_SelectCCDMA(TIM2, ENABLE);
```

23. 函数 TIM_OC1PreloadConfig()

功能描述：使能或者失能 TIMx 在 CCR1 上的预装载寄存器。例如：

```
TIM_OC1PreloadConfig(TIM2, TIM_OCPreload_Enable);
```

TIM_OCPreload：输出比较预装载状态可以使能或者失能。

TIM_OCPreload_Enable：TIMx 在 CCR1 上的预装载寄存器使能。

TIM_OCPreload_Disable：TIMx 在 CCR1 上的预装载寄存器失能。

24．数 TIM_OC1FastConfig()

功能描述：设置 TIMx 捕获比较 1 快速特征。例如：

```
TIM_OC1FastConfig(TIM2, TIM_OCFast_Enable);
```

TIM_OCFast：输出比较快速特征性能可以使能或者失能。

TIM_OCFast_Enable：TIMx 输出比较快速特征性能使能。

TIM_OCFast_Disable：TIMx 输出比较快速特征性能失能。

25．函数 TIM_ClearOC1Ref()

功能描述：在一个外部事件时清除或者保持 OCREF1 信号。例如：

```
TIM_ClearOC1Ref(TIM2, TIM_OCClear_Enable);
```

TIM_OCClear：输出比较清除使能位的值。

TIM_OCClear_Enable：TIMx 输出比较清除使能。

TIM_OCClear_Disable：TIMx 输出比较清除失能。

26．函数 TIM_UpdateDisableConfig()

功能描述：使能或者失能 TIMx 更新事件。例如：

```
TIM_UpdateDisableConfig(TIM2, DISABLE);
```

27．函数 TIM_EncoderInterfaceConfig()

功能描述：设置 TIMx 编码界面。例如：

```
TIM_EncoderInterfaceConfig(TIM2,TIM_EncoderMode_TI1,TIM_ICPolarity_Ris
  ing, TIM_ICPolarity_Rising);
```

TIM_EncoderMode：选择 TIMx 编码模式。

TIM_EncoderMode_TI1：使用 TIM 编码模式 1。

TIM_EncoderMode_TI1：使用 TIM 编码模式 2。

TIM_EncoderMode_TI12：使用 TIM 编码模式 3。

28．函数 TIM_GenerateEvent()

功能描述：设置 TIMx 事件由软件产生。例如：

```
TIM_GenerateEvent(TIM2, TIM_EventSource_Trigger);
```

TIM_EventSource：选择 TIM 软件事件源。

TIM_EventSource_Update：TIM 更新事件源。

TIM_EventSource_CC1：TIM 捕获比较 1 事件源。

TIM_EventSource_CC2：TIM 捕获比较 2 事件源。

TIM_EventSource_CC3：TIM 捕获比较 3 事件源。

TIM_EventSource_CC4：TIM 捕获比较 4 事件源。

TIM_EventSource_Trigger：TIM 触发事件源。

29．函数 TIM_OC1PolarityConfig()

功能描述：设置 TIMx 通道 1 极性。例如：

```
TIM_OC1PolarityConfig(TIM2, TIM_OCPolarity_High);
```

30. 函数 TIM_OC2PolarityConfig()

功能描述：设置 TIMx 通道 2 极性。例如：

```
TIM_OC2PolarityConfig(TIM2, TIM_OCPolarity_High);
```

31. 函数 TIM_OC3PolarityConfig()

功能描述：设置 TIMx 通道 3 极性。例如：

```
TIM_OC3PolarityConfig(TIM2, TIM_OCPolarity_High);
```

32. 函数 TIM_OC4PolarityConfig()

功能描述：设置 TIMx 通道 4 极性。例如：

```
TIM_OC4PolarityConfig(TIM2, TIM_OCPolarity_High);
```

33. 函数 TIM_UpdateRequestConfig()

功能描述：设置 TIMx 更新请求源。例如：

```
TIM_UpdateRequestConfig(TIM2, TIM_UpdateSource_Regular);
```

TIM_UpdateSource：选择 TIM 更新源。

TIM_UpdateSource_Global：生成重复的脉冲，在更新事件时计数器不停止。

TIM_UpdateSource_Regular：生成单一的脉冲，计数器在下一个更新事件停止。

34. 函数 TIM_SelectHallSensor()

功能描述：使能或者失能 TIMx 霍尔传感器接口。例如：

```
TIM_SelectHallSensor(TIM2, ENABLE);
```

35. 函数 TIM_SelectOnePulseMode()

功能描述：设置 TIMx 单脉冲模式。例如：

```
TIM_SelectOnePulseMode(TIM2, TIM_OPMode_Single);
```

TIM_OPMode：选择 TIM 更新源。

TIM_OPMode_Repetitive：生成重复的脉冲，在更新事件时计数器不停止。

TIM_OPMode_Single：生成单一的脉冲，计数器在下一个更新事件停止。

36. 函数 TIM_SelectOutputTrigger()

功能描述：选择 TIMx 触发输出模式。例如：

```
TIM_SelectOutputTrigger(TIM2, TIM_TRGOSource_Update);
```

TIM_TRGOSource：选择 TIM 触发输出源。

TIM_TRGOSource_Reset：使用寄存器 TIM_EGR 的 UG 位作为触发输出（TRGO）。

TIM_TRGOSource_Enable：使用计数器使能 CEN 作为触发输出（TRGO）。

TIM_TRGOSource_Update：使用更新事件作为触发输出（TRGO）。

TIM_TRGOSource_OC1：一旦捕获或者比较匹配发生，当标志位 CC1F 被设置时触发输出发送一个肯定脉冲（TRGO）。

TIM_TRGOSource_OC1Ref：使用 OC1REF 作为触发输出（TRGO）。

TIM_TRGOSource_OC2Ref：使用 OC2REF 作为触发输出（TRGO）。

TIM_TRGOSource_OC3Ref：使用 OC3REF 作为触发输出（TRGO）。

TIM_TRGOSource_OC4Ref：使用OC4REF作为触发输出（TRGO）。

37. 函数TIM_SelectSlaveMode()

功能描述：选择TIMx从模式。例如：

```
TIM_SelectSlaveMode(TIM2, TIM_SlaveMode_Gated);
```

TIM_SlaveMode：选择TIM从模式。

TIM_SlaveMode_Reset：选中触发信号（TRGI）的上升沿重初始化计数器并触发寄存器的更新。

TIM_SlaveMode_Gated：当触发信号（TRGI）为高电平计数器时钟使能。

TIM_SlaveMode_Trigger：计数器在触发（TRGI）的上升沿开始。

TIM_SlaveMode_External1：选中触发（TRGI）的上升沿作为计数器时钟。

38. 函数TIM_SelectMasterSlaveMode()

功能描述：设置或者重置TIMx主/从模式。例如：

```
TIM_SelectMasterSlaveMode(TIM2, TIM_MasterSlaveMode_Enable);
```

TIM_MasterSlaveMode：选择TIM主/从模式。

TIM_MasterSlaveMode_Enable：TIM主/从模式使能。

TIM_MasterSlaveMode_Disable：TIM主/从模式失能。

39. 函数TIM_SetCounter()

功能描述：设置TIMx计数器寄存器值。例如：

```
u16 TIMCounter=0xFFFF;
TIM_SetCounter(TIM2, TIMCounter);
```

40. 函数TIM_SetAutoreload()

功能描述：设置TIMx自动重装载寄存器值。例如：

```
u16 TIMAutoreload=0xFFFF;
TIM_SetAutoreload(TIM2, TIMAutoreload);
```

41. 函数TIM_SetCompare1()

功能描述：设置TIMx捕获比较1寄存器值。例如：

```
u16 TIMCompare1=0x7FFF;
TIM_SetCompare1(TIM2, TIMCompare1);
```

42. 函数TIM_SetIC1Prescaler()

功能描述：设置TIMx输入捕获1预分频。例如：

```
TIM_SetIC1Prescaler(TIM2, TIM_ICPSC_Div2);
```

43. 函数TIM_SetClockDivision()

功能描述：设置TIMx的时钟分割值。例如：

```
TIM_SetClockDivision(TIM2, TIM_CKD_DIV4);
```

44. 函数TIM_GetCapture1()

功能描述：获得TIMx输入捕获1的值。例如：

```
u16 ICAP1value=TIM_GetCapture1(TIM2);
```

45. 函数 TIM_GetCounter()

功能描述：获得 TIMx 计数器的值。例如：

```
u16 TIMCounter=TIM_GetCounter(TIM2);
```

46. 函数 TIM_ClearFlag()

功能描述：清除 TIMx 的待处理标志位。例如：

```
TIM_ClearFlag(TIM2, TIM_FLAG_CC1);
```

47. 函数 TIM_GetITStatus()

功能描述：检查指定的 TIM 中断发生与否。例如：

```
if(TIM_GetITStatus(TIM2, TIM_IT_CC1)==SET)
{ }
```

48. 函数 TIM_ClearITPendingBit()

功能描述：清除 TIMx 的中断待处理位。例如：

```
TIM_ClearITPendingBit(TIM2, TIM_IT_CC1);
```

11.5 通用定时器应用示例

本节例程使用了 ST 公司官方提供的固件库；利用定时器 1 输出 1 000 Hz 的 PWM 方波，配置不同的占空比可以使 LED 发出不同的亮度；定时器 2 定时每 20 ms 中断一次，中断时改变一次 PWM 的占空比，通过连续改变 PWM 的占空比，即可实现 LED 的渐明渐暗效果。

本示例基于 STMF103RB 系列芯片，TIM1_CH1 定时器控制 PA8 作为定时器输出通道输出 1 000 Hz 占空比可调方波，不同占空比对应不同亮度，TIM2 做定时器，每 20 ms 改变一次 PWM 的占空比，从而配合产生渐明渐暗效果。

相关代码如下：

```
#define PWM_FREQ  1000
u16 duty=0;                                     //占空比参数
u8 dir=1;                                       //占空比增加或递减方向标记

void delay(unsigned int count);                 //声明函数
void Tim1Init(void);                            //声明函数
void Tim2Init(void);                            //声明函数
void SetTim1Duty(u16 dutyfactor);               //声明函数
```

函数名：delay，简单延时；输入：count，延时参数；输出：无。

```
void delay(unsigned int count)
{
   while(--count);
}
```

函数名：Tim1Init，将 PA8 配置为复用输出，开启 PA 和 TIM1 时钟；输入：无；输出：无。

```
void Tim1Init(void)
{
   GPIO_InitTypeDef GPIO_InitStructure;
```

```
    RCC_APB2PeriphClockCmd(RCC_APB2Periph_GPIOA|RCC_APB2Periph_TIM1,
        ENABLE);

    GPIO_InitStructure.GPIO_Pin=GPIO_Pin_8;
    GPIO_InitStructure.GPIO_Mode=GPIO_Mode_AF_PP;
    GPIO_InitStructure.GPIO_Speed=GPIO_Speed_50MHz;
    GPIO_Init(GPIOA, &GPIO_InitStructure);
}
```

函数名：Tim2Init，将 TIM2 配置为定时器中断，时钟 4 分频，72 预分频，72M 除以 4 再除以 72 后一个时钟 4μs，重载值为 5000，则定时为 20 ms，开启中断；输入：无；输出：无。

```
void Tim2Init(void)
{
  NVIC_InitTypeDef NVIC_InitStructure;
  TIM_TimeBaseInitTypeDef  TIM_TimeBaseStructure;

  /* 优先级分组 */
  NVIC_PriorityGroupConfig(NVIC_PriorityGroup_0);
  /* TIM2 中断优先级设定 */
  NVIC_InitStructure.NVIC_IRQChannel=TIM2_IRQn;
  NVIC_InitStructure.NVIC_IRQChannelPreemptionPriority=0;
  NVIC_InitStructure.NVIC_IRQChannelSubPriority=3;
  NVIC_InitStructure.NVIC_IRQChannelCmd=ENABLE;
  NVIC_Init(&NVIC_InitStructure);

  /* 开启 TIM2 时钟 */
  RCC_APB1PeriphClockCmd(RCC_APB1Periph_TIM2 , ENABLE);
  TIM_DeInit(TIM2);//TIM2 设为默认方式
  TIM_TimeBaseStructure.TIM_Period=5000;/*自动重装载寄存器周期的值(计数值) */
                                  /* 累计 TIM_Period 个频率后产生一个更新或者中断 */
  TIM_TimeBaseStructure.TIM_Prescaler=(72-1);                  /*时钟预分频数 72 */
  TIM_TimeBaseStructure.TIM_ClockDivision=TIM_CKD_DIV4;  /* 时钟 4 分频 */
  TIM_TimeBaseStructure.TIM_CounterMode=TIM_CounterMode_Up;/* 向上计数模式 */
  TIM_TimeBaseInit(TIM2, &TIM_TimeBaseStructure);
  TIM_ClearFlag(TIM2, TIM_FLAG_Update);              /* 清除溢出中断标志 */
  TIM_ITConfig(TIM2,TIM_IT_Update,ENABLE);           /* 使能中断 */
  TIM_Cmd(TIM2, ENABLE);                             /* 开启时钟 */
}
```

函数 SetTim1Duty()的作用为配置 TIM1 为 PWM1 模式，频率 1 000 Hz；输入：dutyfactor，占空比，0~99，无输出。

```
void SetTim1Duty(u16 dutyfactor)
{
    TIM_TimeBaseInitTypeDef  TIM_TimeBaseStructure;
    TIM_OCInitTypeDef  TIM_OCInitStructure;

    /* 定时器周期设置 */
    TIM_TimeBaseStructure.TIM_Period=100000/PWM_FREQ-1;
```

```
    //当定时器从 0 计数到 99，即为 100 次，为一个定时周期

    TIM_TimeBaseStructure.TIM_Prescaler=(180-1);           //预分频 180
    TIM_TimeBaseStructure.TIM_ClockDivision=TIM_CKD_DIV4 ; //时钟 4 分频
    TIM_TimeBaseStructure.TIM_CounterMode=TIM_CounterMode_Up; //向上计数
                                                            //模式

    TIM_TimeBaseInit(TIM1, &TIM_TimeBaseStructure);

    /* 配置 TIM1_CH1 为 PWM1 模式 */
    TIM_OCInitStructure.TIM_OCMode=TIM_OCMode_PWM1;        //配置为 PWM 模式 1
    TIM_OCInitStructure.TIM_OutputState=TIM_OutputState_Enable;
    TIM_OCInitStructure.TIM_OutputNState=TIM_OutputNState_Enable;
    TIM_OCInitStructure.TIM_Pulse=dutyfactor;
    //设置跳变值，当计数器计数到这个值时，电平发生跳变

    TIM_OCInitStructure.TIM_OCPolarity=TIM_OCPolarity_High;
    //当定时器计数值小于 dutyfactor 时为高电平
    TIM_OCInitStructure.TIM_OCNPolarity=TIM_OCNPolarity_High;

    TIM_OC1Init(TIM1, &TIM_OCInitStructure);  //使能通道 1
    TIM_OC1PreloadConfig(TIM1, TIM_OCPreload_Enable);
    TIM_ARRPreloadConfig(TIM1, ENABLE);       //使能 TIM1 重载寄存器 ARR

    TIM_Cmd(TIM1, ENABLE);                    //使能定时器 1
    TIM_CtrlPWMOutputs(TIM1,ENABLE);          //使能 PWM 输出
}
```

函数 TIM2_IRQHandler()的作用是定时器 2 的中断处理函数，无输入，无输出。

```
void TIM2_IRQHandler(void)
{
    if ( TIM_GetITStatus(TIM2 , TIM_IT_Update)!=RESET )
{
    TIM_ClearITPendingBit(TIM2 , TIM_FLAG_Update);
    if(dir)
    {
       duty++;
       if(duty==99)
       { dir=0;
       }
    }else
    {
       duty--;
       if(duty==0)
       { dir=1;
       }
    }
       SetTim1Duty(duty);  //改变 PWM 的占空比
}
}
```

```
int main(void)
{  SystemInit();
   //系统时钟初始化，默认使用外部晶振倍频到 72 MHz 作为系统时钟，
   //HCLK 不分频，直接使用 PLL 输出时钟信号作为系统时钟
   //APB1 时钟 2 分频,36 MHz;
   //APB2 时钟 1 分频 72 MHz;
delay(1000000);
Tim1Init();
   SetTim1Duty(duty);
   Tim2Init();
while(1);
}
#include "stm32f10x.h"
#include "pwm.h"
```

函数 InitPWM()的作用是启用 PWM：

```
void InitPWM(void)
{
    Init_Charge_PWM();
    Init_Discharge_PWM();
}
```

Init_Charge_PWM()函数是初始化 PWM：

```
void Init_Charge_PWM(void)
{
   TIM_TimeBaseInitTypeDef  TIM_TimeBaseStructure;
   TIM_OCInitTypeDef  TIM_OCInitStructure;
   INT16U CCR1_Val=0;
   INT16U CCR2_Val=0;

   /* 定时器的基本配置 */
  TIM_TimeBaseStructure.TIM_Period=999;
  TIM_TimeBaseStructure.TIM_Prescaler = 0;
  TIM_TimeBaseStructure.TIM_ClockDivision = 0;
  TIM_TimeBaseStructure.TIM_CounterMode = TIM_CounterMode_Up;
  TIM_TimeBaseInit(TIM2, &TIM_TimeBaseStructure);

  /* PWM1 通道 1 模式 1 的配置 */
  TIM_OCInitStructure.TIM_OCMode=TIM_OCMode_PWM1;
  TIM_OCInitStructure.TIM_OutputState=TIM_OutputState_Enable;
  TIM_OCInitStructure.TIM_Pulse=CCR1_Val;
  TIM_OCInitStructure.TIM_OCPolarity=TIM_OCPolarity_High;
  TIM_OC1Init(TIM2, &TIM_OCInitStructure);
  TIM_OC1PreloadConfig(TIM2, TIM_OCPreload_Enable);

  /* PWM1 通道 2 模式 1 的配置 */
  TIM_OCInitStructure.TIM_OutputState=TIM_OutputState_Enable;
  TIM_OCInitStructure.TIM_Pulse=CCR2_Val;
  TIM_OC2Init(TIM2, &TIM_OCInitStructure);
```

```
  TIM_OC2PreloadConfig(TIM2, TIM_OCPreload_Enable);
  TIM_ARRPreloadConfig(TIM2, ENABLE);

  /* 使能定时器 2 计数器 */
  TIM_Cmd(TIM2, ENABLE);
}
```

Init_Discharge 初始化 PWM：

```
void Init_Discharge_PWM(void)
{
   TIM_TimeBaseInitTypeDef  TIM_TimeBaseStructure;
   TIM_OCInitTypeDef  TIM_OCInitStructure;
   INT16U CCR1_Val=0;
   INT16U CCR2_Val=0;
  /* 定时器的基本配置 */
  TIM_TimeBaseStructure.TIM_Period=999;
  TIM_TimeBaseStructure.TIM_Prescaler=0;
  TIM_TimeBaseStructure.TIM_ClockDivision=0;
  TIM_TimeBaseStructure.TIM_CounterMode=TIM_CounterMode_Up;
  TIM_TimeBaseInit(TIM3, &TIM_TimeBaseStructure);

  /* PWM1 通道 1 模式 1 的配置 */
  TIM_OCInitStructure.TIM_OCMode=TIM_OCMode_PWM1;
  TIM_OCInitStructure.TIM_OutputState=TIM_OutputState_Enable;
  TIM_OCInitStructure.TIM_Pulse=CCR1_Val;
  TIM_OCInitStructure.TIM_OCPolarity=TIM_OCPolarity_High;
  TIM_OC1Init(TIM3, &TIM_OCInitStructure);
  TIM_OC1PreloadConfig(TIM3, TIM_OCPreload_Enable);

  /* PWM1 通道 2 模式 2 的配置 */
  TIM_OCInitStructure.TIM_OutputState=TIM_OutputState_Enable;
  TIM_OCInitStructure.TIM_Pulse=CCR2_Val;
  TIM_OC2Init(TIM3, &TIM_OCInitStructure);
  TIM_OC2PreloadConfig(TIM3, TIM_OCPreload_Enable);
  TIM_ARRPreloadConfig(TIM3, ENABLE);

  /* 使能计数器 TIM2 */
  TIM_Cmd(TIM3, ENABLE);

}
```

Bat0_NormalCharge 标准充电方式：充电时间 15 h：

```
INT8U Bat0_NormalCharge()
{
    INT16U Charge0_CCR;

    // 确认电池处于充电状态
    if( Bat0_Status == Battery_Normal_Charge )
    {
        // 获取实时检测结果
```

```
        GetChargeMeasure();

        // 这里设置的电流是标准充电电流
        Charge0_CCR=pid_Controller(Bat0_Cur_Nor_CHARGE, Bat0_Cur, &pidData0);
        if(Charge0_CCR>900)
        Charge0_CCR=900;

        TIM2->CCR1=Charge0_CCR;
        // 如果电池电压过高 则停止
        if( Batt0_Vol_Seconds > BAT_Vol_CHARGE_MAX )
        {
            ChargerPrintf(" Battery 0 chargeing over by vol ...\r\n");
            TIM2->CCR1=0; // 停止充电
            return 1;
        }
        // 如果充电时间到达 则停止
        if( Bat0_Charge_Discharge_Time_Count > BAT_NOR_CHARGE_MAX_TIME )
            {
            ChargerPrintf(" Battery 0 chargeing over by time ...\r\n");
            TIM2->CCR1=0; // 停止充电
            return 1;
        }
    }
    return 0;
}
```

第12章 ADC

M3 芯片带有 12 位精度的模拟数字转换器（Analog-to-digital Converter，ADC），多达 18 个外部通道和 2 个内部信号源；可以设置为单通道单次、单通道连续、通道组单次扫描、通道组连续扫描和通道组间断模式，可以设置外部触发启动转换，也可以设置软件启动转换（间断模式只能使用外部触发），转换结果可以设置为左对齐或者右对齐。同时还带有模拟看门狗，可以实现电压的检测；ADC 的输入时钟不得超过 14 MHz。

12.1 ADC 概述

通过设置 ADC_CR2 寄存器的 ADON 位可给 ADC 上电。当第一次设置 ADON 位时，它将 ADC 从断电状态下唤醒。 ADC 上电延迟一段时间后，再次设置 ADON 位时开始进行转换。通过清除 ADON 位可以停止转换，并将 ADC 置于断电模式。在这个模式中，ADC 几乎不耗电(仅几微安)。ADC 的时钟由 APB2 提供，通过设置 RCC 来配置 ADC 时钟。

M3 芯片有多达 16 个外部通道和 2 个内部信号源通道。外部 16 个通道分别对应 0~15 号通道；2 个内部通道为内部温度传感器和内部参照电压通道，分别是通道 16 和通道 17。

1. M3 的通道组

多个通道组成的序列可以组成通道组。M3 的通道组包括规则组和注入组：

（1）规则组：最多可以设定 16 个通道。规则通道和它们的转换顺序在 ADC_SQRx 寄存器中选择。规则组中转换的总数应写入 ADC_SQR1 寄存器的 L[3:0]位中。

（2）注入组：最多可以设置 4 个通道。注入通道和它们的转换顺序在 ADC_JSQR 寄存器中选择。注入组里的转换总数目应写入 ADC_JSQR 寄存器的 L[1:0]位中。

规则组和注入组的区别：举例来说，就如现在一些银行窗口设立了 VIP 通道一样，规则组就是普通窗口，注入组就是 VIP 窗口。一般情况下，两个窗口的职能是一样的，特殊情况下，VIP 队列可以打断普通窗口的客户队列，而普通客户队列不能打断 VIP 队列，当然这只是简单的不严谨的粗略说法，只是为了方便读者理解。后续会具体讲解规则组和注入组的详细试用情况。

通道组内的通道可以重复；如规则组可以设置为 6 个通道：通道 2、通道 1、通道 4、通道 2、通道 3、通道 1。

2. 注入组的模式

注入组有触发注入和自动注入两种模式：

（1）触发注入：清除 ADC_CR1 寄存器的 JAUTO 位，并且设置 SCAN 位，即可使用触发注入功能。

① 利用外部触发或通过设置 ADC_CR2 寄存器的 ADON 位，启动一组规则通道的转换。

② 如果在规则通道转换期间产生一外部注入触发，当前转换被复位，注入通道序列被以单次扫描方式进行转换。

③ 恢复上次被中断的规则组通道转换。如果在注入转换期间产生一规则事件，注入转换不会被中断，但是规则序列将在注入序列结束后被执行。当使用触发的注入转换时，必须保证触发事件的间隔长于注入序列。

（2）自动注入：如果设置了 JAUTO 位，在规则组通道之后，注入组通道被自动转换。这可以用来转换在 ADC_SQRx 和 ADC_JSQR 寄存器中设置的多至 20 个转换序列。相当于将注入组接到规则组后面组成了一个新的通道组。

在此模式里，必须禁止注入通道的外部触发。

3. ADC 的转换方式

ADC 的转换有两种启动方式：软件启动和外部触发。

（1）软件启动：通过设置 ADC_CR2 寄存器的 ADON 位，只适用于规则通道。

（2）外部触发：适用于规则通道或注入通道。

单次和连续转换：设置 ADC_CR2 的 CONT 位可以控制进行单次的转换还是连续的转换。当 CONT 为 0 时转换一次结束就停止转换；当 CONT 为 1 时转换结束后会重新开始进行转换；对于单通道就是控制单通道是连续转换还是单次转换；对于通道组，单次转换就是把通道组内的所有通道转换完以后就停止转换，连续转换就是通道组内的所有通道转换完以后又重新开始启动转换。

模拟看门狗：如果被 ADC 转换的模拟电压低于低阈值或高于高阈值，AWD 模拟看门狗状态位被设置。阈值位于 ADC_HTR 和 ADC_LTR 寄存器的最低 12 个有效位中。通过设置 ADC_CR1 寄存器的 AWDIE 位以允许产生相应中断。阈值独立于由 ADC_CR2 寄存器上的 ALIGN 位选择的数据对齐模式。比较是在对齐之前完成的。

通过配置 ADC_CR1 寄存器，模拟看门狗可以作用于 1 个或多个通道。

校准：ADC 有一个内置自校准模式。校准可大幅减小因内部电容器组的变化而造成的准精度误差。在校准期间，在每个电容器上都会计算出一个误差修正码(数字值)，这个码用于消除在随后的转换中每个电容器上产生的误差。通过设置 ADC_CR2 寄存器的 CAL 位启动校准。一旦校准结束，CAL 位被硬件复位，可以开始正常转换。建议在上电时执行一次 ADC 校准。校准阶段结束后，校准码储存在 ADC_DR 中。建议在每次上电后执行一次校准。

注意：

（1）建议在每次上电后执行一次校准。

（2）启动校准前，ADC 必须处于关电状态(ADON='0')超过至少两个 ADC 时钟周期。

启动校准前，ADC 必须处于关电状态(ADON='0')超过至少两个 ADC 时钟周期。

数据对齐：ADC_CR2 寄存器中的 ALIGN 位选择转换后数据储存的对齐方式。数据可以左对齐或右对齐。注入组通道转换的数据值已经减去了在 ADC_JOFRx 寄存器中定义的偏移量，因此结果可以是一个负值。SEXT 位是扩展的符号值。对于规则组通道，不需减去偏移值，因此只有 12 个位有效。左对齐：注入组的高 4 位为符号位，低 12 位为数据位；规则组的高 4 为为 0，低 12 位为数据位；右对齐：注入组的最高位为符号位，14:3 位为数据位；规则组的高 12 位为数据位，低 4 位为 0。

ADC 使用若干个 ADC_CLK 周期对输入电压采样，采样周期数目可以通过 ADC_SMPR1 和 ADC_SMPR2 寄存器中的 SMP[2:0]位更改。每个通道可以分别用不同的时间采样。总转换时间如下计算：

TCONV = 采样时间+ 12.5 个周期

温度传感器：内部温度传感器更适合于检测温度的变化，而不是测量绝对的温度。如果需要测量精确的温度，应该使用一个外置的温度传感器。

中断：规则和注入组转换结束时能产生中断，当模拟看门狗状态位被设置时也能产生中断。它们都有独立的中断使能位。 ADC1 和 ADC2 的中断映射在同一个中断向量上，而 ADC3 的中断有自己的中断向量。ADC_SR 寄存器中有 2 个其他标志，但是它们没有相关联的中断：JSTRT（注入组通道转换的启动）、STRT(规则组通道转换的启动)。

12.2 转换模式

M3 的 ADC 转换模式包括单通道单次模式、单通道连续模式、通道组单次扫描模式、通道组连续扫描模式和通道组间断模式。

1. 单通道单次模式

此时，CONT 为 0，ADC 只执行一次转换。可以软件启动或者外部触发启动。

（1）如果一个规则通道被转换：

① 转换数据被储存在 16 位 ADC_DR 寄存器中。

② EOC(转换结束)标志被设置。

③ 如果设置了 EOCIE，则产生中断。

（2）如果一个注入通道被转换：

① 转换数据被储存在 16 位的 ADC_DRJ1 寄存器中。

② JEOC(注入转换结束)标志被设置。

③ 如果设置了 JEOCIE 位，则产生中断。

然后，ADC 停止。

2. 单通道连续模式

此时，CONT 为 1，ADC 转换结束后马上就启动另一次转换，如此循环一直到 CONT 被清 0；可以软件启动或者外部触发启动。

（1）如果一个规则通道被转换：

① 转换数据被储存在 16 位的 ADC_DR 寄存器中。

② EOC（转换结束）标志被设置。

③ 如果设置了 EOCIE，则产生中断。

（2）如果一个注入通道被转换：

① 转换数据被储存在 16 位的 ADC_DRJ1 寄存器中。

② JEOC(注入转换结束)标志被设置。

③ 如果设置了 JEOCIE 位，则产生中断。

3．通道组单次扫描模式

此模式用来扫描一组模拟通道。此时，CONT 为 0；扫描模式可通过设置 ADC_CR1 寄存器的 SCAN 位来选择。一旦这个位被设置，ADC 扫描所有被 ADC_SQRX 寄存器(对规则通道)或 ADC_JSQR（对注入通道）选中的所有通道。在每个组的每个通道上执行单次转换。在每个转换结束时，同一组的下一个通道被自动转换。转换到选择组的最后一个通道上停止转换。

4．通道组连续扫描模式

此模式用来扫描一组模拟通道。此时，CONT 为 1；扫描模式可通过设置 ADC_CR1 寄存器的 SCAN 位来选择。一旦这个位被设置，ADC 扫描所有被 ADC_SQRX 寄存器（对规则通道）或 ADC_JSQR（对注入通道）选中的所有通道。在每个组的每个通道上执行单次转换。在每个转换结束时，同一组的下一个通道被自动转换。转换不会在选择组的最后一个通道上停止，而是再次从选择组的第一个通道继续转换。

5．通道组间断模式

间断模式转换的启动要靠外部来触发，因此间断模式下，如果触发的是注入组，注入组不能使用自动注入模式。

规则组：此模式通过设置 ADC_CR1 寄存器上的 DISCEN 位激活。它可以用来执行一个短序列的 n 次转换（n<=8)，此短序列是 ADC_SQRx 寄存器所选择的转换序列的一部分。数值 n 由 ADC_CR1 寄存器的 DISCNUM[2:0]位给出。一个外部触发信号可以启动 ADC_SQRx 寄存器中描述的下一轮 n 次转换，直到此序列所有的转换完成为止。总的序列长度由 ADC_SQR1 寄存器的 L[3:0]定义。

举例：n=3，L=7(总通道个数为 L+1)，被转换的通道 = 0、1、2、3、6、7、9、10。

第一次触发：转换的序列为 0、1、2。

第二次触发：转换的序列为 3、6、7。

第三次触发：转换的序列为 9、10，并产生 EOC 事件。

第四次触发：转换的序列 0、1、2。

注意：当以间断模式转换一个规则组时，转换序列结束后不自动从头开始。当所有子组被转换完成，下一次触发启动第一个子组的转换。在上面的例子中，第四次触发重新转换第一子组的通道 0、1 和 2。

注入组：此模式通过设置 ADC_CR1 寄存器的 JDISCEN 位激活。在一个外部触发事件后，该模式按通道顺序逐个转换 ADC_JSQR 寄存器中选择的序列。一个外部触发信号可以启动 ADC_JSQR 寄存器选择的下一个通道序列的转换，直到序列中所有的转换完成为止。总的序列长度由 ADC_JSQR 寄存器的 JL[1:0]位定义。

举例：n=1，JL=2(总通道数为 JL+1)，被转换的通道=1、2、3。

第一次触发：通道 1 被转换。

第二次触发：通道 2 被转换。

第三次触发：通道 3 被转换，并且产生 EOC 和 JEOC 事件。

第四次触发：通道 1 被转换。

注意：

（1）当完成所有注入通道转换，下个触发启动第 1 个注入通道的转换。在上述例子中，第四个触发重新转换第 1 个注入通道 1。

（2）不能同时使用自动注入和间断模式。

（3）必须避免同时为规则和注入组设置间断模式。间断模式只能作用于一组转换。

12.3 双 ADC 模式

在有 2 个或以上 ADC 模块的产品中，可以使用双 ADC 模式；在双 ADC 模式里，根据 ADC1_CR1 寄存器中 DUALMOD[2:0]位所选的模式，转换的启动可以是 ADC1 主和 ADC2 从的交替触发或同步触发。

在双 ADC 模式里，当转换配置成由外部事件触发时，用户必须将其设置成仅触发主 ADC，从 ADC 设置成软件触发，这样可以防止意外地触发从转换。但是，主和从 ADC 的外部触发必须同时被激活。

共有 6 种可能的模式：同步注入模式、同步规则模式、快速交叉模式、慢速交叉模式、交替触发模式、独立模式。

还可以用下列方式组合使用上面的模式：

（1）同步注入模式 + 同步规则模式。

（2）同步规则模式 + 交替触发模式。

（3）同步注入模式 + 交叉模式。

注意：

在双 ADC 模式里，为了在主数据寄存器上读取从转换数据，必须使能 DMA 位，即使不使用 DMA 传输规则通道数据。

1. 同步注入模式

此模式转换一个注入通道组。外部触发来自 ADC1 的注入组多路开关(由 ADC1_CR2 寄存器的 JEXTSEL[2:0]选择)，它同时给 ADC2 提供同步触发。

注意：

不要在2个ADC上转换相同的通道（两个ADC在同一个通道上的采样时间不能重叠）。

在ADC1或ADC2的转换结束时：

（1）转换的数据存储在每个ADC接口的ADC_JDRx寄存器中。

（2）当所有ADC1/ADC2注入通道都被转换时，产生JEOC中断（若任一ADC接口开放了中断）。

注意：

在同步模式中，必须转换具有相同时间长度的序列，或保证触发的间隔比2个序列中较长的序列长，否则当较长序列的转换还未完成时，具有较短序列的ADC转换可能会被重启。

2. 同步规则模式

此模式在规则通道组上执行。外部触发来自ADC1的规则组多路开关（由ADC1_CR2寄存器的EXTSEL[2:0]选择），它同时给ADC2提供同步触发。

注意：

不要在2个ADC上转换相同的通道(两个ADC在同一个通道上的采样时间不能重叠)。

在ADC1或ADC2的转换结束时：

（1）产生一个32位DMA传输请求(如果设置了DMA位)，32位的ADC1_DR寄存器内容传输到SRAM中，它上半个字包含ADC2的转换数据，低半个字包含ADC1的转换数据。

（2）当所有ADC1/ADC2规则通道都被转换完时，产生EOC中断(若任一ADC接口开放了中断)。

在同步规则模式中，必须转换具有相同时间长度的序列，或保证触发的间隔比2个序列中较长的序列长，否则当较长序列的转换还未完成时，具有较短序列的ADC转换可能会被重启。

3. 快速交叉模式

此模式只适用于规则通道组（通常为一个通道）。外部触发来自ADC1的规则通道多路开关。

外部触发产生后，ADC2立即启动并且ADC1在延迟7个ADC时钟周期后启动。如果同时设置了ADC1和ADC2的CONT位，所选的两个ADC规则通道将被连续地转换。ADC1产生一个EOC中断后(由EOCIE使能)，产生一个32位的DMA传输请求(如果设置了DMA位)，ADC1_DR寄存器的32位数据被传输到SRAM，ADC1_DR的上半个字包含ADC2的转换数据，低半个字包含ADC1的转换数据。

注意：

最大允许采样时间<7个ADCCLK周期，避免ADC1和ADC2转换相同通道时发生两个采样周期的重叠。

4．慢速交叉模式

此模式只适用于规则通道组（只能为一个通道）。外部触发来自 ADC1 的规则通道多路开关。外部触发产生后，ADC2 立即启动并且 ADC1 在延迟 14 个 ADC 时钟周期后启动；在延迟第二次 14 个 ADC 周期后 ADC2 再次启动，如此循环。

> **注意：**
> 最大允许采样时间<14 个 ADCCLK 周期，以避免和下个转换重叠。ADC1 产生一个 EOC 中断后(由 EOCIE 使能)，产生一个 32 位的 DMA 传输请求(如果设置了 DMA 位)，ADC1_DR 寄存器的 32 位数据被传输到 SRAM，ADC1_DR 的上半个字包含 ADC2 的转换数据，低半个字包含 ADC1 的转换数据。

在 28 个 ADC 时钟周期后自动启动新的 ADC2 转换。在这个模式下不能设置 CONT 位，因为它将连续转换所选择的规则通道。

> **注意：**
> 应用程序必须确保当使用交叉模式时，不能有注入通道的外部触发产生。

5．交替触发模式

此模式只适用于注入通道组。外部触发源来自 ADC1 的注入通道多路开关。当第一个触发产生时，ADC1 上的所有注入组通道被转换。当第二个触发到达时，ADC2 上的所有注入组通道被转换，如此循环。

如果允许产生 JEOC 中断，在所有 ADC1 注入组通道转换后产生一个 JEOC 中断。如果允许产生 JEOC 中断，在所有 ADC2 注入组通道转换后产生一个 JEOC 中断。当所有注入组通道都转换完后，如果又有另一个外部触发，交替触发处理从转换 ADC1 注入组通道重新开始。

如果 ADC1 和 ADC2 上同时使用了注入间断模式：当第一个触发产生时，ADC1 上的第一个注入通道被转换；当第二个触发到达时，ADC2 上的第一个注入通道被转换，如此循环。如果允许产生 JEOC 中断，在所有 ADC1 注入组通道转换后产生一个 JEOC 中断；如果允许产生 JEOC 中断，在所有 ADC2 注入组通道转换后产生一个 JEOC 中断。当所有注入组通道都转换完后，如果又有另一个外部触发，则重新开始交替触发过程。

6．独立模式

此模式里，双 ADC 同步不工作，每个 ADC 接口独立工作。

7．混合的规则/注入同步模式

规则组同步转换可以被中断，以启动注入组的同步转换。

> **注意：**
> 在混合的规则/注入同步模式中，必须转换具有相同时间长度的序列，或保证触发的间隔比 2 个序列中较长的序列长，否则当较长序列的转换还未完成时，具有较短序列的 ADC 转换可能会被重启。

8. 混合的同步规则+交替触发模式

规则组同步转换可以被中断，以启动注入组交替触发转换，显示了一个规则同步转换被交替触发所中断。

注入交替转换在注入事件到达后立即启动。如果规则转换已经在运行，为了在注入转换后确保同步，所有的 ADC(主和从)的规则转换被停止，并在注入转换结束时同步恢复。

注意：

在混合的同步规则+交替触发模式中，必须转换具有相同时间长度的序列，或保证触发的间隔比 2 个序列中较长的序列长，否则当较长序列的转换还未完成时，具有较短序列的 ADC 转换可能会被重启。

如果触发事件发生在一个中断了规则转换的注入转换期间，这个触发事件将被忽略。

9. 混合同步注入+交叉模式

一个注入事件可以中断一个交叉转换。这种情况下，交叉转换被中断，注入转换被启动，在注入序列转换结束时，交叉转换被恢复。

注意：

当 ADC 时钟预分频系数设置为 4 时，交叉模式恢复后不会均匀地分配采样时间，采样间隔是 8 个 ADC 时钟周期与 6 个 ADC 时钟周期轮替，而不是均匀的 7 个 ADC 时钟周期。

12.4 ADC 寄存器

ADC 寄存器说明如下：

（1）状态寄存器 ADC_SR 地址偏移：0x00；复位值：0x0000 0000。各位使用情况及相关说明如表 12.1 所示。

表 12.1 ADC_SR 各位使用情况及相关说明

31	30	29	28	27	26	25	24	23	22	21	20	19	18	17	16
保留															

15…5	4	3	2	1	0
保留	STRT	JSTRT	JEOC	EOC	AWD
	rc w0	rc w0	rc w0	rc w0	rc w0

位	说明
位 31:15	保留。必须保持为 0
位 4	STRT：规则通道开始位。该位由硬件在规则通道转换开始时设置，由软件清除。 0：规则通道转换未开始；1：规则通道转换已开始
位 3	JSTRT：注入通道开始位。该位由硬件在注入通道组转换开始时设置，由软件清除。 0：注入通道组转换未开始；1：注入通道组转换已开始
位 2	JEOC：注入通道转换结束位。该位由硬件在所有注入通道组转换结束时设置，由软件清除。 0：转换未完成；1：转换完成
位 1	EOC：转换结束位。该位由硬件在(规则或注入)通道组转换结束时设置，由软件清除或由读取 ADC_DR 时清除 0：转换未完成；1：转换完成

续表

位 0	AWD：模拟看门狗标志位。该位由硬件在转换的电压值超出了 ADC_LTR 和 ADC_HTR 寄存器定义的范围时设置，由软件清除。 0：没有发生模拟看门狗事件；1：发生模拟看门狗事件

（2）ADC 控制寄存器 1 ADC_CR1 地址偏移：0x04；复位值：0x0000 0000。各位使用情况及相关说明如表 12.2 所示。

表 12.2 ADC_CR1 各位使用情况及相关说明

31	30	29	28	27	26	25	24	23	22	21	20	19	18	17	16
保留								AWDEN	JAWDEN	保留		DUALMOD[3:0]			
								RW	RW			RW	RW	RW	RW
15	14	13	12	11	10	9	8	7	6	5	4	3	2	1	0
DISCNUM[2:0]			JDISCEN	DISCEN	JAUTO	AWDSGL	SCAN	JEOCIE	AWDIE	EOCIE	AWDCH[4:0]				
RW	RW	RW	RW	RW	RW	RW	RW	RW	RW	RW	RW	RW	RW	RW	RW

位 31:24	保留。必须保持为 0
位 23	AWDEN：在规则通道上开启模拟看门狗 该位由软件设置和清除。 0：在规则通道上禁用模拟看门狗；1：在规则通道上使用模拟看门狗
位 22	JAWDEN：在注入通道上开启模拟看门狗，该位由软件设置和清除。 0：在注入通道上禁用模拟看门狗；1：在注入通道上使用模拟看门狗
位 21:20	保留。必须保持为 0
位 19:16	DUALMOD[3:0]：双模式选择 软件使用这些位选择操作模式。 0000：独立模式　0001：混合的同步规则+注入同步模式 0010：混合的同步规则+交替触发模式　0011：混合同步注入+快速交叉模式 0100：混合同步注入+慢速交叉模式　0101：注入同步模式 0110：规则同步模式 111：快速交叉模式　1000：慢速交叉模式 1001：交替触发模式 注：在 ADC2 和 ADC3 中这些位为保留位 在双模式中，改变通道的配置会产生一个重新开始的条件，这将导致同步丢失。建议在进行任何配置改变前关闭双模式
位 15:13	DISCNUM[2:0]：间断模式通道计数。 软件通过这些位定义在间断模式下，收到外部触发后转换规则通道的数目。 000：1 个通道；001：2 个通道 ……111：8 个通道
位 12	JDISCEN：在注入通道上的间断模式。该位由软件设置和清除，用于开启或关闭注入通道组上的间断模式。 0：注入通道组上禁用间断模式； 1：注入通道组上使用间断模式
位 11	DISCEN：在规则通道上的间断模式。该位由软件设置和清除，用于开启或关闭规则通道组上的间断模式。 0：规则通道组上禁用间断模式；1：规则通道组上使用间断模式
位 10	JAUTO：自动的注入通道组转换。该位由软件设置和清除，用于开启或关闭规则通道组转换结束后自动的注入通道组转换 0：关闭自动的注入通道组转换；1：开启自动的注入通道组转换
位 9	AWDSGL：扫描模式中在一个单一的通道上使用看门狗。该位由软件设置和清除，用于开启或关闭由 AWDCH[4:0]位指定的通道上的模拟看门狗功能。 0：在所有的通道上使用模拟看门狗；1：在单一通道上使用模拟看门狗

续表

位 8	SCAN：扫描模式。该位由软件设置和清除，用于开启或关闭扫描模式。在扫描模式中，转换由 ADC_SQRx 或 ADC_JSQRx 寄存器选中的通道。 0：关闭扫描模式；1：使用扫描模式。 注：如果分别设置了 EOCIE 或 JEOCIE 位，只在最后一个通道转换完毕后才会产生 EOC 或 JEOC 中断
位 7	JEOCIE：允许产生注入通道转换结束中断。该位由软件设置和清除，用于禁止或允许所有注入通道转换结束后产生中断。 0：禁止 JEOC 中断；1：允许 JEOC 中断。当硬件设置 JEOC 位时产生中断
位 6	AWDIE：允许产生模拟看门狗中断。该位由软件设置和清除，用于禁止或允许模拟看门狗产生中断。在扫描模式下，如果看门狗检测到超范围的数值时，只有在设置了该位时扫描才会中止。 0：禁止模拟看门狗中断；1：允许模拟看门狗中断
位 5	EOCIE：允许产生 EOC 中断。该位由软件设置和清除，用于禁止或允许转换结束后产生中断。 0：禁止 EOC 中断；　1：允许 EOC 中断。当硬件设置 EOC 位时产生中断
位 4:0	AWDCH[4:0]：模拟看门狗通道选择位。这些位由软件设置和清除，用于选择模拟看门狗保护的输入通道。 00000：ADC 模拟输入通道；000001：ADC 模拟输入通道 1； …… 01111：ADC 模拟输入通道 15；10000：ADC 模拟输入通道 16； 10001：ADC 模拟输入通道 17。 保留所有其他数值。 注：ADC1 的模拟输入通道 16 和通道 17 在芯片内部分别连到了温度传感器和 VREFINT。 ADC2 的模拟输入通道 16 和通道 17 在芯片内部连到了 VSS。 ADC3 模拟输入通道 9、14、15、16、17 与 Vss 相连。

（3）ADC 控制寄存器 2 ADC_CR2 地址偏移：0x08；复位值：0x0000 0000。各位使用情况及相关说明如表 12.3 所示。

表 12.3　ADC_CR2 各位使用情况及相关说明

31	30	29	28	27	26	25	24	23	22	21	20	19	18	17	16
保留								TSVREFE	SWSTART	JSWSTART	EXTSTART	EXTSEL[2:0]			保留
								RW	RW	RW	RW	RW	RW	RW	
15	14	13	12	11	10	9	8	7	6	5	4	3	2	1	0
JEXT TRIG	TEXTSEL[2:0]			ALIGN	保留		DMA	保留				RSTCAL	CAL	CONT	ADON
RW	RW	RW	RW	RW			RW					RW	RW	RW	RW

位 31:24	保留。必须保持为 0
位 23	TSVREFE：温度传感器和 VREFINT 使能。 该位由软件设置和清除，用于开启或禁止温度传感器和 VREFINT 通道。在多于 1 个 ADC 的器件中，该位仅出现在 ADC1 中。 0：禁止温度传感器和 VREFINT；1：启用温度传感器和 VREFINT
位 22	SWSTART：开始转换规则通道。由软件设置该位以启动转换，转换开始后硬件马上清除此位。如果在 EXTSEL[2:0]位中选择了 SWSTART 为触发事件，该位用于启动一组规则通道的转换。 0：复位状态；1：开始转换规则通道
位 21	JSWSTART：开始转换注入通道。 由软件设置该位以启动转换，软件可清除此位或在转换开始后硬件马上清除此位。如果在 JEXTSEL[2:0]位中选择了 JSWSTART 为触发事件，该位用于启动一组注入通道的转换。 0：复位状态；　1：开始转换注入通道

续表

位 20	EXTTRIG：规则通道的外部触发转换模式。 该位由软件设置和清除，用于开启或禁止可以启动规则通道组转换的外部触发事件。 0：不用外部事件启动转换；1：使用外部事件启动转换
位 19:17	EXTSEL[2:0]：选择启动规则通道组转换的外部事件。 这些位选择用于启动规则通道组转换的外部事件。 ADC1 和 ADC2 的触发配置如下： 000：定时器 1 的 CC1 事件　100：定时器 3 的 TRGO 事件 001：定时器 1 的 CC2 事件　101：定时器 4 的 CC4 事件 010：定时器 1 的 CC3 事件　110：EXTI 线 11/ TIM8_TRGO 事件， 仅大容量产品具有 TIM8_TRGO 功能 011：定时器 2 的 CC2 事件　111：SWSTART ADC3 的触发配置如下 000：定时器 3 的 CC1 事件　100：定时器 8 的 TRGO 事件 001：定时器 2 的 CC3 事件　101：定时器 5 的 CC1 事件 010：定时器 1 的 CC3 事件　110：定时器 5 的 CC3 事件 011：定时器 8 的 CC1 事件　111：SWSTART
位 16	保留。必须保持为 0
位 15	JEXTTRIG：注入通道的外部触发转换模式。 该位由软件设置和清除，用于开启或禁止可以启动注入通道组转换的外部触发事件。 0：不用外部事件启动转换；1：使用外部事件启动转换
位 14:12	JEXTSEL[2:0]：选择启动注入通道组转换的外部事件。 这些位选择用于启动注入通道组转换的外部事件。 ADC1 和 ADC2 的触发配置如下： 000：定时器 1 的 TRGO 事件　100：定时器 3 的 CC4 事件 001：定时器 1 的 CC4 事件　101：定时器 4 的 TRGO 事件 010：定时器 2 的 TRGO 事件　110：EXTI 线 15/TIM8_CC4 事件 (仅大容量产品具有 TIM8_CC4) 011：定时器 2 的 CC1 事件　111：JSWSTART ADC3 的触发配置如下 000：定时器 1 的 TRGO 事件　100：定时器 8 的 CC4 事件 001：定时器 1 的 CC4 事件　101：定时器 5 的 TRGO 事件 010：定时器 4 的 CC3 事件　110：定时器 5 的 CC4 事件 011：定时器 8 的 CC2 事件　111：JSWSTART
位 11	ALIGN：数据对齐 该位由软件设置和清除。 0：右对齐；1：左对齐
位 10:9	保留。必须保持为 0。
位 8	DMA：直接存储器访问模式 该位由软件设置和清除。 0：不使用 DMA 模式；1：使用 DMA 模式。 注：只有 ADC1 和 ADC3 能产生 DMA 请求
位 7:4	保留。必须保持为 0
位 3	RSTCAL：复位校准。 该位由软件设置并由硬件清除。在校准寄存器被初始化后该位将被清除。 0：校准寄存器已初始化；1：初始化校准寄存器。 注：如果正在进行转换时设置 RSTCAL，清除校准寄存器需要额外的周期
位 2	CAL：A/D 校准 该位由软件设置以开始校准，并在校准结束时由硬件清除。 0：校准完成；1：开始校准

续表

位 1	CONT：连续转换。 该位由软件设置和清除。如果设置了此位，则转换将连续进行直到该位被清除。 0：单次转换模式；1：连续转换模式
位 0	ADON：开/关 A/D 转换器。 该位由软件设置和清除。当该位为 0 时，写入 1 将把 ADC 从断电模式下唤醒。当该位为 1 时，写入 1 将启动转换。 应用程序需注意，在转换器上电至转换开始有一个延迟。 0：关闭 ADC 转换/校准，并进入断电模式；1：开启 ADC 并启动转换。 注：如果在这个寄存器中与 ADON 一起还有其他位被改变，则转换不被触发。这是为了防止触发错误的转换

（4）ADC 采样时间寄存器 1 ADC_SMPR1 地址偏移：0x0C；复位值：0x0000 0000。各位使用情况及相关说明如表 12.4 所示。

表 12.4 ADC_SMPR1 各位使用情况及相关说明

31	30	29	28	27	26	25	24	23	22	21	20	19	18	17	16
保留								SMP17[2:0]			SMP16[2:0]			SMP15[2:0]	
								RW	RW	RW	RW	RW	RW	RW	RW
15	14	13	12	11	10	9	8	7	6	5	4	3	2	1	0
	SMP14[2:0]			SMP13[2:0]			SMP12[2:0]			SMP11[2:0]			SMP10[2:0]		
RW	RW	RW	RW	RW	RW	RW	RW	RW	RW	RW	RW	RW	RW	RW	RW

位 31:24	保留。必须保持为 0
位 23:0	SMPx[2:0]：选择通道 x 的采样时间。 这些位用于独立地选择每个通道的采样时间。在采样周期中通道选择位必须保持不变。 000：1.5 周期；100：41.5 周期；001：7.5 周期；101：55.5 周期； 010：13.5 周期；110：71.5 周期；011：28.5 周期；111：239.5 周期。 注： ADC1 的模拟输入通道 16 和通道 17 在芯片内部分别连到了温度传感器和 VREFINT。 ADC2 的模拟输入通道 16 和通道 17 在芯片内部连到了 Vss。 ADC3 模拟输入通道 14、15、16、17 与 Vss 相连

（5）ADC 采样时间寄存器 2 ADC_SMPR2 地址偏移：0x10；复位值：0x0000 0000。各位使用情况及相关说明如表 12.5 所示。

表 12.5 ADC_SMPR2 各位使用情况及相关说明

31	30	29	28	27	26	25	24	23	22	21	20	19	18	17	16
保留		SMP9[2:0]			SMP8[2:0]			SMP7[2:0]			SMP6[2:0]			SMP5[2:0]	
								RW	RW	RW	RW	RW	RW	RW	RW
15	14	13	12	11	10	9	8	7	6	5	4	3	2	1	0
	SMP4[2:0]			SMP3[2:0]			SMP2[2:0]			SMP1[2:0]			SMP0[2:0]		
RW	RW	RW	RW	RW	RW	RW	RW	RW	RW	RW	RW	RW	RW	RW	RW

位 31:24	保留。必须保持为 0
位 23:0	SMPx[2:0]：选择通道 x 的采样时间。 这些位用于独立地选择每个通道的采样时间。在采样周期中通道选择位必须保持不变。 000：1.5 周期；100：41.5 周期；001：7.5 周期；101：55.5 周期；010：13.5 周期； 110：71.5 周期；011：28.5 周期；111：239.5 周期。 注：ADC3 模拟输入通道 9 与 Vss 相连

ADC注入通道数据偏移寄存器x ADC_JOFRx(x=1..4)地址偏移:0x14-0x20;复位值:0x0000 0000。各位使用情况及相关说明如表 12.6 所示。

表 12.6　ADC_JOFRx 各位使用情况及相关说明

31	30	29	28	27	26	25	24	23	22	21	20	19	18	17	16
保留															
15	14	13	12	11	10	9	8	7	6	5	4	3	2	1	0
保留				JOFFSET[11:0]											
				RW	RW	RW	RW	RW	RW	RW	RW	RW	RW	RW	RW

位	说明
位 31:12	保留。必须保持为 0
位 11:0	JOFFSETx[11:0]：注入通道 x 的数据偏移。 当转换注入通道时，这些位定义了用于从原始转换数据中减去的数值。转换的结果可以在 ADC_JDRx 寄存器中读出

（6）ADC 看门狗高阀值寄存器 ADC_HTR 地址偏移：0x24；复位值：0x0000 0000。各位使用情况及相关说明如表 12.7 所示。

表 12.7　ADC_HTR 各位使用情况及相关说明

31	30	29	28	27	26	25	24	23	22	21	20	19	18	17	16
保留															
15	14	13	12	11	10	9	8	7	6	5	4	3	2	1	0
保留				HT[11:0]											
				RW	RW	RW	RW	RW	RW	RW	RW	RW	RW	RW	RW

位	说明
位 31:12	保留。必须保持为 0
位 11:0	HT[11:0]：模拟看门狗高阈值。这些位定义了模拟看门狗的阀值高限

（7）ADC 看门狗低阈值寄存器 ADC_LTR 地址偏移：0x28；复位值：0x0000 0000。各位使用情况及相关说明如表 12.8 所示。

表 12.8　ADC_LTR 各位使用情况及相关说明

31	30	29	28	27	26	25	24	23	22	21	20	19	18	17	16
保留															
15	14	13	12	11	10	9	8	7	6	5	4	3	2	1	0
保留								LT[11:0]							
				RW	RW	RW	RW	RW	RW	RW	RW	RW	RW	RW	RW

位	说明
位 31:12	保留。必须保持为 0
位 11:0	LT[11:0]：模拟看门狗低阈值。这些位定义了模拟看门狗的阈值低限

（8）ADC 规则序列寄存器 1(ADC_SQR1) 地址偏移：0x2C；复位值：0x0000 0000。各位使用情况及相关说明如表 12.9 所示。

表 12.9 ADC_SQR1 各位使用情况及相关说明

31	30	29	28	27	26	25	24	23	22	21	20	19	18	17	16
								L[3:0]				SQ16[4:0]			
								RW	RW	RW	RW	RW	RW	RW	RW
15	14	13	12	11	10	9	8	7	6	5	4	3	2	1	0
	SQ15[4:0]					SQ14[4:0]					SQ13[4:0]				
RW	RW	RW	RW	RW	RW	RW	RW	RW	RW	RW	RW	RW	RW	RW	RW

位 31:24	保留。必须保持为 0
位 23:20	L[3:0]：规则通道序列长度。这些位由软件定义在规则通道转换序列中的通道数目。 0000：1 个转换；0001：2 个转换……1111：16 个转换
位 19:15	SQ16[4:0]：规则序列中的第 16 个转换。 这些位由软件定义转换序列中的第 16 个转换通道的编号(0~17)
位 14:10	SQ15[4:0]：规则序列中的第 15 个转换
位 9:5	SQ14[4:0]：规则序列中的第 14 个转换
位 4:0	SQ13[4:0]：规则序列中的第 13 个转换

（9）ADC 规则序列寄存器 2(ADC_SQR2)地址偏移：0x30；复位值：0x0000 0000。各位使用情况及相关说明如表 12.10 所示。

表 12.10 ADC_SQR2 各位使用情况及相关说明

31	30	29	28	27	26	25	24	23	22	21	20	19	18	17	16
保留		SQ12[4:0]					SQ11[4:0]					SQ10[4:0]			
								RW	RW	RW	RW	RW	RW	RW	RW
15	14	13	12	11	10	9	8	7	6	5	4	3	2	1	0
	SQ9[4:0]					SQ8[4:0]					SQ7[4:0]				
RW	RW	RW	RW	RW	RW	RW	RW	RW	RW	RW	RW	RW	RW	RW	RW

位 31:30	保留。必须保持为 0
位 29:25	SQ12[4:0]：规则序列中的第 12 个转换。 这些位由软件定义转换序列中的第 12 个转换通道的编号(0~17)
位 24:20	SQ11[4:0]：规则序列中的第 11 个转换
位 19:15	SQ10[4:0]：规则序列中的第 10 个转换
位 14:10	SQ9[4:0]：规则序列中的第 9 个转换
位 9:5	SQ8[4:0]：规则序列中的第 8 个转换
位 4:0	SQ7[4:0]：规则序列中的第 7 个转换

（10）ADC 规则序列寄存器 3(ADC_SQR3)地址偏移：0x34；复位值：0x0000 0000。各位使用情况及相关说明如表 12.11 所示。

表 12.11 ADC_SQR3 各位使用情况及相关说明

31	30	29	28	27	26	25	24	23	22	21	20	19	18	17	16
保留		SQ6[4:0]					SQ5[4:0]					SQ4[4:0]			
								RW	RW	RW	RW	RW	RW	RW	RW
15	14	13	12	11	10	9	8	7	6	5	4	3	2	1	0
	SQ3[4:0]					SQ2[4:0]					SQ1[4:0]				
RW	RW	RW	RW	RW	RW	RW	RW	RW	RW	RW	RW	RW	RW	RW	RW

续表

位 31:30	保留。必须保持为 0
位 29:25	SQ6[4:0]：规则序列中的第 6 个转换。 这些位由软件定义转换序列中的第 6 个转换通道的编号(0~17)
位 24:20	SQ5[4:0]：规则序列中的第 5 个转换
位 19:15	SQ4[4:0]：规则序列中的第 4 个转换
位 14:10	SQ3[4:0]：规则序列中的第 3 个转换
位 9:5	SQ2[4:0]：规则序列中的第 2 个转换
位 4:0	SQ1[4:0]：规则序列中的第 1 个转换

（11）ADC 注入序列寄存器 ADC_JSQR 地址偏移：0x38；复位值：0x0000 0000。各位使用情况及相关说明如表 12.12 所示。

表 12.12 ADC_JSQR 各位使用情况及相关说明

31	30	29	28	27	26	25	24	23	22	21	20	19	18	17	16
保留										JL[3:0]		JSQ4[4:0]			
										RW	RW	RW	RW	RW	RW
15	14	13	12	11	10	9	8	7	6	5	4	3	2	1	0
	JSQ4[4:0]					JSQ4[4:0]					JSQ4[4:0]				
RW	RW	RW	RW	RW	RW	RW	RW	RW	RW	RW	RW	RW	RW	RW	RW

位 31:22	保留。必须保持为 0
位 21:20	JL[3:0]：注入通道序列长度。这些位由软件定义在规则通道转换序列中的通道数目 00：1 个转换；01：2 个转换；10：3 个转换；11：4 个转换
位 19:15	JSQ4[4:0]：注入序列中的第 4 个转换。 这些位由软件定义转换序列中的第 4 个转换通道的编号(0~17)。 注：不同于规则转换序列，如果 JL[1:0]的长度小于 4，则转换的序列顺序是从(4-JL)开始。例如：ADC_JSQR[21:0] = 10 00011 00011 00111 00010，意味着扫描转换将按下列通道顺序转换：7、3、3，而不是 2、7、3
位 14:10	JSQ3[4:0]：注入序列中的第 3 个转换
位 9:5	JSQ2[4:0]：注入序列中的第 2 个转换
位 4:0	JSQ1[4:0]：注入序列中的第 1 个转换

（12）ADC 注入数据寄存器 x ADC_JDRx(x= 1..4)地址偏移：0x3C～0x48；复位值：0x0000 0000。各位使用情况及相关说明如表 12.13 所示。

表 12.13 ADC_JDRx 各位的使用情况及相关说明

31	30	29	28	27	26	25	24	23	22	21	20	19	18	17	16
保留															
15	14	13	12	11	10	9	8	7	6	5	4	3	2	1	0
JDATA[15:0]															
R	R	R	R	R	R	R	R	R	R	R	R	R	R	R	R

位 31:16	保留。必须保持为 0
位 15:0	JDATA[15:0]：注入转换的数据。 这些位为只读，包含了注入通道的转换结果。注意数据是左对齐或右对齐

（13）ADC 规则数据寄存器 ADC_DR 地址偏移：0x4C；复位值：0x0000 0000。各位的使用情况及相关说明如表 12.14 所示。

表 12.14　ADC_DR 各位的使用情况及相关说明

31	30	29	28	27	26	25	24	23	22	21	20	19	18	17	16
ADC2DATA[15:0]															
R	R	R	R	R	R	R	R	R	R	R	R	R	R	R	R
15	14	13	12	11	10	9	8	7	6	5	4	3	2	1	0
DATA[15:0]															
R	R	R	R	R	R	R	R	R	R	R	R	R	R	R	R

位	说明
位 31:16	ADC2DATA[15:0]：ADC2 转换的数据。 在 ADC1 中：双模式下，这些位包含了 ADC2 转换的规则通道数据，双 ADC 模式。 在 ADC2 和 ADC3 中：不使用这些位
位 15:0	DATA[15:0]：规则转换的数据。 这些位为只读，包含了规则通道的转换结果。数据是左对齐或右对齐

12.5　ADC 寄存器开发实例

基于 STM32 的 TC1047/TC1047A 精密温度/电压转换器：TC1047 和 TC1047A 是线性电压输出温度传感器其输出电压与测得的温度直接成比例。TC1047 与 TC1047A 可精确地测量 -40°C～+125°C 之间的温度。TC1047 的电源电压范围为 2.7～4.4V，而 TC1047A 的电源电压范围为 2.5～5.5V。这些器件的典型输出电压为 100 mV（-40°C 时）、500mV（0°C 时）、750 mV（+25°C 时）和 1.75V（+125°C 时）；10mV/°C 的输出电压的斜率响应；允许在宽温度范围内对预计温度进行测量。电源电压范围，TC1047 2.7～4.4V；TC1047A 2.5～5.5V；高精度的温度转换在 25°C 时最大值为± 2°C。

输出电压与温度的关系如图 12.1 所示。

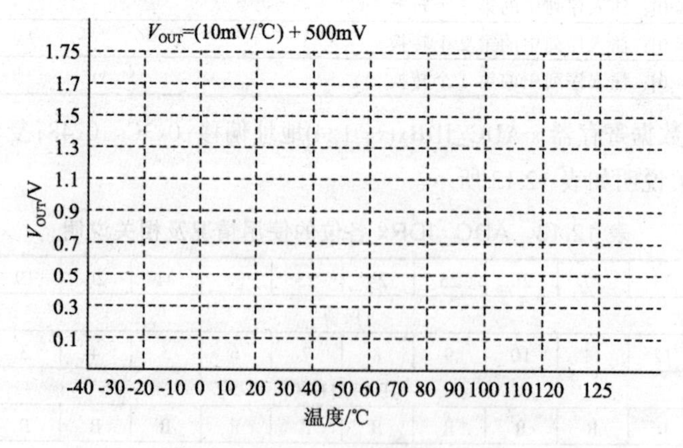

图 12.1　输出电压与温度的关系

1. TC1407.h 文件

TC1407.h 文件定义了 ADC 的四个通道，声明了 TC1047 的初始化函数 TC1047_Init()，声明了从 TC1047 采集温度的函数 TC1047_GetTemp()。

```
#ifndef __TC1047_H
#define __TC1047_H

#define ADC_CH0  0                    //通道 0
#define ADC_CH1  1                    //通道 1
#define ADC_CH2  2                    //通道 2
#define ADC_CH3  3                    //通道 3
extern float TC1047_Temp;
extern void TC1047_Init(void);
extern void TC1047_GetTemp(float *TC1047_T);
#endif
```

2．TC1407.c 文件

TC1407.c 文件的功能利用 TC1047 温度传感器来测量温度。TC1407 是一个模拟温度传感器，其电压大小表征了温度的大小，利用 AD 引脚测量其电压的大小，从而计算出温度。文件的开始引入头文件，定义滤波次数、均值滤波参数。

```
#include <stm32f10x_lib.h>
#include "tc1047.h"
#include "filter.h"
u8 Filtnum=20;                        //滤波次数
u8 TC1047Temp_curnum=0;               //均值滤波参数
float TC1047Temp_cur_sum=0.0;         //均值滤波参数
```

TC1047_Init 函数初始化 TC1047，利用的是模数转换通道 1（ADC1）来测量 TC1047 的输出电压，采用独立工作模式、非扫描模式、单次转换模式。代码如下：

```
void  TC1047_Init(void)
{
//先初始化 I/O 端口
    RCC->APB2ENR|=1<<2;               //使能 PORTA 口时钟
GPIOA->CRL&=0XFFFFFFF0;               //PA0 模拟输入
//通道 10/11 设置
RCC->APB2ENR|=1<<9;                   //ADC1 时钟使能
RCC->APB2RSTR|=1<<9;                  //ADC1 复位
RCC->APB2RSTR&=~(1<<9);               //复位结束
RCC->CFGR&=~(3<<14);                  //分频因子清零
//SYSCLK/DIV2=12M ADC 时钟设置为 12 MHz,ADC 最大时钟不能超过 14 MHz,
//否则将导致 ADC 准确度下降
RCC->CFGR|=2<<14;

ADC1->CR1&=0XF0FFFF;                  //工作模式清零
ADC1->CR1|=0<<16;                     //独立工作模式
ADC1->CR1&=~(1<<8);                   //非扫描模式
ADC1->CR2&=~(1<<1);                   //单次转换模式
ADC1->CR2&=~(7<<17);
ADC1->CR2|=7<<17;                     //软件控制转换
ADC1->CR2|=1<<20;          //使用用外部触发(SWSTART), 必须使用一个事件来触发
ADC1->CR2&=~(1<<11);                  //右对齐
```

```
ADC1->SQR1&=~(0XF<<20);
ADC1->SQR1&=0<<20;      //1 个转换在规则序列中，也就是只转换规则序列 1

//设置通道 0~3 的采样时间
ADC1->SMPR2&=0XFFFFFFF0;                  //通道 0 采样时间清空
ADC1->SMPR2|=7<<0;     //通道 0  239.5 周期,提高采样时间可以提高精确度

ADC1->CR2|=1<<0;                          //开启 AD 转换器
ADC1->CR2|=1<<3;                          //使能复位校准
while(ADC1->CR2&1<<3);                    //等待校准结束
    //该位由软件设置并由硬件清除。在校准寄存器被初始化后该位将被清除。
ADC1->CR2|=1<<2;                          //开启 AD 校准
while(ADC1->CR2&1<<2);                    //等待校准结束
//该位由软件设置以开始校准，并在校准结束时由硬件清除
}
```

TC1047_GetTemp()函数为获得温度值：

```
void TC1047_GetTemp(float*TC1047_T)
{
u16 TC1047_Data=0;
float TC1047_D=0.0;

//设置转换序列
ADC1->SQR3&=0XFFFFFFF0;             //规则序列 1 通道 ch
ADC1->SQR3|=0;
ADC1->CR2|=1<<22;                   //启动规则转换通道
while(!(ADC1->SR&1<<1));            //等待转换结束
TC1047_Data=ADC1->DR;
TC1047_D=((float)TC1047_Data/4096.0)*3300.0; //计算输入的电压值
if(TC1047_D<100.0)                  //温度低于-25℃
{
    TC1047_D=100.0;
}
else if(TC1047_D>1750.0)            //温度高于 125℃
{
    TC1047_D=1750.0;
}
TC1047_D=(TC1047_D-100.0)/10.0-40.0;                   //计算实际的温度值
*TC1047_T=ADFilter(&TC1047Temp_cur_sum, TC1047_D, Filtnum, &TC1047Temp_
   curnum);
}
```

3. main.c 文件

```
#include <stm32f10x_lib.h>
#include "sys.h"
#include "usart.h"
#include "delay.h"
#include "led.h"
#include "1602.h"
#include "tc1047.h"
```

```
#include "filter.h"

float TC1047_Temp=0.0;
int main(void)
{
u8 TC1047_strtemp[10];          //TC1047 温度数据转换成字符所用缓冲区
Stm32_Clock_Init(9);            //系统时钟设置
delay_init(72);                 //延时初始化
LED_Init();                     //初始化与 LED 连接的硬件
KEY_Init();
LCD1602_Init();
TC1047_Init();
LCD1602_Write_str(0,0,"FLY STUDIO");
LCD1602_Write_str(0,1,"Ethernet 1.0");
delay_ms(3000);
LCD1602_Clear();
while(1)
{
    TC1047_GetTemp(&TC1047_Temp);
    sprintf(TC1047_strtemp, "%.1f", TC1047_Temp);    //浮点到字符的转换
    LCD1602_Write_str(0,0,"Temperature =");
    LCD1602_Write_str(4,1,TC1047_strtemp);
    LCD1602_Write_str(8,1,"(degree)");
    delay_ms(100);
}
}
```

12.6 ADC 库函数

ADC_TypeDef 定义 ADC 寄存器结构于文件 stm32f10x_map.h 如下：

```
typedef struct
{
vu32 SR;
vu32 CR1;
vu32 CR2;
vu32 SMPR1;
vu32 SMPR2;
vu32 JOFR1;
vu32 JOFR2;
vu32 JOFR3;
vu32 JOFR4;
vu32 HTR;
vu32 LTR;
vu32 SQR1;
vu32 SQR2;
vu32 SQR3;
vu32 JSQR;
vu32 JDR1;
```

```
vu32 JDR2;
vu32 JDR3;
vu32 JDR4;
vu32 DR;
} ADC_TypeDef;
```

1. ADC_DeInit()

将外设 ADCx 的全部寄存器重设为默认值。例如：

```
ADC_DeInit(ADC2);
```

2. ADC_Init()

根据 ADC_InitStruct 中指定的参数初始化外设 ADCx 的寄存器。例如：

```
{
    ADC_InitTypeDef ADC_InitStructure;
    ADC_InitStructure.ADC_Mode=ADC_Mode_Independent;
    ADC_InitStructure.ADC_ScanConvMode=ENABLE;
    ADC_InitStructure.ADC_ContinuousConvMode=DISABLE;
    ADC_InitStructure.ADC_ExternalTrigConv=ADC_ExternalTrigConv_Ext_IT11;
    ADC_InitStructure.ADC_DataAlign=ADC_DataAlign_Right;
    ADC_InitStructure.ADC_NbrOfChannel=16;
    ADC_Init(ADC1, &ADC_InitStructure);
}
```

ADC_InitStruct：指向结构 ADC_InitTypeDef 的指针，包含了指定外设 ADC 的配置信息

ADC_InitTypeDef:

```
typedef struct
{
    u32 ADC_Mode;
    FunctionalState ADC_ScanConvMode;
    FunctionalState ADC_ContinuousConvMode;
    u32 ADC_ExternalTrigConv;
    u32 ADC_DataAlign;
    u8 ADC_NbrOfChannel;
}
ADC_InitTypeDef
```

（1）ADC_Mode：相关说明如表 12.15 所示。

表 12.15　ADC_Mode 相关说明

ADC_Mode	描述（ADC1/ADC2 工作模式）	值
ADC_Mode_Independent	独立模式	0x0000 0000
ADC_Mode_RegInjecSimult	同步规则和同步注入模式	0x0001 0000
ADC_Mode_RegSimult_AlterTrig	同步规则模式和交替触发模式	0x0002 0000
ADC_Mode_InjecSimult_FastInterl	同步规则模式和快速交替模式	0x0003 0000
ADC_Mode_InjecSimult_SlowInterl	同步注入模式和慢速交替模式	0x0004 0000
ADC_Mode_InjecSimult	同步注入模式	0x0005 0000
ADC_Mode_RegSimult	同步规则模式	0x0006 0000
ADC_Mode_FastInterl	快速交替模式	0x0007 0000
ADC_Mode_SlowInterl	慢速交替模式	0x0008 0000
ADC_Mode_AlterTrig	交替触发模式	0x0009 0000

例如：`ADC_InitStructure.ADC_Mode=ADC_Mode_Independent;`

（2）ADC_ScanConvMode：规定了模数转换工作在扫描模式（多通道）还是单次（单通道）模式。可以设置这个参数为 ENABLE 或者 DISABLE。例如：

```
ADC_InitStructure.ADC_ScanConvMode=ENABLE;
```

（3）ADC_ContinuousConvMode：规定了模数转换工作在连续还是单次模式。可以设置这个参数为 ENABLE 或者 DISABLE。例如：

```
ADC_InitStructure.ADC_ContinuousConvMode=DISABLE;
```

（4）ADC_ExternalTrigConv：相关说明如表 12.16 所示。

表 12.16 ADC_ExternalTrigConv 的相关说明

ADC_ExternalTrigConv	描　述	值
ADC_ExternalTrigConv_T1_CC1	选择 TIM1 的 CC1 作为转换外部触发	0x00000000
ADC_ExternalTrigConv_T1_CC2	选择 TIM1 的 CC2 作为转换外部触发	0x00020000
ADC_ExternalTrigConv_T1_CC3	选择 TIM1 的 CC3 作为转换外部触发	0x00040000
ADC_ExternalTrigConv_T2_CC2	选择 TIM2 的 CC2 作为转换外部触发	0x00060000
ADC_ExternalTrigConv_T3_TRGO	选择 TIM3 的 TRGO 作为转换外部触发	0x00080000
ADC_ExternalTrigConv_T4_CC4	选择 TIM4 的 CC4 作为转换外部触发	0x000A0000
ADC_ExternalTrigConv_Ext_IT11	选择 EXTI_11 事件作为转换外部触发	0x000C0000
ADC_ExternalTrigConv_None	转换由软件而不是外部触发启动	0x000E0000

例如：`ADC_InitStructure.ADC_ExternalTrigConv = ADC_ExternalTrigConv_Ext_IT11;`

（5）ADC_DataAlign：

ADC_DataAlign_Right：ADC 数据右对齐。

ADC_DataAlign_Left：ADC 数据左对齐。

例如：`ADC_InitStructure.ADC_DataAlign=ADC_DataAlign_Right;`

（6）ADC_NbreOfChannel：规定了顺序进行规则转换的 ADC 通道的数目。这个数目的取值范围是 1～16。例如：

```
ADC_InitStructure.ADC_NbrOfChannel=16;
```

3. 函数 ADC_StructInit()

把 ADC_InitStruct()中的每一个参数按默认值填入，如表 12.17 所示。

表 12.17 ADC_InitStruct 中的参数

成　员	默 认 值
ADC_Mode	ADC_Mode_Independent
ADC_ScanConvMode	DISABLE
ADC_ContinuousConvMode	DISABLE
ADC_ExternalTrigConv	ADC_ExternalTrigConv_T1_CC1
ADC_DataAlign	ADC_DataAlign_Right
ADC_NbrOfChannel	1

例如：

```
ADC_InitTypeDef ADC_InitStructure;
ADC_StructInit(&ADC_InitStructure);
```

4. 函数 ADC_Cmd()

使能或者失能指定的 ADC。例如：

```
ADC_Cmd(ADC1, ENABLE);
```

5. 函数 ADC_DMACmd()

使能或者失能指定的 ADC 的 DMA 请求。例如：

```
ADC_DMACmd(ADC2, ENABLE);
```

6. 函数 ADC_ITConfig()

使能或者失能指定的 ADC 的中断。例如：

```
ADC_ITConfig(ADC2, ADC_IT_EOC | ADC_IT_AWD, ENABLE);
```

ADC_IT 可以用来使能或者失能 ADC 中断。可以使用表 12.18 中的一个参数，或者它们的组合。

表 12.18 ADC_IT 中的参数说明

ADC_IT	描述/CR1	值	偏移量	位 置
ADC_IT_EOC	EOC 中断屏蔽	0x0220	0x20	位 5
ADC_IT_AWD	AWDOG 中断屏蔽	0x0140	0x40	位 6
ADC_IT_JEOC	JEOC 中断屏蔽	0x0480	0x80	位 7

7. 函数 ADC_ResetCalibration()

重置指定的 ADC 的校准寄存器。例如：

```
ADC_ResetCalibration(ADC1);
```

8. 函数 ADC_GetResetCalibrationStatus()

获取 ADC 重置校准寄存器的状态。例如：

```
FlagStatus Status;
Status=ADC_GetResetCalibrationStatus(ADC2);
```

9. 函数 ADC_StartCalibration()

开始指定 ADC 的校准状态。例如：

```
ADC_StartCalibration(ADC2);
```

10. 函数 ADC_GetCalibrationStatus()

获取指定 ADC 的校准程序。例如：

```
FlagStatus Status;
Status=ADC_GetCalibrationStatus(ADC2);
```

11. 函数 ADC_SoftwareStartConvCmd()

使能或者失能指定的 ADC 的软件转换启动功能。例如：

```
ADC_SoftwareStartConvCmd(ADC1, ENABLE);
```

12. 函数 ADC_GetSoftwareStartConvStatus()

获取 ADC 软件转换启动状态。例如：

```
FlagStatus Status; Status=ADC_GetSoftwareStartConvStatus(ADC1);
```

13．函数 ADC_DiscModeChannelCountConfig()

对 ADC 规则组通道配置间断模式。例如：

```
ADC_DiscModeChannelCountConfig(ADC1, 2);
```

14．函数 ADC_DiscModeCmd()

使能或者失能指定的 ADC 规则组通道的间断模式。例如：

```
ADC_DiscModeCmd(ADC1, ENABLE);
```

15．函数 ADC_RegularChannelConfig()

设置指定 ADC 的规则组通道，设置它们的转化顺序和采样时间。例如：

```
ADC_RegularChannelConfig(ADC1, ADC_Channel_2, 1, ADC_SampleTime_7Cycles5);
ADC_RegularChannelConfig(ADC1, ADC_Channel_8, 2, ADC_SampleTime_1Cycles5);
```

ADC_Channel 参数 ADC_Channel 指定了通过调用函数 ADC_RegularChannelConfig()来设置的 ADC 通道。

ADC_Channel_N：选择 ADC 通道 N，N 为 0～17。

ADC_SampleTime 设定了选中通道的 ADC 采样时间。

ADC_SampleTime_1Cycles5：采样时间为 1.5 周期。

ADC_SampleTime_7Cycles5：采样时间为 7.5 周期。

ADC_SampleTime_13Cycles5：采样时间为 13.5 周期。

ADC_SampleTime_28Cycles5：采样时间为 28.5 周期。

ADC_SampleTime_41Cycles5：采样时间为 41.5 周期。

ADC_SampleTime_55Cycles5：采样时间为 55.5 周期。

ADC_SampleTime_71Cycles5：采样时间为 71.5 周期。

ADC_SampleTime_239Cycles5：采样时间为 239.5 周期。

16．函数 ADC_ExternalTrigConvConfig()

使能或者失能 ADCx 的经外部触发启动转换功能。例如：

```
ADC_ExternalTrigConvCmd(ADC1, ENABLE);
```

17．函数 ADC_GetConversionValue()

返回最近一次 ADCx 规则组的转换结果。例如：

```
u16 DataValue;
DataValue=ADC_GetConversionValue(ADC1);
```

18．函数 ADC_GetDuelModeConversionValue()

返回最近一次双 ADC 模式下的转换结果。例如：

```
u32 DataValue;
DataValue=ADC_GetDualModeConversionValue();
```

19．函数 ADC_AutoInjectedConvCmd()

使能或者失能指定 ADC 在规则组转化后自动开始注入组转换。例如：

```
ADC_AutoInjectedConvCmd(ADC2, ENABLE);
```

20. 函数 ADC_InjectedDiscModeCmd()

功能描述：使能或者失能指定 ADC 的注入组间断模式。例如：

```
ADC_InjectedDiscModeCmd(ADC2, ENABLE);
```

21. 函数 ADC_ExternalTrigInjectedConvConfig()

功能描述：配置 ADCx 的外部触发启动注入组转换功能。例如：

```
ADC_ExternalTrigInjectedConvConfig(ADC1, ADC_ExternalTrigConv_T1_CC4);
```

ADC_ExternalTrigInjectedConv 指定了所使用的注入转换启动触发，相关说明如表 12.19 所示。

表 12.19 ADC_ExternalTrigInjectedConv 相关说明

ADC_ExternalTrigInjectedConv	描 述	值
ADC_ExternalTrigInjecConv_T1_TRGO	选择 TIM1-TRGO 作为注入转换外部触发	0x00000000
ADC_ExternalTrigInjecConv_T1_CC4	选择 TIM1-CC4 作为注入转换外部触发	0x00001000
ADC_ExternalTrigInjecConv_T2_TRGO	选择 TIM2-TRGO 作为注入转换外部触发	0x00002000
ADC_ExternalTrigInjecConv_T2_CC1	选择 TIM2-CC1 作为注入转换外部触发	0x00003000
ADC_ExternalTrigInjecConv_T3_CC4	选择 TIM3-CC4 作为注入转换外部触发	0x00004000
ADC_ExternalTrigInjecConv_T4_TRGO	选择 TIM4-TRGO 作为注入转换外部触发	0x00005000
ADC_ExternalTrigInjecConv_Ext_IT15_TIM8_CC4	选择 EXTI-15 事件作为注入转换外部触发	0x00006000
ADC_ExternalTrigInjecConv_None	注入转换由软件而不是外部触发启动	0x00007000

22. 函数 ADC_ExternalTrigInjectedConvCmd()

功能描述：使能或者失能 ADCx 的经外部触发启动注入组转换功能。例如：

```
ADC_ExternalTrigInjectedConvCmd(ADC1, ENABLE);
```

23. 函数 ADC_SoftwareStartinjectedConvCmd()

功能描述：使能或者失能 ADCx 软件启动注入组转换功能。例如：

```
ADC_SoftwareStartInjectedConvCmd(ADC2, ENABLE);
```

24. 函数 ADC_GetsoftwareStartinjectedConvStatus()

功能描述：获取指定 ADC 的软件启动注入组转换状态。例如：

```
FlagStatus Status; Status = ADC_GetSoftwareStartInjectedConvStatus(ADC1);
```

25. 函数 ADC_InjectedChannleConfig()

功能描述：设置指定 ADC 的注入组通道，设置它们的转化顺序和采样时间。例如：

```
ADC_InjectedChannelConfig(ADC1, ADC_Channel_12, 2, ADC_SampleTime_28Cycles5);
ADC_InjectedChannelConfig(ADC2, ADC_Channel_4, 11, ADC_SampleTime_71Cycles5);
```

26. 函数 ADC_InjectedSequencerLengthConfig()

功能描述：设置注入组通道的转换序列长度。例如：

```
ADC_InjectedSequencerLengthConfig(ADC1, 4);
```

27. 函数 ADC_SetinjectedOffset()

功能描述：设置注入组通道的转换偏移值。例如：

```
ADC_SetInjectedOffset(ADC1, ADC_InjectedChannel_3, 0x100);
```

参数 ADC_InjectedChannel 指定了必须设置转换偏移值的 ADC 通道：

ADC_InjectedChannel_1：选择注入通道 1。

ADC_InjectedChannel_2 选择注入通道 2。

ADC_InjectedChannel_3：选择注入通道 3。

ADC_InjectedChannel_4 选择注入通道 4。

28．函数 ADC_GetInjectedConversionValue()

功能描述：返回 ADC 指定注入通道的转换结果。例如：

```
u16InjectedDataValue;InjectedDataValue=ADC_GetInjectedConversionValue(
  ADC1,ADC_InjectedChannel_1);
```

29．函数 ADC_AnalogWatchdogCmd()

功能描述：使能或者失能指定单个/全体，规则/注入组通道上的模拟看门狗。例如：

```
ADC_AnalogWatchdogCmd(ADC2, ADC_AnalogWatchdog_AllRegAllInjecEnable);
```

30．函数 ADC_AnalogWatchdongThresholdsConfig()

功能描述：设置模拟看门狗的高/低阈值。例如：

```
ADC_AnalogWatchdogThresholdsConfig(ADC1, 0x400, 0x100);
```

31．函数 ADC_AnalogWatchdongSingleChannelConfig()

功能描述：对单个 ADC 通道设置模拟看门狗。例如：

```
ADC_AnalogWatchdogSingleChannelConfig(ADC1, ADC_Channel_1);
```

32．函数 ADC_TampSensorVrefintCmd()

功能描述：使能或者失能温度传感器和内部参考电压通道。例如：

```
ADC_TempSensorVrefintCmd(ENABLE);
```

33．函数 ADC_GetFlagStatus()

功能描述：检查制定 ADC 标志位置 1 与否。例如：

```
FlagStatus Status; Status=ADC_GetFlagStatus(ADC1, ADC_FLAG_EOC);
```

ADC_FLAG：

ADC_FLAG_AWD：模拟看门狗标志位。

ADC_FLAG_EOC：转换结束标志位。

ADC_FLAG_JEOC：注入组转换结束标志位。

ADC_FLAG_JSTRT：注入组转换开始标志位。

ADC_FLAG_STRT：规则组转换开始标志位。

34．函数 ADC_ClearFlag()

功能描述：清除 ADCx 的待处理标志位。例如：

```
ADC_ClearFlag(ADC2, ADC_FLAG_STRT);
```

35．函数 ADC_GetITStatus()

功能描述：检查指定的 ADC 中断是否发生。例如：

```
ITStatus Status; Status=ADC_GetITStatus(ADC1, ADC_IT_AWD);
```

36．函数 ADC_ClearITPendingBit()

功能描述：清除 ADCx 的中断待处理位。例如：

```
ADC_ClearITPendingBit(ADC2, ADC_IT_JEOC);
```

12.7 ADC 应用示例

库函数板例程为智能充电器的电压检测，电路如图 12.2 所示。

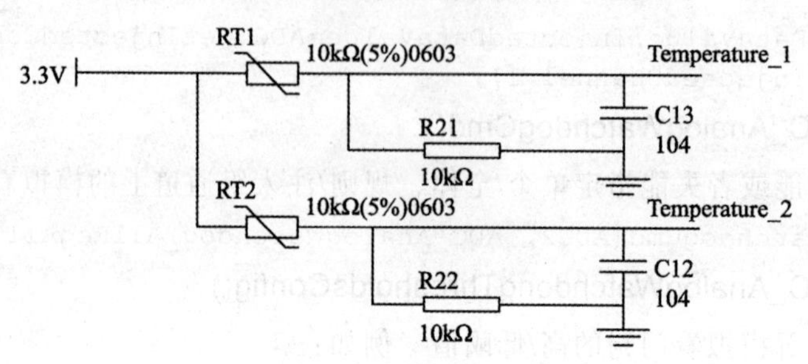

图 12.2 电压检测电路

代码中首先定义了要使用的变量包括：两路电池的温度、电流和电压；芯片内部的温度和参考电压。

```
#define ADC_Converted_len  66
#define ADC1_DR_Address((u32)0x4001244C)

INT16U Temperature_1=0;          // 第一路电池温度
INT16U Temperature_2=0;          // 第二路电池温度
INT16S Current_1=0;              // 第一路电池电流
INT16S Current_2=0;              // 第二路电池电流
INT16U Voltage_1=0;              // 第一路电池电压
INT16U Voltage_2=0;              // 第二路电池电压
INT16U Temperature=0;            // STM32 芯片温度
INT16U Vref=0;                   // STM32 内部 Vref 电压
```

（1）记录上一次 MCU 温度数值：

```
INT16U OldMcuTempreture=0;
#define VREF_VOL     3778
```

（2）调零电流挡：

```
INT16U CURRENT_ZERO_0;
INT16U CURRENT_ZERO_1;
```

（3）调零电压挡：

```
INT16U VOLTAGE_ZERO_0;
INT16U VOLTAGE_ZERO_1;
```

// 电流放大倍数 6.6 运算的时候十倍

```
#define CUR_AMP 66

/* Private macro -------------------------------------------------------------*/
/* Private variables ---------------------------------------------------------*/
```

```
ADC_InitTypeDef ADC_InitStructure;
DMA_InitTypeDef DMA_InitStructure;

INT16U ADC_Raw_Value[ 8*ADC_Converted_len ]; //adc获取的原始数据
INT16U ADC_ConvertedValue[8]; //计算转换好的最终用户数据
```

InitADC 配置 ADC 为：独立工作模式、扫描方式、连续转换、外部触发禁止、数据右对齐。

```
void InitADC(void)
{
// 配置 ADC  //
/* ADCCLK = PCLK2/8 */
    RCC_ADCCLKConfig(RCC_PCLK2_Div8);

    /* 使能 ADC1 clock */
    RCC_APB2PeriphClockCmd(RCC_APB2Periph_ADC1, ENABLE);

    /* ADC1 配置 -----------------------------------------------------*/
    ADC_InitStructure.ADC_Mode=ADC_Mode_Independent; // 独立工作模式
    ADC_InitStructure.ADC_ScanConvMode=ENABLE;       // 扫描方式
    ADC_InitStructure.ADC_ContinuousConvMode=ENABLE; // 连续转换
  ADC_InitStructure.ADC_ExternalTrigConv=ADC_ExternalTrigConv_None;
                                                       //外部触发禁止
  ADC_InitStructure.ADC_DataAlign=ADC_DataAlign_Right;    //数据右对齐
  ADC_InitStructure.ADC_NbrOfChannel=8;                 // 用于转换的通道数
  ADC_Init(ADC1, &ADC_InitStructure);
      /* ADC1 regular channel16 配置，55Cycles5  采样频率：15.086μs */
  ADC_RegularChannelConfig(ADC1, ADC_Channel_2 , 1, ADC_SampleTime_55Cycles5 );
  ADC_RegularChannelConfig(ADC1, ADC_Channel_3 , 2, ADC_SampleTime_55Cycles5 );
  ADC_RegularChannelConfig(ADC1, ADC_Channel_4 , 3, ADC_SampleTime_55Cycles5 );
  ADC_RegularChannelConfig(ADC1, ADC_Channel_5 , 4, ADC_SampleTime_55Cycles5 );
  ADC_RegularChannelConfig(ADC1, ADC_Channel_8 , 5, ADC_SampleTime_55Cycles5 );
  ADC_RegularChannelConfig(ADC1, ADC_Channel_9 , 6, ADC_SampleTime_55Cycles5 );
  ADC_RegularChannelConfig(ADC1, ADC_Channel_16, 7, ADC_SampleTime_55Cycles5 );
  ADC_RegularChannelConfig(ADC1, ADC_Channel_17, 8, ADC_SampleTime_55Cycles5 );

   /* 使能温度测量和电压测量通道*/
    ADC_TempSensorVrefintCmd(ENABLE);
   /* 使能 ADC1 */
    ADC_Cmd(ADC1, ENABLE);
//// 配置 DMA
        /* 使能 DMA1 clock */
    RCC_AHBPeriphClockCmd(RCC_AHBPeriph_DMA1, ENABLE);
    /* DMA channel1 配置 ---------------------------------------------*/
    DMA_DeInit(DMA1_Channel1);
    DMA_InitStructure.DMA_PeripheralBaseAddr=ADC1_DR_Address;// 外设地址
    DMA_InitStructure.DMA_MemoryBaseAddr=(u32)&ADC_Raw_Value;//内存地址
DMA_InitStructure.DMA_DIR=DMA_DIR_PeripheralSRC;
 // DMA 传输方向单向
DMA_InitStructure.DMA_BufferSize=8*ADC_Converted_len;
// 设置 DMA 在传输时缓冲区的长度 word
```

```
DMA_InitStructure.DMA_PeripheralInc=DMA_PeripheralInc_Disable;
//设置DMA的外设递增模式，一个外设
DMA_InitStructure.DMA_MemoryInc=DMA_MemoryInc_Enable;
 // 设置DMA的内存递增模式
DMA_InitStructure.DMA_PeripheralDataSize=DMA_PeripheralDataSize_HalfWord;
 // 外设数据字长
DMA_InitStructure.DMA_MemoryDataSize=DMA_MemoryDataSize_HalfWord;
 // 内存数据字长
DMA_InitStructure.DMA_Mode=DMA_Mode_Circular;
 // 设置DMA的传输模式：连续不断的循环模式
DMA_InitStructure.DMA_Priority=DMA_Priority_High;
// 设置DMA的优先级别
DMA_InitStructure.DMA_M2M=DMA_M2M_Disable;
// 设置DMA的2个memory中的变量互相访问
    DMA_Init(DMA1_Channel1, &DMA_InitStructure);
     /* 使能 DMA 通道1 */
    DMA_Cmd(DMA1_Channel1, ENABLE);
    /* 使能 ADC1 DMA */
    ADC_DMACmd(ADC1, ENABLE);
    /* 使能 ADC1 复位校准寄存器 */
    ADC_ResetCalibration(ADC1);
    /* 检查ADC复位校准寄存器的结束 */
    while(ADC_GetResetCalibrationStatus(ADC1));
      /* 启动ADC实现 */
    ADC_StartCalibration(ADC1);
    /* 检查校准结束 */
    while(ADC_GetCalibrationStatus(ADC1));
     /*启动 ADC1 Software 转换 */
    ADC_SoftwareStartConvCmd(ADC1, ENABLE);
}
```

第13章 看门狗

STM32F10xxx 内置两个看门狗（把关定时器），提供了更高的安全性、时间的精确性和使用的灵活性。两个看门狗设备(独立看门狗和窗口看门狗)可用来检测和解决由软件错误引起的故障；当计数器达到给定的超时值时，触发一个中断[仅适用于窗口看门狗(WWDG)]或产生系统复位。

独立看门狗(IWDG)由专用的低速时钟(LSI)驱动，即使主时钟发生故障它也仍然有效。窗口看门狗由从 APB1 时钟分频后得到的时钟驱动，通过可配置的时间窗口来检测应用程序非正常的过迟或过早的操作。IWDG 最适合应用于那些需要看门狗作为一个在主程序之外，能够完全独立工作，并且对时间精度要求较低的场合。WWDG 最适合那些要求看门狗在精确计时窗口起作用的应用程序。

13.1 独立看门狗

13.1.1 独立看门狗特性

独立看门狗的特性如下：

（1）时钟完全独立，由内部 RC 振荡器(LSI)提供，因此即使主时钟发生故障无法运行，独立看门狗依然能够正常运转。

（2）独立看门狗计数器自动递减。

（3）看门狗被激活后，如果在计数器减为 0 之前仍然没有手动重新加载计数值，看门狗便产生复位。

（4）如果用户在选择字节中启用了“硬件看门狗”功能，在系统上电复位后，看门狗会自动开始运行；在计数器计数结束前，若软件没有向键寄存器写入相应的值，则系统会产生复位。此功能需要编译器或者其他第三方工具的支持才可以用。

（5）软件启动看门狗需要往 IWDG_KR 寄存器写入 0XCCCC。

13.1.2 寄存器访问时序

IWDG_PR 和 IWDG_RLR 寄存器不同于其他寄存器，这两个寄存器具有写保护，在修改这两个寄存器之前，必须先向 IWDG_KR 寄存器写入 0x5555，其他值将会打乱操作顺序，寄存器将重新被保护。在正确写入 0x5555 后，再往寄存器 IWDG_RLR 写入 0XAAAA 即可实现计数器值的重装载，否则在计数器为 0 时将会产生复位。

13.1.3 预分频和重装值

寄存器 IWDG_PR 的低 3 位控制了独立看门狗的时钟分频系数，IWDG_RLR 的低 12 位控制了看门狗的计数值，这两个寄存器最终决定了看门狗的超时时间。

由于内部 RC 振荡器(LSI)的精度误差很大，LSI 的振荡频率为 30~60 kHz 之间，因此实际的超时时间和预设的存在一定差异。通过对 LSI 进行校准可获得相对精确的看门狗超时时间。

这里以 LSI 为 40kHz 为例进行说明，如表 13.1 所示。

表 13.1 LSI 校准时间

预分频系数	PR[2:0]位	最短时间(ms) RL[11:0] = 0x000	最长时间(ms) RL[11:0] = 0xFFF
4	0	0.1	409.6
8	1	0.2	819.2
16	2	0.4	1638.4
32	3	0.8	3276.8
64	4	1.6	6553.6
128	5	3.2	13107.2
256	6/7	6.4	26214.4

13.2 IWDG 寄存器

IWDG 的寄存器如下：

（1）键寄存器 IWDG_KR 偏移地址：0x00；复位值：0x0000 0000。各位的使用情况及相关说明如表 13.2 所示。

表 13.2 IWDG_KR 各位的使用情况及相关说明

31	30	29	28	27	26	25	24	23	22	21	20	19	18	17	16
保留															
15	14	13	12	11	10	9	8	7	6	5	4	3	2	1	0
KEY[15:0]															
W	W	W	W	W	W	W	W	W	W	W	W	W	W	W	W

位	说明
位 31:16	保留，始终读为 0
位 15:0	KEY[15:0]: 键值(只写寄存器，读出值为 0x0000)。 软件必须以一定的间隔写入 0xAAAA，否则，当计数器为 0 时，看门狗会产生复位。 写入 0x5555 表示允许访问 IWDG_PR 和 IWDG_RLR 寄存器。 写入 0xCCCC，启动看门狗工作。(若选择了硬件看门狗则不受此命令字限制)

（2）预分频寄存器 IWDG_PR 偏移地址：0x04；复位值：0x0000 0000。各位的使用情况及相关说明如表 13.3 所示。

表 13.3 IWDG_PR 各位的使用情况及相关说明

31	30	29	28	27	26	25	24	23	22	21	20	19	18	17	16
保留															
15	14	13	12	11	10	9	8	7	6	5	4	3	2	1	0
													PR[2:0]		
													RW	RW	RW

续表

位 31:3	保留，始终读为 0
位 2:0	PR[2:0]: 预分频因子。 这些位具有写保护设置，参看 12.1.2；通过设置这些位来选择计数器时钟的预分频因子。 要改变预分频因子，IWDG_SR 寄存器的 PVU 位必须为 0。 000: 预分频因子=4；100: 预分频因子=64；001: 预分频因子=8；101: 预分频因子=128；010: 预分频因子=16；110: 预分频因子=256；011: 预分频因子=32；111: 预分频因子=256。 注意：对此寄存器进行读操作，将从 VDD 电压域返回预分频值。如果写操作正在进行，则读回的值可能是无效的。因此，只有当 IWDG_SR 寄存器的 PVU 位为 0 时，读出的值才有效

（3）重装载寄存器 IWDG_RLR 偏移地址：0x08；复位值：0x0000 0FFF。各位的使用情况及相关说明如表 13.4 所示。

表 13.4　IWDG_RLR 各位的使用情况及相关说明

31	30	29	28	27	26	25	24	23	22	21	20	19	18	17	16
保留															
15	14	13	12	11	10	9	8	7	6	5	4	3	2	1	0
				RL[11:0]											
				RW	RW	RW	RW	RW	RW	RW	RW	RW	RW	RW	RW

位 31:12	保留，始终读为 0
位 11:0	RL[11:0]: 看门狗计数器重装载值，这些位具有写保护功能。 用于定义看门狗计数器的重装载值，每当向 IWDG_KR 寄存器写入 0xAAAA 时，重装载值会被传送到计数器中。随后计数器从这个值开始递减计数。 看门狗超时周期可通过此重装载值和时钟预分频值来计算。 只有当 IWDG_SR 寄存器中的 RVU 位为 0 时，才能对此寄存器进行修改。 注：对此寄存器进行读操作，将从 VDD 电压域返回预分频值。如果写操作正在进行，则读回的值可能是无效的。因此，只有当 IWDG_SR 寄存器的 RVU 位为 0 时，读出的值才有效

（4）状态寄存器 IWDG_SR 偏移地址：0x0C；复位值：0x0000 0000。各位的使用情况及相关说明如表 13.5 所示。

表 13.5　IWDG_SR 各位的使用情况及相关说明

31	30	29	28	27	26	25	24	23	22	21	20	19	18	17	16
保留															
15	14	13	12	11	10	9	8	7	6	5	4	3	2	1	0
保留														RVU	PVU
														R	R

位 31:11	保留
位 1	RVU: 看门狗计数器重装载值更新。 此位由硬件置 1 用来指示重装载值的更新正在进行中。更新完毕后，此位由硬件清 0(最多需 5 个 40 kHz 的 RC 周期)。重装载值只有在 RVU 位被清 0 后才可更新
位 0	PVU: 看门狗预分频值更新。 此位由硬件置 1 用来指示预分频值的更新正在进行中。更新完毕后，此位由硬件清 0(最多需 5 个 40 kHz 的 RC 周期)。预分频值只有在 PVU 位被清 0 后才可更新

13.3 窗口看门狗

13.3.1 窗口看门狗特性

时钟由 PCLK1 提供；时钟精度比较高，通常被用来做监测；由一个可编程的自由递减计数器负责计数；如果启动 WWDG，当递减计数器值为 0x40 时，如果允许中断，将会产生早期唤醒中断 EWI，可以用于重载计数器以避免被复位；当递减计数器小于 0x40 时，将会产生复位；如果在递减计数器的值还未达到窗口值时又被软件重新载入，也会产生复位。也就是说，计数值的重新载入不能太早，也不能太晚，必须在设定的时间窗口内进行。

13.3.2 配置窗口看门狗

应用程序在正常运行过程中必须定期地写入 WWDG_CR 寄存器以防止 MCU 发生复位。只有当计数器值小于窗口寄存器的值时，才能进行写操作。存储在 WWDG_CR 寄存器中的数值必须在 0xFF 和 0xC0 之间。

1. 启动看门狗

在系统复位后，看门狗总是处于关闭状态，设置 WWDG_CR 寄存器的 WDGA 位能够开启看门狗，随后它不能再被关闭，除非发生复位。

2. 控制递减计数器

递减计数器处于自由运行状态，即使看门狗被禁止，递减计数器仍继续递减计数。当看门狗被启用时，T6 位必须被设置，以防止立即产生一个复位，因此写入的最小值为 0xC0。T[5:0]位包含了看门狗产生复位之前的计时数目；复位前的延时时间在一个最小值和一个最大值之间变化，这是因为写入 WWDG_CR 寄存器时，预分频值是未知的。

配置寄存器(WWDG_CFR) 中包含窗口的上限值：要避免产生复位，递减计数器必须在其值小于窗口寄存器的数值并且大于 0x3F 时被重新装载，0 描述了窗口寄存器的工作过程。另一个重装载计数器的方法是利用早期唤醒中断(EWI)。设置 WWDG_CFR 寄存器中的 WEI 位开启该中断。当递减计数器到达 0x40 时，则产生此中断，相应的中断服务程序(ISR)可以用来加载计数器以防止 WWDG 复位。在 WWDG_SR 寄存器中写 0 可以清除该中断。

超时的计算公式如下：

$$TWWDG=TPCLK1 \times 4096 \times 2^{WDGTB} \times (T[5:0] + 1)$$

式中：TPCLK1：APB1 以 ms 为单位的时钟间隔。

在 PCLK1 = 36 MHz 时的最小、最大超时值如表 13.6 所示。

表 13.6 WDGTB 的最小、最大超时值

WDGTB	最小超时值/μs	最大超时值/ms
0	113	7.28
1	227	14.56
2	455	29.12
3	910	58.25

13.4　WWDG 寄存器

WWDG 寄存器介绍如下：

（1）控制寄存器 WWDG_CR 偏移地址：0x00；复位值：0x7F。各位使用情况及相关说明如表 13.7 所示。

表 13.7　WWDG_CR 各位使用情况及相关说明

31	30	29	28	27	26	25	24	23	22	21	20	19	18	17	16
保留															
15	14	13	12	11	10	9	8	7	6	5	4	3	2	1	0
保留								WDGA	T6	T5	T4	T3	T2	T1	T0
								RS	RW	RW	RW	RW	RW	RW	RW

位	说明
位 31:8	保留
位 7	WDGA：激活位。 此位由软件置 1，但仅能由硬件在复位后清 0。当 WDGA=1 时，看门狗可以产生复位。 0：禁止看门狗；1：启用看门狗
位 6:0	T[6:0]: 7 位计数器。 这些位用来存储看门狗的计数器值。每(4096×2^{WDGTB})个 PCLK1 周期减 1。当计数器值从 40 H 变为 3FH 时(T6 变成 0)，产生看门狗复位

（2）配置寄存器 WWDG_CFR 偏移地址：0x04；复位值：0x7F。各位使用情况及相关说明如表 13.8 所示。

表 13.8　WWDG_CFR 各位使用情况及相关说明

31	30	29	28	27	26	25	24	23	22	21	20	19	18	17	16
保留															
15	14	13	12	11	10	9	8	7	6	5	4	3	2	1	0
保留						EWI	WDG TB1	WDG TB0	W6	W5	W4	W3	W2	W1	W0
						RS	RW	RW	RW	RW	RW	RW	RW	RW	RW

位	说明
位 31:10	保留
位 9	EWI：提前唤醒中断。 此位若置 1，则当计数器值达到 40H，即产生中断。 此中断只能由硬件在复位后清除
位 8:7	WDGTB[1:0]: 时基 预分频器的时基可以设置如下： 00: CK 计时器时钟(PCLK1 除以 4096)除以 1；01: CK 计时器时钟(PCLK1 除以 4096)除以 2；10: CK 计时器时钟(PCLK1 除以 4096)除以 4；11: CK 计时器时钟(PCLK1 除以 4096)除以 8
位 6:0	W[6:0]: 7 位窗口值。 这些位包含了用来与递减计数器进行比较用的窗口值

（3）状态寄存器 WWDG_SR 偏移地址：0x08；复位值：0x00。各位使用情况及相关说明如表 13.9 所示。

表 13.9 WWDG_SR 各位使用情况及相关说明

31	30	29	28	27	26	25	24	23	22	21	20	19	18	17	16
保留															
15	14	13	12	11	10	9	8	7	6	5	4	3	2	1	0
															EWIF
															rc w0

位 31:1	保留
位 0	EWIF：提前唤醒中断标志。 当计数器值达到 40H 时，此位由硬件置 1。它必须通过软件写 0 来清除，对此位写 1 无效。若中断未被使能，此位也会被置 1

13.5 WWDG 库函数

13.5.1 WWDG 寄存器结构

WWDG_TypeDeff 在文件 sm32f10x_map.h 中定义如下：

```
typedef struct
{
  vu32 CR;
  vu32 CFR;
  vu32 SR;
}WWDG_TypeDef;
```

列举了 WWDG 所有寄存器，如表 13.10 所示。

表 13.10 WWDG 寄存器

寄 存 器	描 述
CR	WWDG 控制寄存器
CFR	WWDG 设置寄存器
SR	WWDG 状态寄存器

13.5.2 WWDG 库函数

1. 函数 void WWDG_DeInit(void)

功能描述：将外设 WWDG 寄存器重设为默认值。例如：

```
WWDG_DeInit();
```

2. 函数 void WWDG_SetPrescaler(u32 WWDG_Prescaler)

功能描述：设置 WWDG 预分频值。

输入参数：WWDG_Prescaler：指定 WWDG 预分频，该参数设 WWDG 预分频值如表 13.11 所示。

表 13.11 WWDG 预分频值

WWDG_Prescaler	描述/CFR.WDGTB[1:0]	#defined 值	位 8-7
WWDG_Prescaler_1	WWDG 计数器时钟为（PCLK1/4096）/1	0x00000000	0b00
WWDG_Prescaler_2	WWDG 计数器时钟为（PCLK1/4096）/2	0x00000080	0b01
WWDG_Prescaler_4	WWDG 计数器时钟为（PCLK1/4096）/4	0x00000100	0b10
WWDG_Prescaler_8	WWDG 计数器时钟为（PCLK1/4096）/8	0x00000180	0b11

例如：

```
WWDG_SetPrescaler(WWDG_Prescaler_8);
```

3. 函数 void WWDG_SetWindowValue(u8 WindowValue)

功能描述：设置 WWDG 窗口值。

输入参数：WindowValue：指定的窗口值。取值在 0x40～0x7F 之间(可用于 0～64 分频)。例如：

```
WWDG_SetWindowValue(0x50);
```

4. 函数 WWDG_EnableIT()

函数原形：void WWDG_EnableIT(void)。

功能描述：使能 WWDG 早期唤醒中断（EWI）。例如：

```
WWDG_EnableIT();
```

5. 函数 void WWDG_SetCounter(u8 Counter)

功能描述：设置 WWDG 计数器值。

输入参数Counter：指定看门狗计数器值，参数取值在 0x40～0x7F 之间。例如：

```
WWDG_SetCounter(0x70);
```

6. 函数 Void WWDG_Enable(u8 Counter)

功能描述：使能 WWDG 并装入计数器值。

输入参数Counter：指定看门狗计数器值，参数取值在 0x40～0x7F 之间。

WWDG 一旦被使能就不能被失能。例如：

```
WWDG_Enable(0x7F);
```

7. 函数 FlagStatus WWDG_GetFlagStatus(void)

功能描述：检查 WWDG 早期唤醒中断标志位被设置与否。

返回值：早期唤醒中断标志位的新状态（SET 或 RESET）。例如：

```
FlagStatus Status;
Status=WWDG_GetFlagStatus();
if(Status==RESET) { ... }
else { ... }
```

8. 函数 void WWDG_ClearFlag(void)

功能描述：清除早期唤醒中断标志位。例如：

```
WWDG_ClearFlag();
```

13.6 看门狗应用示例

本节例程使用了 ST 公司官方提供的固件库实现独立看门狗超时复位。本例程设置独立看门狗超时复位时间为 3.2 s 左右，如果超过复位超时时间没有“喂狗”操作，独立看门狗将会产生复位中断；可以在系统启动时检测 RCC 控制状态位的看门狗复位标记位来检测系统是否是被看门狗复位；并通过超级终端将执行过程打印出来。main.c 部分代码如下：

```
#include "stm32f10x.h"
```

```
#include "string.h"
```

本示例基于STMF103RB系列芯片， USART:PA9(USART1_TX)、PA10(USART1_RX)IWDG超时复位时间为3.2 s左右。

```
#define TEXT_SYSINIT "系统正常启动完毕...\r\n"
#define TEXT_SYSINITBYIWDG "检测到系统是被看门狗给复位了...\r\n"
#define TEXT_RELOAD "喂狗完毕...\r\n"
#define TEXT_NRELOAD "不再喂狗了...\r\n"

void USART_Config(void);             //声明函数
void USAST_IT_Config(void);          //声明函数
void delay(unsigned int count);      //声明函数
```

函数USART_Config()的作用是串口属性设置：波特率为115 200 Bd，数据长度为8位，无奇偶校验，1个停止位，无硬件流控制，开启接收中断。

```
void USART_Config(void)
{
    GPIO_InitTypeDef GPIO_InitStructure;
    USART_InitTypeDef USART_InitStructure;
    /* 开启USART1和PA口时钟 */
    RCC_APB2PeriphClockCmd(RCC_APB2Periph_USART1|RCC_APB2Periph_GPIOA,
        ENABLE);
    /* 配置USART_RX脚浮空输入，USART_TX脚复用推挽输出 */
    GPIO_InitStructure.GPIO_Pin=GPIO_Pin_9;
    GPIO_InitStructure.GPIO_Mode=GPIO_Mode_AF_PP;
    GPIO_InitStructure.GPIO_Speed=GPIO_Speed_50MHz;
    GPIO_Init(GPIOA, &GPIO_InitStructure);
    GPIO_InitStructure.GPIO_Pin=GPIO_Pin_10;
    GPIO_InitStructure.GPIO_Mode=GPIO_Mode_IN_FLOATING;
    GPIO_Init(GPIOA, &GPIO_InitStructure);

    /* USART模式设置，115200-8-N-1 */
    USART_InitStructure.USART_BaudRate=115200;
    USART_InitStructure.USART_WordLength=USART_WordLength_8b;
    USART_InitStructure.USART_StopBits=USART_StopBits_1;
    USART_InitStructure.USART_Parity=USART_Parity_No ;
    USART_InitStructure.USART_HardwareFlowControl=USART_HardwareFlow
    Control_None;
    USART_InitStructure.USART_Mode=USART_Mode_Rx|USART_Mode_Tx;
    USART_Init(USART1, &USART_InitStructure);

        /*禁止接收非空中断*/
        USART_ITConfig(USART1, USART_IT_RXNE, DISABLE);

        /*启动USART1*/
    USART_Cmd(USART1, ENABLE);
}
```

函数名为USART_IT_Config，作用为串口中断属性设置。

```
void USART_IT_Config(void)
```

```
{
    NVIC_InitTypeDef NVIC_InitStructure;
    /* 中断优先级分组，0 位抢占优先级，4 位子优先级 */
    NVIC_PriorityGroupConfig(NVIC_PriorityGroup_0);

    /* 使能 USART1 中断 */
    NVIC_InitStructure.NVIC_IRQChannel=USART1_IRQn;
    NVIC_InitStructure.NVIC_IRQChannelPreemptionPriority=1;
    NVIC_InitStructure.NVIC_IRQChannelSubPriority=0;
    NVIC_InitStructure.NVIC_IRQChannelCmd=ENABLE;
    NVIC_Init(&NVIC_InitStructure);
}
```

函数名为 delay()，作用为简单延时，输入参数 count 为延时参数，无输出参数。

```
void delay(unsigned int count)
{
    while(--count);
}
```

函数 USART_SendText()的作用是发送文本，输入参数为文本指针，无输出。

```
void USART_SendText(const char* p)
{
  while(*p!=0)
  {
    USART_SendData(USART1,(unsigned short)*p);
    while( USART_GetFlagStatus(USART1,USART_FLAG_TXE)==RESET);
    //等待发送区为空
    p++;
  }
}

void IWDG_Init(void)
{
  RCC_LSICmd(ENABLE);  //开启 LSI 时钟，为看门狗提供时钟

  IWDG_WriteAccessCmd(0x5555);
  //操作下面寄存器前必须先写入这个钥匙，以避免出现误操作

  IWDG_SetPrescaler(IWDG_Prescaler_64);
  //粗略以 LSI 为 40KHz 来计算，1.6ms 减 1

  IWDG_SetReload(2000);
  //约 3.2s，由于 LSI 误差较大实际在 40K~60KHz 之间，
  //实际肯定大于 3.2s 一个周期，最大为 0x0fff，即 4095
  IWDG_Enable();
}

int main(void)
{
  int idx=0;
```

```
    SystemInit();
    //系统时钟初始化，默认使用外部晶振倍频到 72 MHz 作为系统时钟，
    //HCLK 不分频，直接使用 PLL 输出时钟信号作为系统时钟
    //APB1 时钟 2 分频,36 MHz;
    //APB2 时钟 1 分频 72 MHz;
    delay(1000000);
    USART_Config();
    USART_IT_Config();
    IWDG_Init();
    if(RCC_GetFlagStatus(RCC_FLAG_IWDGRST)==SET)
    {
      RCC_ClearFlag();
      USART_SendText(TEXT_SYSINITBYIWDG);
    }else
    {
      USART_SendText(TEXT_SYSINIT);
    }
    while(1)
    {
      if(idx<5)
      {
        idx++;
        IWDG_ReloadCounter();     //喂狗
        USART_SendText(TEXT_RELOAD);
        if(idx==5)
        {
          USART_SendText(TEXT_NRELOAD);
        }
      }
      delay(10000000);
    }
}
```

程序执行过程如图 13.1 所示。

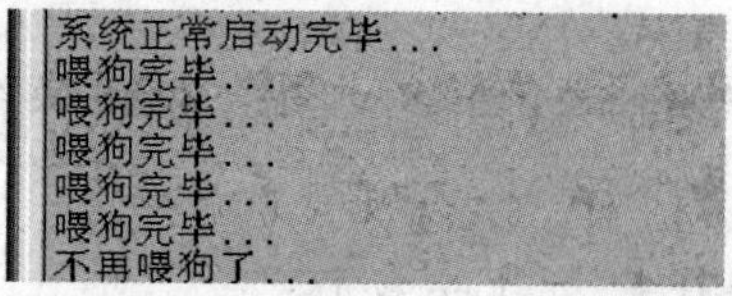

```
系统正常启动完毕...
喂狗完毕...
喂狗完毕...
喂狗完毕...
喂狗完毕...
喂狗完毕...
不再喂狗了...
```

图 13.1　STM32 IWDG 测试

第 14 章 综合实例——基于 STM32 的智能家居系统

本实例是基于 STM32 的智能家居系统，通过 ENC28J60 以太网模块连接到互联网，从而实现远程家居功能。系统能够检测光强、声音、温度，并可以通过 nRF24L01 控制其他设备。

14.1 以太网数据帧结构

符合 IEEE 802.3 标准的以太网帧的长度介于 64～1 516 B 之间，主要由目标 MAC 地址、源 MAC 地址、类型/长度字段、数据有效负载、可选填充字段和循环冗余校验组成，另外在通过以太网介质发送数据包时，一个 7 B 的前导字段和 1 B 的帧起始定界符被附加到以太网数据帧的开头。以太网数据帧的结构如图 14.1 所示。

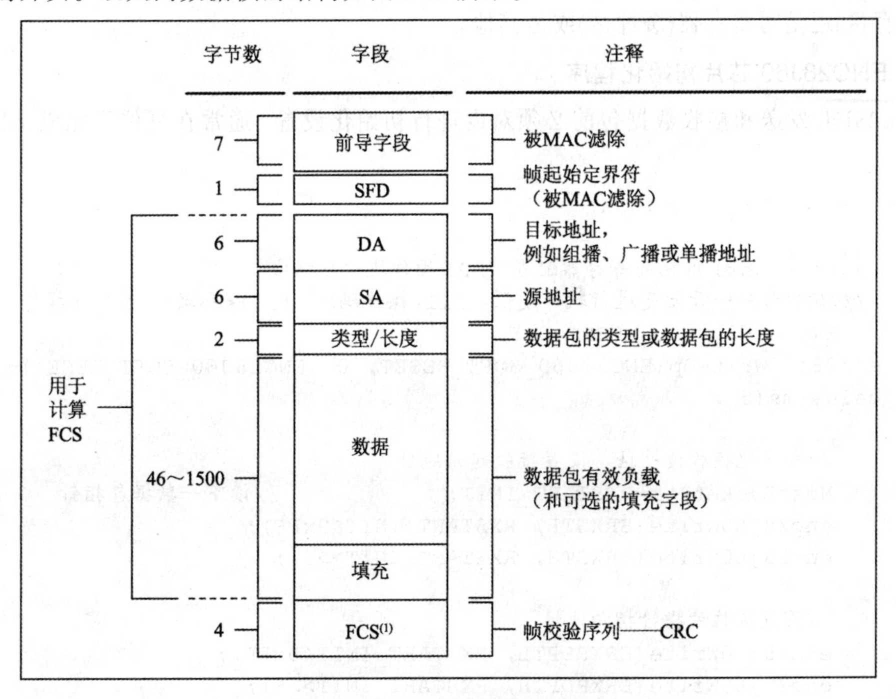

图 14.1 以太网数据帧结构图

注：（1）发送 FCS 时，首先发送 bit 31 最后发送 bit 0。

ENC28J60 在发送或接收数据包时由以下几点值得关注：

（1）ENC28J60 具有一个接收过滤器可以丢弃或接收具有组播、广播或单播目标地址的数据包。

（2）在数据字段处：以太网数据字段的长度可以在 0～1 500 B 之间变换，超过这一范围的数据包是违反以太网标准的，这些包将会被大多数以太网结点丢弃。若设置 ENC28J60 的巨大帧使能位为 1，可以发送和接收超大规格数据包。

在数据域中的填充字段是在数据字段小于 46 B 时起填充作用。ENC28J60 在发送数据包时，会自动填充 0。ENC28J60 在接收时自动拒绝小于 18 B 的数据包。数据填充亦可由主控芯片来配置。

（3）在 CRC 处，ENC28J60 在接收数据包时将检查每个传入数据包的 CRC，通过检测 ERXFCON.CRCEN 位来判断输入数据包的 CRC 是否正确。ENC28J60 在发送数据包时，将自动生成一个有效的 CRC 并发送它。发送数据包的 CRC 亦可由主控芯片来提供。

14.2 驱动程序介绍

1. ENC28J60 的寄存器读写规则

由于 ENC28J60 芯片采用的是 SPI 串行接口模式，其对内部寄存器读写的规则是先发操作码<前 3bit>+寄存器地址<后 5bit>，再发送欲操作数据。通过不同操作码来判别操作时读寄存器(缓存区)还是写寄存器(缓冲区)或是其他。

2. ENC28J60 芯片初始化程序

ENC28J60 发送和接收数据包前必须对内进行初始化设置，通常在复位后完成，不需再更改。

```
void enc28j60_init(void)
{
   //*****Bank1 区相关寄存器配置、SPI 操作块、数据块
   //初始化程序一开始先进行软件复位，111<操作码>+11111<参数>，N/A（操作的数据）
   // ENC28J60_SOFT_RESET=0xFF
   enc28j60WriteOp(ENC28J60_SOFT_RESET, 0, ENC28J60_SOFT_RESET);
   delay_ms(5);

      //初始化接收缓冲区，设置接收起始地址
      NextPacketPtr=RXSTART_INIT;                //读下一数据包指针
      enc28j60Write(ERXSTL, RXSTART_INIT&0xFF);
      enc28j60Write(ERXSTH, RXSTART_INIT>>8);

      //设置接收读指针指向地址
      enc28j60Write(ERXRDPTL, RXSTART_INIT&0xFF);
      enc28j60Write(ERXRDPTH, RXSTART_INIT>>8);

      //设置接收缓冲区的末尾地址
      // ERXND 寄存器默认指向整个缓冲区的最后一个单元
      enc28j60Write(ERXNDL, RXSTOP_INIT&0xFF);
      enc28j60Write(ERXNDH, RXSTOP_INIT>>8);
```

```
    //设置发送缓冲区的起始地址
//ETXST 寄存器默认地址是整个缓冲区的第一个单元
    enc28j60Write(ETXSTL, TXSTART_INIT&0xFF);
    enc28j60Write(ETXSTH, TXSTART_INIT>>8);

    //*****Bank2 区相关寄存器配置
//MAC 初始化配置
//MAC 接收使能，下行程序段表示使能 MAC 接收，使能 IEEE 流量控制
enc28j60Write(MACON1, MACON1_MARXEN|MACON1_TXPAUS|MACON1_RXPAUS);
    //MACON2 清零，让 MAC 退出复位状态
enc28j60Write(MACON2, 0x00);
    //下行程序段表示使能自动填充和自动 CRC 添加
enc28j60WriteOp(ENC28J60_BIT_FIELD_SET,MACON3,
MACON3_PADCFG0|MACON3_TXCRCEN|MACON3_FRMLNEN);
//enc28j60Write(MACON3, MACON3_PADCFG0|MACON3_TXCRCEN|MACON3_FRMLNEN);
//配置非背对背包之间的间隔
    enc28j60Write(MAIPGL, 0x12);
    enc28j60Write(MAIPGH, 0x0C);
    //配置背对背包之间的间隔
enc28j60Write(MABBIPG, 0x12);
    //设置允许接收或发送的最大帧长度编程
    enc28j60Write(MAMXFLL, MAX_FRAMELEN&0xFF);
    enc28j60Write(MAMXFLH, MAX_FRAMELEN>>8);

    //*****Bank3 区相关寄存器配置
// 将 MAC 地址写入 MAADR0-MAADR5 寄存器中
// NOTE: MAC address in ENC28J60 is byte-backward
enc28j60Write(MAADR5, UIP_ETHADDR0);
enc28j60Write(MAADR4, UIP_ETHADDR1);
enc28j60Write(MAADR3, UIP_ETHADDR2);
enc28j60Write(MAADR2, UIP_ETHADDR3);
enc28j60Write(MAADR1, UIP_ETHADDR4);
enc28j60Write(MAADR0, UIP_ETHADDR5);
    //阻止发送回路的自动环回
enc28j60PhyWrite(PHCON2, PHCON2_HDLDIS);

    //*****Bank0 区相关寄存器配置
enc28j60SetBank(ECON1);//设置寄存器区
    //中断使能
enc28j60WriteOp(ENC28J60_BIT_FIELD_SET, EIE, EIE_INTIE|EIE_PKTIE);
    //包接收使能
enc28j60WriteOp(ENC28J60_BIT_FIELD_SET, ECON1, ECON1_RXEN);
}
```

说明：

enc28j60Write()函数内部包含了 SetBank<设置寄存器区>子程序，而 enc28j60WriteOp 直接根据 SPI 操作码<前 3bit>+寄存器地址<后 5bit>进行操作的。

3．ENC28J60 发送数据包程序

ENC28J60 内的 MAC 在发送数据包时会自动生成前导符合帧起始定界符。此外，也会根据用户配置以及数据具体情况自动生成数据填充和 CRC 字段。主控器必须把所有其他要发送

的帧数据写入ENC28J60缓冲存储器中。另外，在待发送数据包前要添加一个包控制字节。包控制字节包括内容有：包超大帧使能位(PHUGEEN)、包填充使能位(PPADEN)、包CRC使能位(PCRCEN)和包改写位(POVERRIDE)四项内容。发送数据包结构如图14.2所示。

```
void enc28j60PacketSend(u16_t len, u8_t* packet)
{
    //配置发送缓冲区写指针起始地址
    enc28j60Write(EWRPTL, TXSTART_INIT);
    enc28j60Write(EWRPTH, TXSTART_INIT>>8);
    // 根据给定数据域的大小配置发送缓冲区的末尾地址
    enc28j60Write(ETXNDL, (TXSTART_INIT+len));
    enc28j60Write(ETXNDH, (TXSTART_INIT+len)>>8);
    //给每个数据包的包控制字节预留一个单元
    enc28j60WriteOp(ENC28J60_WRITE_BUF_MEM, 0, 0x00);
    // TO DO, fix this up
    if( uip_len <= TOTAL_HEADER_LENGTH )
    {
        //将数据包复制到缓冲区中
     enc28j60WriteBuffer(len, packet);
    }
    else
    {   len-=TOTAL_HEADER_LENGTH;
        enc28j60WriteBuffer(TOTAL_HEADER_LENGTH, packet);
        enc28j60WriteBuffer(len, (unsigned char *)uip_appdata);
    }

    //将以太网控制寄存器ECON1所有位 置1，以发送缓冲区数据
    enc28j60WriteOp(ENC28J60_BIT_FIELD_SET, ECON1, ECON1_TXRTS);
}
```

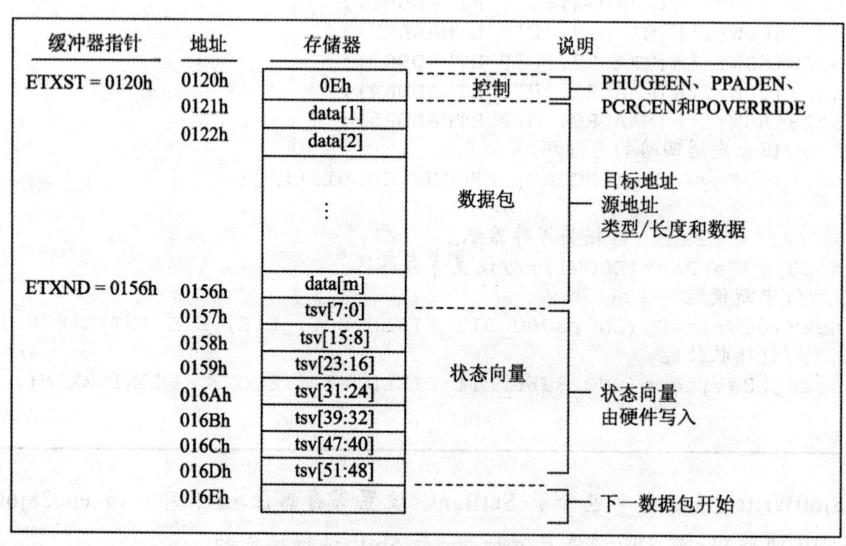

图14.2 发送数据包结构

4. ENC28J60接收数据包程序

```
u16_t enc28j60PacketReceive(u16_t maxlen, u8_t* packet)
{   u16_t rxstat;
```

```
    u16_t len;
    //检测缓冲区是否收到一个数据包
    if( !(enc28j60Read(EIR) & EIR_PKTIF) ) //检测 EIR.PKTIF 是否为 1
    {    // 通过查看 EPKTCNT 寄存器再次检查是否收到包
     if (enc28j60Read(EPKTCNT) == 0)//EPKTCNT 为 0 表示没有包接收/或包已被处理
           return 0;
    }
    // 配置接收缓冲器读指针指向地址
    enc28j60Write(ERDPTL, (NextPacketPtr));
    enc28j60Write(ERDPTH, (NextPacketPtr)>>8);
    //下一个数据包的读指针<详情可查看接收数据包结构图图 3>
    NextPacketPtr=enc28j60ReadOp(ENC28J60_READ_BUF_MEM, 0);
    NextPacketPtr|=enc28j60ReadOp(ENC28J60_READ_BUF_MEM, 0)<<8;
    //读数据包字节长度<详情可查看接收数据包结构图图 3,status[15..0]>
    len=enc28j60ReadOp(ENC28J60_READ_BUF_MEM, 0);
    len |= enc28j60ReadOp(ENC28J60_READ_BUF_MEM, 0)<<8;
    //读接收数据包的状态<status[31..16]>
    rxstat=enc28j60ReadOp(ENC28J60_READ_BUF_MEM, 0);
    rxstat |= enc28j60ReadOp(ENC28J60_READ_BUF_MEM, 0)<<8;
    //计算实际数据长度
    //移除 CRC 字段的长度来减少 MAC 所报告长度
    len=MIN(len, maxlen);
    //从缓冲区中将数据包复制到 packet 中
    enc28j60ReadBuffer(len, packet);
    //ERXRDPT 读缓冲器指针
    //ENC28J60 将一直写到该指针之前的一单元为止
       u16_t rs,re;
       rs=enc28j60Read(ERXSTH);//ERXST 接收缓冲区的起始地址
       rs<<=8;
       rs|=enc28j60Read(ERXSTL);
       re=enc28j60Read(ERXNDH);//ERXND 接收缓冲区的末尾地址
       re<<=8;
       re|=enc28j60Read(ERXNDL);
       if (NextPacketPtr-1 < rs||NextPacketPtr - 1 > re)
       {
          enc28j60Write(ERXRDPTL, (re));      //ERXRDPT 接收读地址
          enc28j60Write(ERXRDPTH, (re)>>8);
       }
       else
       {
          enc28j60Write(ERXRDPTL, (NextPacketPtr-1));
          enc28j60Write(ERXRDPTH, (NextPacketPtr-1)>>8);
       }
    // 数据包个数递减位 EPKTCNT 减 1
    enc28j60WriteOp(ENC28J60_BIT_FIELD_SET, ECON2, ECON2_PKTDEC);
    return len;
}
```

设计了一种以高性能微处理器 Cortex-M3 芯片 STM32F103RBT6 和以太网控制芯片 ENC28J60 为核心的转换系统，实现串口（RS-232）和网口（RJ-45）的数据通过以太网互发，提高了传输数据的抗干扰性，节省了更新换代的成本，达到了远程控制、远程通信的目的。

随着 Internet 快速发展与普及，将一些设备连入网络已经成为越来越多人的共识。利用基于

TCP/IP 的串口数据流传输的实现来控制管理的设备硬件，无须投资大量的人力、物力来进行管理、更换或者升级，而串口服务器是为 RS-232/485/422 到 TCP/IP 之间完成数据转换的通信接口转换器。

接收数据包的结构如图 14.3 所示。

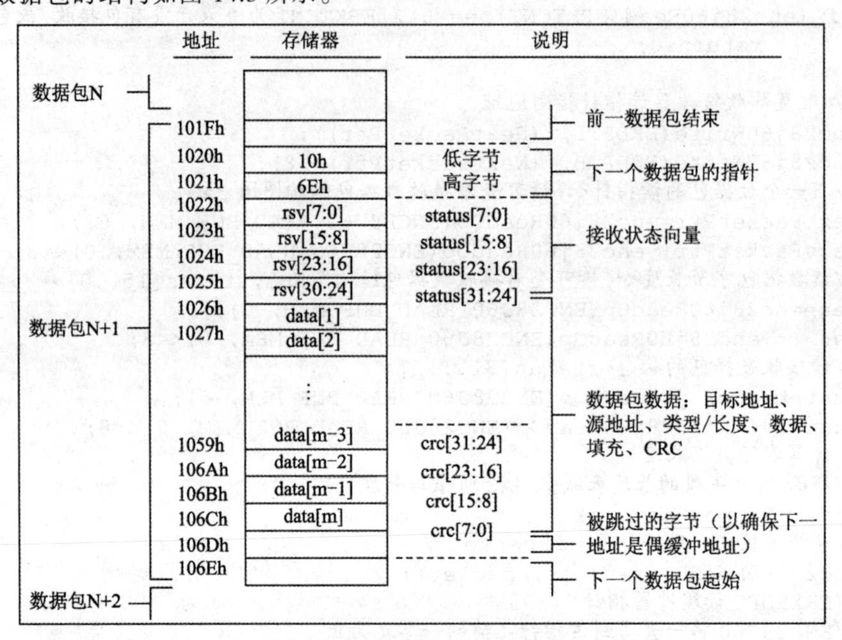

图 14.3 接收数据包的结构

14.3 嵌入式以太网智能家居硬件设计

本系统主要有三大模块组成，分别是由微处理器芯片 STM32F103RBT6 构成的 MCU 模块，由网络控制芯片 ENC28J60 与含 RJ-45 和网络变压器的 HR91105A 构成的网口模块，由串口控制芯片 MAX-232 与 RS232 接口构成的串口模块。设备发送过来的信息通过串口模块之后，送入 MCU 进行处理，然后通过网络模块发送至以太网进行显示。图 14.4 所示为服务器的系统设计框图。

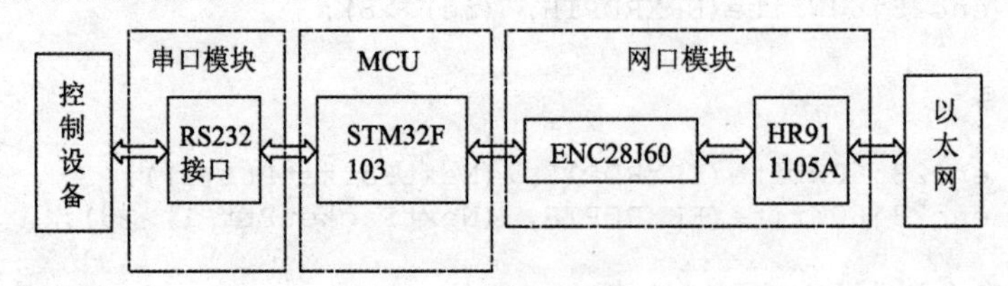

图 14.4 系统设计框图

1. MCU 模块

本系统设计引用了嵌入式应用方面性价比高的 Cortex-M3 STM32F103RBT6，最高工作频率为 72 MHz，工作温度为-40℃～+85℃。其具有提供丰富的外围接口，包括（CAN、I2C、SPI、UART、USB 等）低功耗、门数少、中断延迟小、调试容易，支持 TCP/IP 协议栈中的 IP/ICMP/TCP/UDP/DHCP 等协议，动态获取 IP，支持标准 socket 编程等优点。

MCU 模块电路如图 14.5 所示。

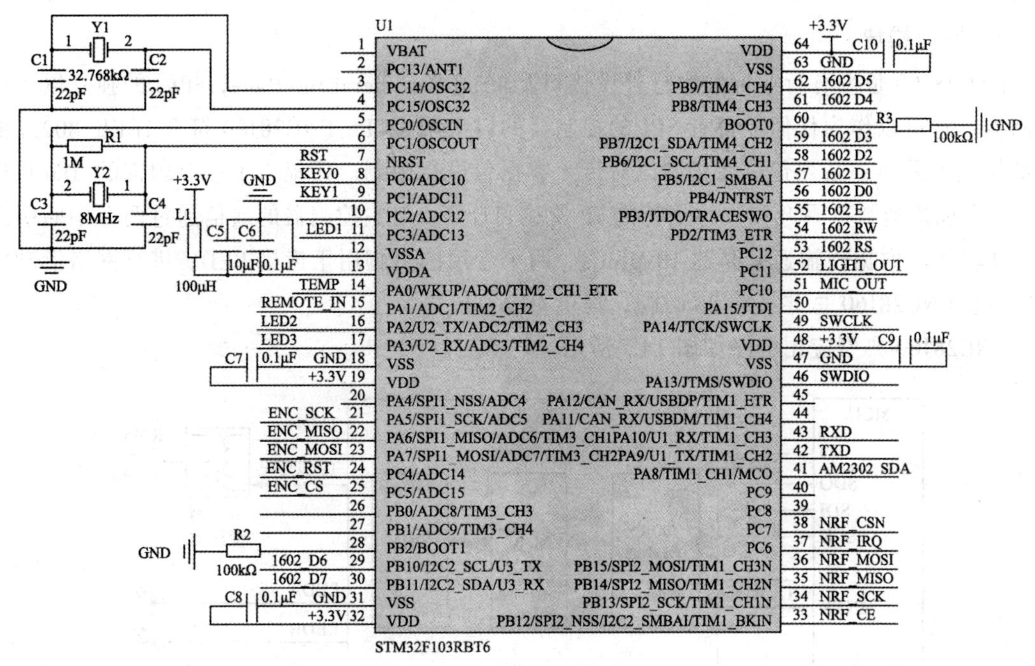

图 14.5　MCU 模块电路

2．串口模块

几乎所有的微控制器、PC 都提供串行接口，使用电子工业协会（EIA）推荐的 RS-232-C 标准。由于 RS-232-C 标准所定义的高、低电平信号与 STM32F103 系统的 LVTTL 电路所定义的高、低电平信号完全不同，所以，两者间要进行通信必须经过信号电平的转换。目前用 USB-232 电平转换芯片 PL2303HX，实现 USB 转串口的功能。

本系统采用 PH2303HX 芯片和 USB 接口设计了一个实现 USB 转串口接口模块。PL2303 单独使用 12 MHz 晶振，这是 USB 必须使用的频率，其采用模块化电路，RXD 接单片机 TXD，TXD 接单片机的 RXD。其连接电路如图 14.6 所示。

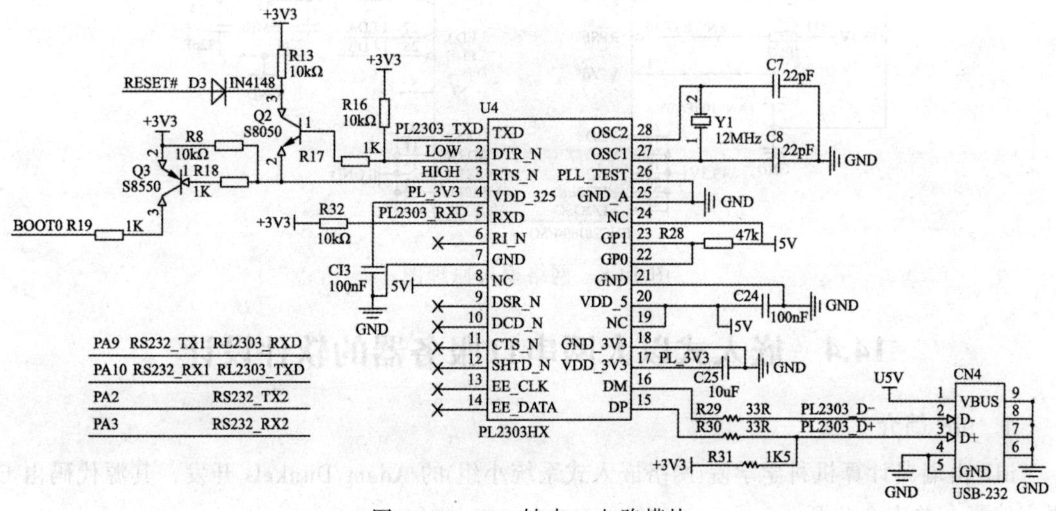

图 14.6　USB 转串口电路模块

3. 网口模块

ENC28J60 是带有行业标准串行外设接口（Serial Peripheral Interface，SPI）的独立以太网控制器。它可以作为任何配备有 SPI 的控制器的以太网接口。ENC28J60 符合 IEEE 802.3 的全部规范，采用一系列包过滤机制以对传入数据包进行限制。还提供了一个内部的 DMA 模块，以实现快速数据吞吐和硬件支持的 IP 校验和计算。与主控制器的通信通过两个中断引脚和 SPI 实现，数据传输速率高达 10 Mbit/s。两个专用的引脚用于连接 LED，进行网络活动状态指示。ENC28J60 总共只有 28 引脚，提供 QFN/TF。

ENC28J60 典型应用电路如图 14.7 所示。

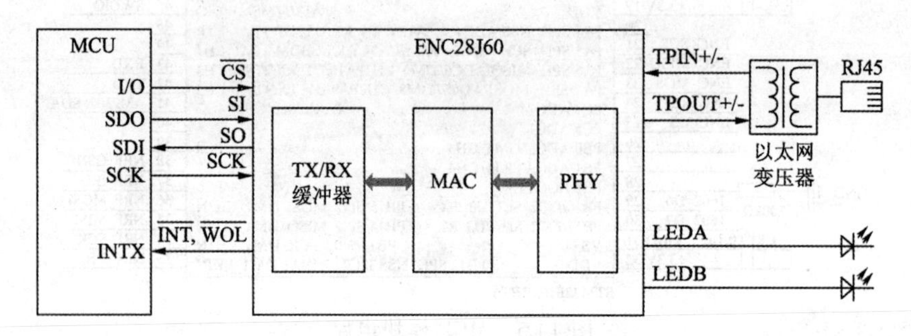

图 14.7 ENC28J60 典型应用电路

以太网串口服务器网络模块采用 ENC28J60 作为主芯片，单芯片即可实现以太网接入，利用该模块，基本上只要是个单片机，就可以实现以太网的连接，网络模块原理图如图 14.8 所示。

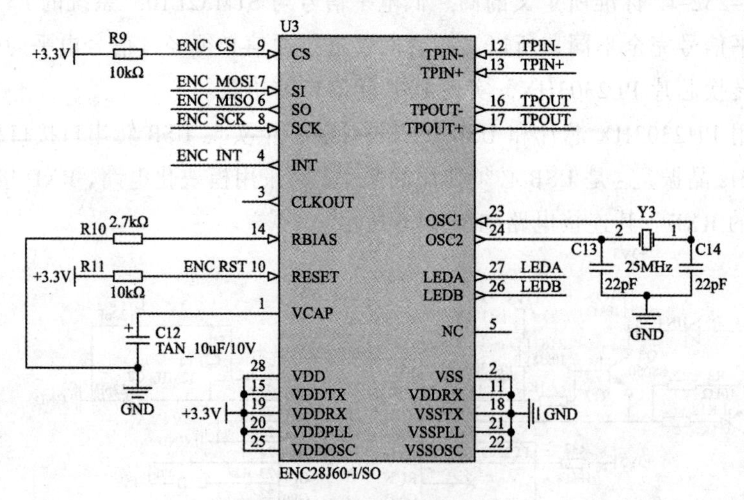

图 14.8 网络模块原理图

14.4 嵌入式以太网串口服务器的软件设计

1. uIP 简介

uIP 由瑞典计算机科学学院(网络嵌入式系统小组)的 Adam Dunkels 开发，其源代码由 C 语言编写，并完全公开。

uIP 协议栈去掉了完整的 TCP/IP 中不常用的功能，简化了通信流程，但保留了网络通信必须使用的协议，设计重点放在了 IP/TCP/ICMP/UDP/ARP 这些网络层和传输层协议上，保证了其代码的通用性和结构的稳定性。

由于 uIP 协议栈专门为嵌入式系统而设计，因此还具有如下优越功能：

① 代码非常少，其协议栈代码不到 6KB，很方便阅读和移植。

② 占用的内存数非常少，RAM 占用仅几百字节。

③ 其硬件处理层、协议栈层和应用层共用一个全局缓存区，不存在数据的拷贝，且发送和接收都是依靠这个缓存区，极大地节省空间和时间。

④ 支持多个主动连接和被动连接并发。

⑤ 其源代码中提供一套实例程序：Web 服务器、Web 客户端、电子邮件发送程序(SMTP 客户端)、Telnet 服务器、DNS 主机名解析程序等。通用性强，移植起来基本不用修改 就 可以通过。

⑥ 对数据的处理采用轮循机制，不需要操作系统的支持。由于 uIP 对资源的需求少和移植容易，大部分的 8 位微控制器都使用过 uIP 协议栈，而且很多的著名的嵌入式产品和项目(如卫星、Cisco 路由器、无线传感器网络)中都在使用 uIP 协议栈。

uIP 相当于一个代码库，通过一系列的函数实现与底层硬件和高层应用程序的通信，对于整个系统来说它内部的协议组是透明的，从而增加了协议的通用性。uIP 协议栈与系统底层和高层应用之间的关系如图 14.9 所示。

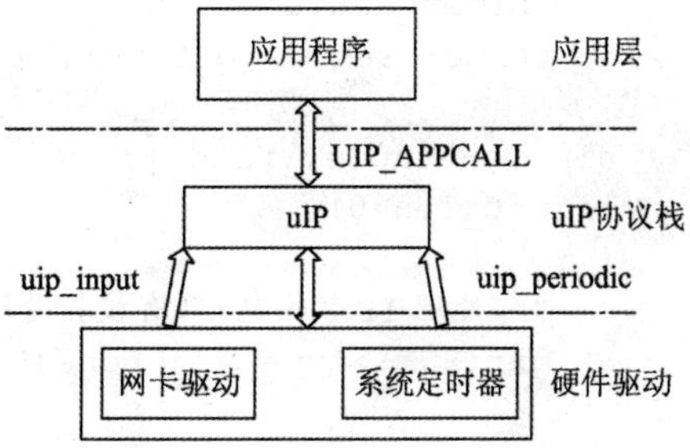

应用程序　应用层
UIP_APPCALL
uIP　uIP协议栈
uip_input　uip_periodic
网卡驱动　系统定时器　硬件驱动

图 14.9　uIP 在系统中的位置

从图 14.9 可以看出，uIP 协议栈主要提供 2 个函数供系统底层调用：uip_input 和 uip_periodic。另外，和应用程序联系主要是通过 UIP_APPCALL()函数。

当网卡驱动收到一个输入包时，将放入全局缓冲区 uip_buf 中，包的大小由全局变量 uip_len 约束。同时将调用 uip_input()函数，这个函数将会根据包首部的协议处理这个包和需要时调用应用程序。当 uip_input()返回时，一个输出包同样放在全局缓冲区 uip_buf 里，大小赋给 uip_len。如果 uip_len 是 0，则说明没有包要发送，否则调用底层系统的发包函数将包发送到网络上。uIP 周期计时是用于驱动所有的 uIP 内部时钟事件。当周期计时激发，每一个 TCP 连接都会调用 uIP 函数 uip_periodic()。类似于 uip_input()函数。uip_periodic()函数返回时，输出的 IP 包要放到 uip_buf 中，供底层系统查询 uip_len 的大小发送。由于使用 TCP/IP 的应用场景很多，因此应用程序作为单独的模块由用户实现。uIP 协议栈提供一系列接口函数供用户程序调用，其中大部分函数是作为 C 的宏命令实现的，主要是为了速度、代码大小、效率和堆栈的使用。用户需要将应用层入口程序作为接口提供给 uIP 协议栈，并将这个函数定义为宏 UIP_APPCALL()。这样，uIP 在接收到底层传来的数据包后，在需要送到上层应用程序处理的地方，调用 UIP_APPCALL( )。在不用修改协议栈的情况下可以适配不同的应用程序。

2. 程序设计

本系统要实现 TCP/IP 通信，还要实现和串口交换数据，因此采用轮询的方式，第一次调用轮询函数的时候创建两个定时器，当收到包的时候(uip_len>0)，先区分是 IP 包还是 ARP 包，针对不同的包做不同的处理，对我们来说，主要是通过 uip_input 处理 IP 包，实现数据处理。当没有收到包的时候（uip_len=0），通过定时器处理各个 TCP/UDP 连接以及 ARP 表处理。

其轮询处理函数为 uip_polling()，uip 事件处理函数，必须将该函数插入用户主循环,循环调用。

```
void uip_polling(void)
{
u8 i;
static struct timer periodic_timer, arp_timer;
static u8 timer_ok=0;
if(timer_ok==0)                //仅初始化一次
{
    timer_ok=1;
    timer_set(&periodic_timer,CLOCK_SECOND/2);  //创建1个0.5s的定时器
    timer_set(&arp_timer,CLOCK_SECOND*10);      //创建1个10s的定时器
}
uip_len=tapdev_read();      //读取一个IP包,数据长度.uip_len在uip.c中定义
if(uip_len>0)               //有数据
{
    //处理IP数据包(只有校验通过的IP包才会被接收)
    if(BUF->type == htons(UIP_ETHTYPE_IP))     //是否是IP包
    {
        uip_arp_ipin();     //去除以太网头结构，更新ARP表
        uip_input();        //IP包处理
        //当上面的函数执行后，如果需要发送数据，则全局变量 uip_len>0
        //需要发送的数据在uip_buf，长度是uip_len （这是2个全局变量)
        if(uip_len>0)       //需要回应数据
        {
            uip_arp_out(); //加以太网头结构，主动连接时可能要构造ARP请求
            tapdev_send(); //发送数据到以太网
        }
    }
    else if (BUF->type==htons(UIP_ETHTYPE_ARP))
                            //处理arp报文,是否是ARP请求包
    {
        uip_arp_arpin();
            //当上面的函数执行后，如果需要发送数据，则全局变量uip_len>0
        //需要发送的数据在uip_buf，长度是uip_len(这是2个全局变量)
            if(uip_len>0)tapdev_send();//需要发送数据,则通过tapdev_send发送
    }
}else if(timer_expired(&periodic_timer))  //0.5s定时器超时
{
    timer_reset(&periodic_timer);          //复位0.5s定时器
```

```
    //轮流处理每个 TCP 连接, UIP_CONNS 缺省是 40 个
    for(i=0;i<UIP_CONNS;i++)
    {
        uip_periodic(i);                    //处理 TCP 通信事件
        //当上面的函数执行后, 如果需要发送数据, 则全局变量 uip_len>0
        //需要发送的数据在 uip_buf, 长度是 uip_len (这是 2 个全局变量)
        if(uip_len>0)
        {
            uip_arp_out(); //加以太网头结构, 主动连接时可能要构造 ARP 请求
            tapdev_send(); //发送数据到以太网
        }
    }
#if UIP_UDP//UIP_UDP
    //轮流处理每个 UDP 连接, UIP_UDP_CONNS 缺省是 10 个
    for(i=0;i<UIP_UDP_CONNS;i++)
    {
        uip_udp_periodic(i);    //处理 UDP 通信事件
        //当上面的函数执行后, 如果需要发送数据, 则全局变量 uip_len>0
        //需要发送的数据在 uip_buf, 长度是 uip_len (这是 2 个全局变量)
        if(uip_len > 0)
        {
            uip_arp_out();      //加以太网头结构, 主动连接时可能要构造 ARP 请求
            tapdev_send();      //发送数据到以太网
        }
    }
#endif
//每隔 10s 调用 1 次 ARP 定时器函数 用于定期 ARP 处理,ARP 表 10s 更新一次,旧的条目会被
抛弃
    if(timer_expired(&arp_timer))
    {
        timer_reset(&arp_timer);
        uip_arp_timer();
    }
}
}
```

TCP 应用接口函数(UIP_APPCALL)完成 TCP 服务(包括 Server 和 Client)和 HTTP 服务。

```
void tcp_demo_appcall(void)
{
    switch(uip_conn->lport)    //本地监听端口 80 和 1200
{
    case HTONS(80):
        httpd_appcall();
        break;
    case HTONS(1200):
       tcp_server_demo_appcall();
        break;
    default:
       break;
}
```

```
switch(uip_conn->rport)         //远程连接1400端口
{
   case HTONS(1400):
      tcp_client_demo_appcall();
     break;
   default:
     break;
}
}
```

除此之外，还需要对串口进行初始化，并建立相应的串口程序文件，便于其他函数的调用，实现串口上数据的交换。串口函数初始化：

```
#include "sys.h"
#include "usart.h"
//加入以下代码,支持printf函数,而不需要选择use MicroLIB
#if 1
#pragma import(__use_no_semihosting)
```

标准库需要的支持函数()

```
struct __FILE
{
int handle;
/* Whatever you require here. If the only file you are using is */
/* standard output using printf() for debugging, no file handling */
/* is required. */
};
/* FILE is typedef' d in stdio.h. */
FILE __stdout;
//定义_sys_exit()以避免使用半主机模式
_sys_exit(int x)
{   x = x;
}
```

重定义fputc()函数：

```
int fputc(int ch, FILE *f)
{
    while((USART1->SR&0X40)==0); //循环发送,直到发送完毕
    USART1->DR = (u8) ch;
    return ch;
}
#endif

#ifdef EN_USART1_RX              //如果使能了接收
u8 USART_RX_BUF[64];             //接收缓冲,最大64个字节.
u8 USART_RX_STA=0;               //接收状态标记
```

USART1_IRQHandler为串口1中断服务程序，注意，读取USARTx->SR能避免莫名其妙的错误。接收状态：bit7，接收完成标志；bit6，接收到0x0d；bit5~0，接收到的有效字节数目。

```
void USART1_IRQHandler(void)
{
u8 res;
```

```
if(USART1->SR&(1<<5))          //接收到数据
{
    res=USART1->DR;
    if((USART_RX_STA&0x80)==0) //接收未完成
    {
        if(USART_RX_STA&0x40)              //接收到了 0x0d
        {
            if(res!=0x0a)USART_RX_STA=0;   //接收错误,重新开始
            else USART_RX_STA|=0x80;       //接收完成了
        }else //还没收到 0X0D
        {
            if(res==0x0d)USART_RX_STA|=0x40;
            else
            {
                USART_RX_BUF[USART_RX_STA&0X3F]=res;
                USART_RX_STA++;
                if(USART_RX_STA>63)USART_RX_STA=0;//接收数据错误,重新开始接收
            }
        }
    }
}
}
#endif
```

uart_init()函数初始化 IO 串口 1，pclk2：PCLK2 时钟频率(MHz)，bound：波特率。

```
void uart_init(u32 pclk2,u32 bound)
{
float temp;
u16 mantissa;
u16 fraction;
temp=(float)(pclk2*1000000)/(bound*16);   //得到 USARTDIV
mantissa=temp;                            //得到整数部分
fraction=(temp-mantissa)*16;              //得到小数部分
   mantissa<<=4;
mantissa+=fraction;
RCC->APB2ENR|=1<<2;                       //使能 PORTA 口时钟
RCC->APB2ENR|=1<<14;                      //使能串口时钟
GPIOA->CRH&=0XFFFFF00F;
GPIOA->CRH|=0X000008B0;                   //IO 状态设置

RCC->APB2RSTR|=1<<14;                     //复位串口 1
RCC->APB2RSTR&=~(1<<14);                  //停止复位
//波特率设置
   USART1->BRR=mantissa;                  // 波特率设置
USART1->CR1|=0X200C;                      //1 位停止,无校验位.
#ifdef EN_USART1_RX                       //如果使能了接收
//使能接收中断
USART1->CR1|=1<<8;                        //PE 中断使能
USART1->CR1|=1<<5;                        //接收缓冲区非空中断使能
MY_NVIC_Init(3,3,USART1_IRQChannel,2);    //组 2，最低优先级
```

```
#endif
}
```

主函数的实现是对整个嵌入式以太网串口服务器的统筹管理，实现系统的有序整合和运行。其主函数为：

```
#include <stm32f10x_lib.h>
#include "sys.h"
#include "usart.h"
#include "delay.h"
#include "led.h"
#include "key.h"
#include "timerx.h"
#include "1602.h"
#include "tc1047.h"
#include "filter.h"
#include "spi.h"
#include "NRF24L01.h"
#include "mic.h"
#include "light.h"
#include "remote.h"
#include "am2302.h"
#include "enc28j60.h"
#include "uip.h"
#include "uip_arp.h"
#include "tapdev.h"
#include "timer.h"
#include "math.h"
#include "string.h"
void uip_polling(void);
#define BUF ((struct uip_eth_hdr *)&uip_buf[0])    /* 指向uIP缓冲区，强制类型转化为uip_eth_hdr结构体，uip_eth_hdr即为以太网首部结构，6字节目标MAC地址 6字节源MAC地址 2字节类型 */
u8 KEY_VAL ;//按键返回值
float TC1047_Temp = 0.0;//TC1047温度
float AM2302_Humidity = 0.0, AM2302_Temperature=0.0;  //AM2302湿度，温度
u8 mic_on=0;          //声音检测标志
u8 light_on=0;        //光线检测标志
u8 Remote_Key;        //红外遥控键值

int main(void)
{
    u8 TC1047_strtemp[10];//TC1047温度数据转换成字符所用缓冲区
    u8 AM2302Humi_strtemp[10];//AM2302湿度数据转换成字符所用缓冲区
    u8 AM2302Temp_strtemp[10];//AM2302温度数据转换成字符所用缓冲区
    u8 LIGHT_strtemp[10];  //暂存LIGHT标志位
    u8 MIC_strtemp[10];    //暂存MIC标志位

    u8 Remote_t=0;         //红外实验LED1闪烁频率控制位
    u8 tcnt=0;
```

```
    u8 sys_cnt=0;
    u8 tcp_server_tsta=0XFF;
    u8 tcp_client_tsta=0XFF;
    uip_ipaddr_t ipaddr;                //存放 IP 地址
    Stm32_Clock_Init(9);                //系统时钟设置
    uart_init(72,9600);                 //串口初始化为 9600
    delay_init(72);                     //延时初始化
    LED_Init();                         //初始化与 LED 连接的硬件
    KEY_Init();
    LCD1602_Init();
    TC1047_Init();
    NRF24L01_Init();
    MIC_Init();
    LIGHT_Init();
    Remote_Init();
    AM2302_Init();
    LCD1602_Write_str(0,0,"FLY STUDIO");
    LCD1602_Write_str(0,1,"Ethernet 1.0");
    while(tapdev_init())                //初始化 ENC28J60 错误
{
    LED2=!LED2;
     delay_ms(200);
}    ;
uip_init();                             //uIP 初始化
delay_ms(1000);

uip_ipaddr(ipaddr, 169,254,119,201);  //设置本地设置 IP 地址
uip_sethostaddr(ipaddr);

uip_listen(HTONS(1200));                //监听 1200 端口,用于 TCP Server
while(1)
{
     TC1047_GetTemp(&TC1047_Temp);      //温度检测
     light_on = LIGHT_Detection();      //检测光线
     mic_on = MIC_Detection();          //检测声音

     strcpy((char*)tcp_server_databuf,"ETH:M:"); //数据帧信息以“ETH: ”开头
     sprintf(MIC_strtemp,"%d",mic_on);
     strcat((char*)tcp_server_databuf,MIC_strtemp);       //声音
     strcat((char*)tcp_server_databuf,"L:");
     sprintf(LIGHT_strtemp,"%d",light_on);
     strcat((char*)tcp_server_databuf,LIGHT_strtemp);     //光线
     strcat((char*)tcp_server_databuf,"T:");
        sprintf(TC1047_strtemp, "%.1f",TC1047_Temp);
     strcat((char*)tcp_server_databuf,TC1047_strtemp);    //温度
     strcat((char*)tcp_server_databuf,"\r\n");
     uip_polling(); //处理 uip 事件，必须插入到用户程序的循环体中
        sys_cnt++;

if(tcp_server_tsta!=tcp_server_sta)//TCP Server 状态改变 tcp_server_tsta=0XFF;
          {
```

```
            if(tcp_server_sta&(1<<7)) LCD1602_Write_str(0,0,"TCP Ser
              Connect");
            else LCD1602_Write_str(0,0,"TCP Ser Disconn");
            tcp_server_tsta=tcp_server_sta;
         }
         if(sys_cnt==3)//KEY0 按下, TCP Server 请求发送数据
         {
            sys_cnt=0;
            LED3=!LED3;
            if(tcp_server_sta&(1<<7))       //连接还存在
            {   tcp_server_sta|=1<<5;       //标记有数据需要发送
                tcnt++;
            }
         }
   LED1=!LED1;
     delay_ms(50);
   }
   }
```

uip_polling()为 uip 事件处理函数，必须将该函数插入用户主循环，循环调用。

```
void uip_polling(void)
{
u8 i;
static struct timer periodic_timer, arp_timer;
static u8 timer_ok=0;
if(timer_ok==0)          //仅初始化一次
{
    timer_ok=1;
    timer_set(&periodic_timer,CLOCK_SECOND/2);    //创建1个0.5s的定时器
    timer_set(&arp_timer,CLOCK_SECOND*10);        //创建1个10s的定时器
}
uip_len=tapdev_read(); //从网络设备读取一个IP包,得到数据长度.uip_len在uip.c
                       //中定义
if(uip_len>0)          //有数据
{
    //处理IP数据包(只有校验通过的IP包才会被接收)
    if(BUF->type==htons(UIP_ETHTYPE_IP))//是否是IP包?
    {
        uip_arp_ipin();//去除以太网头结构, 更新ARP表
        uip_input();   //IP包处理
        //当上面的函数执行后, 如果需要发送数据, 则全局变量 uip_len > 0
        //需要发送的数据在uip_buf, 长度是uip_len  (这是2个全局变量)
        if(uip_len>0)//需要回应数据
        {
            uip_arp_out();//加以太网头结构, 在主动连接时可能要构造ARP请求
            tapdev_send();//发送数据到以太网
        }
    }else if (BUF->type==htons(UIP_ETHTYPE_ARP)) //处理arp报文,是否是ARP
                                                  //请求包
    {
        uip_arp_arpin();
            //当上面的函数执行后, 如果需要发送数据, 则全局变量uip_len>0
            //需要发送的数据在uip_buf, 长度是uip_len(这是2个全局变量)
        if(uip_len>0)tapdev_send();//需要发送数据,则通过tapdev_send发送
```

```
    }
}else if(timer_expired(&periodic_timer))  //0.5s 定时器超时
{
    timer_reset(&periodic_timer);          //复位 0.5s 定时器
    //轮流处理每个 TCP 连接, UIP_CONNS 缺省是 40 个
    for(i=0;i<UIP_CONNS;i++)
    {
        uip_periodic(i);                   //处理 TCP 通信事件
        //当上面的函数执行后, 如果需要发送数据, 则全局变量 uip_len>0
        //需要发送的数据在 uip_buf, 长度是 uip_len (这是 2 个全局变量)
        if(uip_len>0)
        {
            uip_arp_out();//加以太网头结构, 在主动连接时可能要构造 ARP 请求
            tapdev_send();//发送数据到以太网
        }
    }
#if UIP_UDP//UIP_UDP
    //轮流处理每个 UDP 连接, UIP_UDP_CONNS 默认是 10 个
    for(i=0;i<UIP_UDP_CONNS;i++)
    {
        uip_udp_periodic(i);               //处理 UDP 通信事件
        //当上面的函数执行后, 如果需要发送数据, 则全局变量 uip_len>0
        //需要发送的数据在 uip_buf, 长度是 uip_len (这是 2 个全局变量)
        if(uip_len > 0)
        {
            uip_arp_out();//加以太网头结构, 在主动连接时可能要构造 ARP 请求
            tapdev_send();//发送数据到以太网
        }
    }
#endif
    //每隔 10s 调用 1 次 ARP 定时器函数 用于定期 ARP 处理,ARP 表 10s 更新一次, 旧的条
    //目会被抛弃
    if(timer_expired(&arp_timer))
    {
        timer_reset(&arp_timer);
        uip_arp_timer();
    }
}
}
```

MIC_Init()函数初始化引脚 PC10（见图 14.10）；设置为上拉输入：

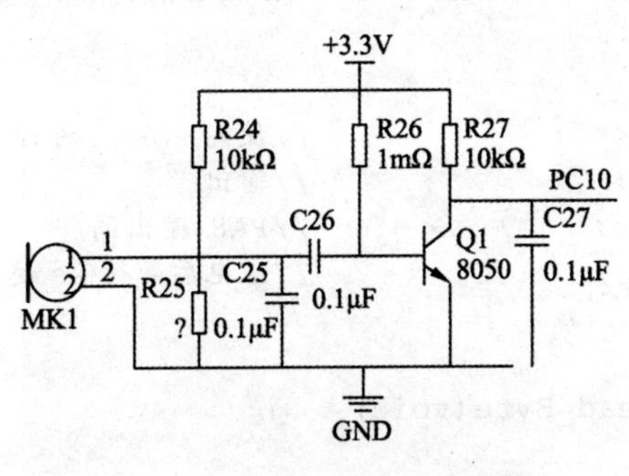

图 14.10　PC10 引脚相关电路

```
void MIC_Init()
{
RCC->APB2ENR|=1<<4;                 //使能 PORTC 时钟
GPIOC->CRH&=0XFFFFF0FF;             //PC10 设置成输入
GPIOC->CRH|=0X00000800;
GPIOC->ODR|=1<<10;                  //PC10 上拉
}
```

MIC_Detection()声音检测函数，返回检测值，0 则表示环境无声音，1 表示环境有声音。

```
u8 MIC_Detection(void)
{
if(MIC_IN==0)
{
    delay_ms(10);                   //去抖动
    if(MIC_IN==0)
    {
        return 1;
    }
    else if(MIC_IN==1)
    {
        return 0;
    }
}
return 0;
}
```

AM2302 的连接电路如图 14.11 所示。

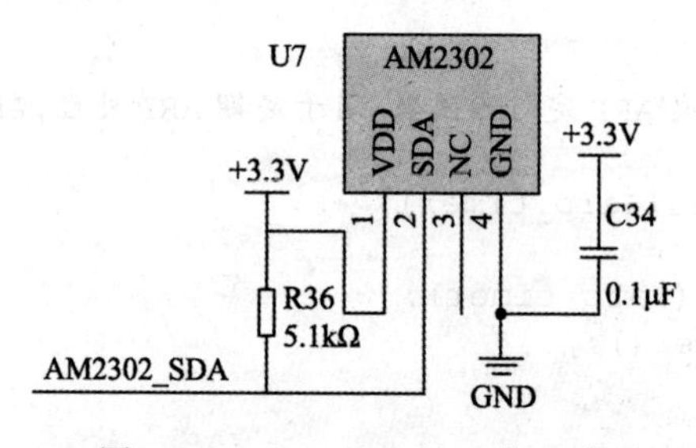

图 14.11　AM2302 的连接电路

AM2302 数字温湿度传感器，通过 I2C 协议进行通信。

```
void AM2302_Init()
{
    RCC->APB2ENR|=1<<2;             //使能 PORTA 时钟
    AM2302_IO_OUT();                //输出
    GPIOA->ODR|=1<<8;               //PA8 输出高
    delay_ms(1000);                 //上电后等待 2s 越过不稳定状态
}

static u8 AM2302_Read_Byte(void)
{
  u8 i, temp=0;                     //temp 存放临时数据
  for(i=0;i<8;i++)
```

```
    {
  /*每 bit 以 50us 低电平标置开始，轮询直到从机发出的 50μs 低电平 结束*/
    while(AM2302_DAT_IN==0);

      /*AM2302 以 22~30us 的高电平表示"0"，以 68~75μs 高电平表示"1"，
          通过检测 60us 后的电平即可区别这两个状态*/
      delay_us(50);                       //延时 50μs
  if(AM2302_DAT_IN==1)                    //60μs 后仍为高电平表示数据"1"
        {
           /*轮询直到从机发出的剩余的 30us 高电平结束*/
                 while(AM2302_DAT_IN==1);
              temp|=(u8)(0x01<<(7-i));        //把第 7-i 位置 1
          }
        else  //60us 后为低电平表示数据"0"
        {
           temp&=(u8)~(0x01<<(7-i));          //把第 7-i 位置 0
        }
 }
 return temp;
}

u8 Read_AM2302(float *AM2302_H,float *AM2302_T)
{  AM2302_Data_TypeDef *AM2302_Data;        //存放 AM2302 温度，湿度值
   u16 AM_Himi,AM_Temp;
   /*输出模式*/
   AM2302_IO_OUT();
   /*主机拉低*/
   AM2302_DAT_OUT = 0;
   /*延时 2ms*/
   delay_ms(2);
   /*总线拉高 主机延时 30μs*/
   AM2302_DAT_OUT=1;
   delay_us(30);   //延时 30us
     /*主机设为输入 判断从机响应信号*/
   AM2302_IO_IN();
 /*判断从机是否有低电平响应信号 如不响应则跳出，响应则向下运行*/
   if(AM2302_DAT_IN==0)
     {
  /*轮询直到从机发出 的 80μs 低电平响应信号结束*/
    while(AM2302_DAT_IN==0);
   /*轮询直到从机发出的 80us 高电平标置信号结束*/
    while(AM2302_DAT_IN==1);
  /*开始接收数据*/
     AM2302_Data->Humi_H=AM2302_Read_Byte();

     AM2302_Data->Humi_L=AM2302_Read_Byte();
     AM2302_Data->Temp_H=AM2302_Read_Byte();
     AM2302_Data->Temp_L=AM2302_Read_Byte();
     AM2302_Data->check_sum=AM2302_Read_Byte();
```

```
    /*读取结束，引脚改为输出模式*/
     AM2302_IO_OUT();
     /*主机拉高*/
     AM2302_DAT_OUT=1;
     /*检查读取的数据是否正确*/
     if(AM2302_Data->check_sum == AM2302_Data->Humi_H + AM2302_Data->Humi_L+
        AM2302_Data->Temp_H+ AM2302_Data->Temp_L)
       return SUCCESS;
     else
       return ERROR;
   }
   else
   {
       return ERROR;
 }
    /*温湿度数据转换*/
  AM_Himi=AM2302_Data->Humi_H*256 + AM2302_Data->Humi_L;
  *AM2302_H=(float)AM_Himi/10;
 AM_Temp=AM2302_Data->Temp_H*256 + AM2302_Data->Temp_L;
  *AM2302_T=(float)AM_Temp/10;

}
```

参 考 文 献

[1] YIU J. Cortex-M3 权威指南[M]. 宋岩，译. 北京：北京航空航天大学出版社，2009.

[2] 杨光祥，梁华，朱军. STM32 单片机原理与工程实践[M]. 武汉：武汉理工大学出版社，2013.

[3] 彭刚，春志强.基于 ARM Cortex-M3 的 STM32 系列嵌入式微控制器应用实践[M]. 北京：电子工业出版社，2011.

[4] 张洋，刘军，严汉宇. 原子教你玩 STM32（库函数版）[M]. 北京：北京航空航天大学出版社，2013.

[5] 张洋，刘军，严汉宇. 原子教你玩 STM32（寄存器版）[M]. 北京：北京航空航天大学出版社，2013.

[6] 卢有亮. 基于 STM32 的嵌入式系统原理与设计[M]. 北京：机械工业出版社，2014.